技工院校“十四五”规划数字媒体技术应用专业系列教材
中等职业技术学校“十四五”规划艺术设计专业系列教材

Unity 应用与开发

熊浩 孙渭 胡玥 张文忠 吴滨 主编
唐文财 谢文政 副主编
朱江 参编

華中科技大學出版社
http://press.hust.edu.cn
中国 · 武汉

内容提要

本教材以实际项目为载体，介绍了Unity的基本操作和示例项目的运行，并深入项目架构，探讨了Unity开发流程、软件架构和设计模式，最后融入实战应用，让学生从场景搭建、素材管理到逻辑控制、UI设计，再到测试与打包，全面体验游戏开发的完整流程。

本教材适合Unity初学者和有一定基础的开发者，无论是学生、教师还是游戏开发爱好者，都可以通过本教材提升Unity应用的专业能力，培养良好的职业素养和社会能力。教材内容结合了多位专业教师和行业专家的经验，确保了内容的实用性和前沿性，是学习Unity游戏开发的宝贵资源。

图书在版编目（CIP）数据

Unity应用与开发 / 熊浩等主编. -- 武汉：华中科技大学出版社，2025. 3. -- ISBN 978-7-5772-1717-8

Ⅰ. TP317.6

中国国家版本馆CIP数据核字第2025UU8962号

Unity应用与开发

熊浩　孙渭　胡玥　张文忠　吴滨　主编

Unity Yingyong yu Kaifa

策划编辑：金　紫
责任编辑：白　慧
装帧设计：金　金
责任监印：朱　玢
出版发行：华中科技大学出版社（中国·武汉）　　电　话：（027）81321913
武汉市东湖新技术开发区华工科技园　　邮　编：430223
录　排：天津清格印象文化传播有限公司
印　刷：武汉科源印刷设计有限公司
开　本：889mm×1194mm　1/16
印　张：10
字　数：313千字
版　次：2025年3月第1版第1次印刷
定　价：59.80元

技工院校“十四五”规划数字媒体技术应用专业系列教材
中等职业技术学校“十四五”规划艺术设计专业系列教材
编写委员会名单

编写委员会主任委员

编委会委员

总主编

文健，教授，高级工艺美术师，国家一级建筑装饰设计师。全国优秀教师，2008 年、2009 年和 2010 年连续三年获评广东省技术能手。2015 年被广东省人力资源和社会保障厅认定为首批广东省室内设计技能大师，2019 年被广东省教育厅认定为建筑装饰设计技能大师。中山大学客座教授，华南理工大学客座教授，广州大学建筑设计研究院室内设计研究中心客座教授。出版艺术设计类专业教材 180 余本，其中 11 本获评国家级规划教材。拥有自主知识产权的专利技术 130 项。主持省级品牌专业建设、省级实训基地建设、省级教学团队建设 3 项。获广东省教学成果奖一等奖 1 项，国家级教学成果奖二等奖 1 项。

合作编写单位

（1）合作编写院校

广东省城市技师学院
山东技师学院
中山市技师学院
广州市工贸技师学院
广东省轻工业技师学院
广州市轻工技师学院
江苏省常州技师学院
惠州市技师学院
佛山市技师学院
广州市公用事业技师学院
广东省技师学院
宁波第二技师学院
台山市敬修职业技术学校
广东省国防科技技师学院
广东省华立技师学院
广东花城工商高级技工学校
广东岭南现代技师学院
阳江技师学院
广东省粤东技师学院
东莞市技师学院
江门市新会技师学院
台山市技工学校
肇庆市技师学院
河源技师学院
广州市蓝天高级技工学校
茂名市交通高级技工学校
广东省交通运输技师学院
广州城建高级技工学校
清远市技师学院
梅州市技师学院
茂名市高级技工学校
汕头技师学院
珠海市技师学院

（2）合作编写企业

广州市赢彩彩印有限公司
广州市壹管念广告有限公司
广州市璐鸣展览策划有限责任公司
广州波镨展览设计有限公司
广州市风雅颂广告有限公司
广州质本建筑工程有限公司
广州市金洋广告有限公司
深圳市千千广告有限公司
广东飞墨文化传播有限公司
北京迪生数字娱乐科技股份有限公司
广州易动文化传播有限公司
广州云图动漫设计有限公司
广东原创动力文化传播有限公司
佛山市印艺广告有限公司
广州道恩广告摄影有限公司
佛山市正和凯歌品牌设计有限公司
广州泽西传媒科技有限公司
Master 广州市熳大师艺术摄影有限公司
广州猫柒柒摄影工作室
四川菌王国科技发展集团有限公司

序言

技工教育和中职中专教育是中国职业技术教育的重要组成部分，主要承担培养高技能产业工人和技术工人的任务。随着“中国制造2025”战略的逐步实施，建设一支高素质的技能人才队伍是实现战略目标的必备条件。如今，国家对职业教育越来越重视，技工和中职中专院校的办学水平已经得到很大的提高，进一步提高技工和中职中专院校的教育、教学和实训水平，提升学生的职业技能，培育和弘扬工匠精神，已成为技工和中职中专院校的共同目标。而高水平专业教材建设无疑是技工和中职中专院校发展教育特色的重要抓手。

本套规划教材以国家职业标准为依据，以综合职业能力培养为目标，以典型工作任务为载体，以学生为中心，根据典型工作任务和工作过程设计教学项目和学习任务。同时，按照工作过程和学生自主学习的要求进行教材内容的设计，实现理论教学与实践教学合一、能力培养与工作岗位对接合一、实习实训与顶岗工作合一。

本套规划教材的特色在于，在编写体例上与技工院校倡导的“教学设计项目化、任务化，课程设计教、学、做一体化，工作任务典型化，知识和技能要求具体化”紧密结合，体现任务引领实践的课程设计思想，以典型工作任务和职业活动为主线设计教材结构，以职业能力培养为核心，将理论教学与技能操作相融合作为课程设计的抓手。本套规划教材在理论讲解环节做到简洁实用、深入浅出；在实践操作训练环节体现以学生为主体的特点，创设工作情境，强化教学互动，让实训的方式、方法和步骤清晰，可操作性强，并能激发学生的学习兴趣，促进学生主动学习。

本套规划教材由全国40余所技工和中职中专院校数字媒体技术应用专业90余名教学一线骨干教师与20余家数字媒体设计公司和游戏设计公司一线设计师联合编写。校企双方的编写团队紧密合作，取长补短，建言献策，让本套规划教材更加贴近专业岗位的技能需求，也让本套规划教材的质量得到了充分的保证。衷心希望本套规划教材能够为我国职业教育的改革与发展贡献力量。

技工院校“十四五”规划数字媒体技术应用专业系列教材
中等职业技术学校“十四五”规划艺术设计专业系列教材
总主编

教授 / 高级技师 **文健**

2024年12月

前言

在数字化时代，Unity 作为一款强大的游戏开发引擎，已经成为连接创意与现实、虚拟与实体的桥梁。《Unity 应用与开发》这本教材涵盖从基础操作到高级应用的各个方面，旨在为学生提供一个全面的 Unity 学习指南，帮助学生掌握 Unity 的核心技能，并将这些技能应用于实际的游戏开发项目中。

本教材以实际项目为驱动，以工作任务为载体，以学生为中心，根据 Unity 的应用领域和工作过程设计了丰富的项目和学习任务。每个项目都精心设计，以确保理论与实践的紧密结合，让学生在完成具体任务的同时，能够深入理解 Unity 的工作原理和开发流程。

项目一“初识引擎”为学生揭开 Unity 的神秘面纱，从下载、安装到基本操作，让学生与 Unity 的第一次亲密接触变得轻松而愉快。项目二“开发准备”深入 Unity 的心脏，探讨项目架构和开发流程，为学生打下坚实的基础。项目三“游戏开发实战训练之迷宫游戏”和项目四“游戏开发实战训练之跑酷游戏”则是实践的熔炉，通过两个完整的游戏开发案例，学生将从场景搭建到逻辑控制，再到 UI 设计和测试打包，全方位体验游戏开发的过程。这一系列精心设计的项目，不仅锻炼了学生的实际操作能力，也培养了他们的团队合作精神和解决问题的能力，为学生成为一名优秀的游戏开发者奠定了坚实的基础。

本教材的编写得到了多位数字媒体艺术专业优秀教师的大力支持，包括佛山市技师学院的孙渭老师、广州市工贸技师学院的胡玥和吴滨老师。他们利用自己丰富的教学经验和专业知识为教材的内容和结构安排提供了宝贵的指导。同时，本教材融入了拥有 15 年游戏研发从业及创业经历的游戏公司设计总监张文忠先生的实践经验，他的行业洞察力和实战经验为本书增添了实用性。

我们相信，通过本教材的学习，学生不仅能够提升 Unity 应用的专业能力，还能够培养良好的职业素养和社会能力。由于时间有限，本教材难免存在不足之处，我们欢迎读者提出宝贵的意见和建议，以便我们不断改进和完善。让我们一起踏上 Unity 的学习之旅，探索数字世界的无限可能。

熊浩

2024.10.1

课时安排（建议课时 102）

项目	课程内容	课时	
项目一 初识引擎	学习任务一　Unity 的下载、安装与注册激活	2	12
	学习任务二　示例项目的运行	2	
	学习任务三　项目的创建与管理	2	
	学习任务四　编辑器视图结构	2	
	学习任务五　Unity 基本操作与快捷键	4	
项目二 开发准备	学习任务一　引擎基本原理	4	12
	学习任务二　项目开发架构	2	
	学习任务三　素材资源导入	2	
	学习任务四　Visual Scripting 入门	4	
项目三 游戏开发实战训练之迷宫游戏	学习任务一　角色创建	4	36
	学习任务二　场景搭建与素材管理	4	
	学习任务三　逻辑控制	18	
	学习任务四　UI 交互设计	8	
	学习任务五　测试与打包	2	
项目四 游戏开发实战训练之跑酷游戏	学习任务一　需求分析和原型设计	2	42
	学习任务二　动画准备与实现	8	
	学习任务三　场景管理	6	
	学习任务四　逻辑控制	18	
	学习任务五　UI 布局和交互设计	8	

目 录

项目一 初识引擎

项目二 开发准备

项目三 游戏开发实战训练之迷宫游戏

项目四 游戏开发实战训练之跑酷游戏

项目一
初识引擎

学习任务一　Unity 的下载、安装与注册激活
学习任务二　示例项目的运行
学习任务三　项目的创建与管理
学习任务四　编辑器视图结构
学习任务五　Unity 基本操作与快捷键

Unity 的下载、安装与注册激活

教学目标

（1）专业能力：使学生能够根据需求完成 Unity 的下载、安装与注册激活。

（2）社会能力：推动学生关注 Unity 产品更新情况、学习文档与开发者交流社区，培养学生的软件下载和安装能力、解决问题能力与适应技术更新能力。

（3）方法能力：提升学生的沟通能力、自主学习能力与适应能力。

学习目标

（1）知识目标：掌握 Unity 的下载、安装与注册激活的流程和方法，了解 Unity 版本的分类。

（2）技能目标：能够在官网创建 Unity ID 并登录，根据需求下载 Unity Hub 安装包，运行安装程序，在 Unity Hub 中添加个人许可证，独立完成 Unity 编辑器的安装。

（3）素质目标：培养信息获取能力、网络安全意识、遵守规范意识、自主学习素养。

教学建议

1. 教师活动

（1）介绍 Unity 的官方下载渠道，强调从正规渠道下载的重要性，确保软件的安全性和稳定性。介绍如何根据自己的需求选择合适的 Unity 版本，指导学生完成 Unity 的下载、安装与注册激活。

（2）将思政教育融入课堂教学，引导学生尊重知识产权，强调使用盗版软件的危害性，培养学生的知识产权保护意识，引导学生树立正确的价值观。

2. 学生活动

（1）认真聆听和观看教师的讲解、示范，并在教师的指导下进行实训练习。

（2）与同学交流分享在软件下载、安装与注册激活过程中的经验和体会，相互学习提高，提升表达能力。

一、学习问题导入

Unity 是一款功能强大的跨平台游戏开发引擎和实时 3D 互动内容创作工具，广泛应用于游戏开发、影视与动画制作、教育培训、广告与营销等领域，并不断拓展着数字内容创作的边界。Unity 提供了丰富的工具和功能，包括可视化编辑器、动画系统、物理引擎、粒子系统、音频引擎等，使开发者能够快速创建高质量的游戏。

二、学习任务讲解

1.Unity Hub 下载

（1）进入官网。

打开浏览器，输入 Unity 官方网站地址（https://unity.cn/）。

（2）注册 / 登录账号。

如果未注册账号，点击“创建 UNITY ID”按钮，在弹窗中，填写相关信息并验证邮箱等；如果已有账号，直接登录。

注册账号界面如图 1-1 所示。

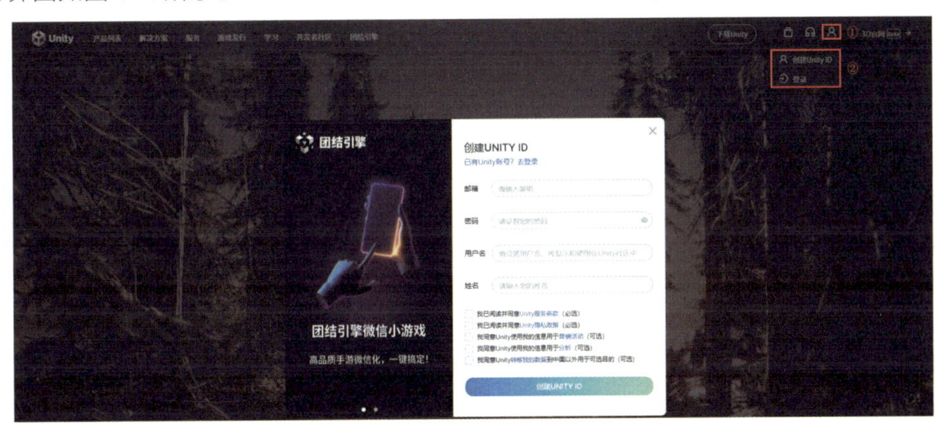

图 1-1 注册账号界面

（3）下载 Unity Hub。

登录网站后，在官网点击“下载 Unity”按钮，在更新的页面中找到“下载 Unity Hub”按钮，根据操作系统（如 Windows、Mac 等）选择对应的版本进行下载。

下载 Unity Hub 步骤如图 1-2 所示。

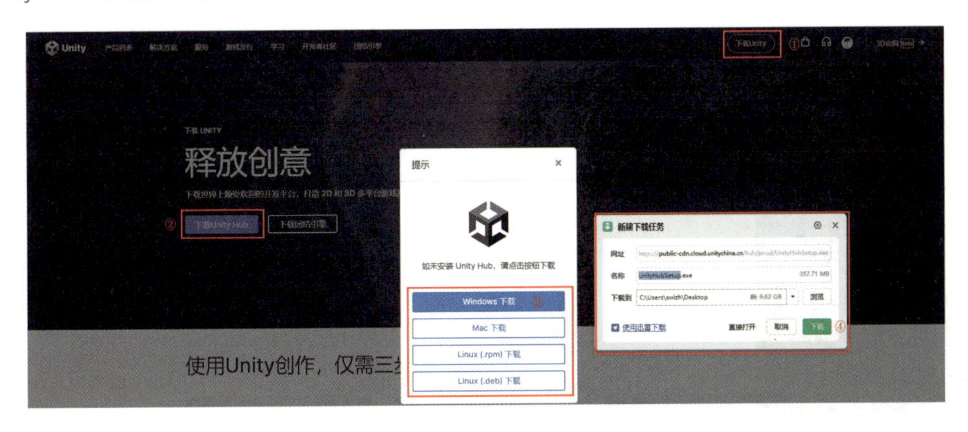

图 1-2 下载 Unity Hub 步骤

2.Unity Hub 安装

（1）运行安装程序。

找到下载好的 Unity Hub 安装包，双击运行。

（2）同意许可证协议。

在安装过程中，会出现许可证协议，仔细阅读后点击“我同意”，如图 1-3 所示。

（3）选择安装路径。

使用默认路径或点击“浏览”选择其他安装路径，如图 1-4 所示，等待安装完成。

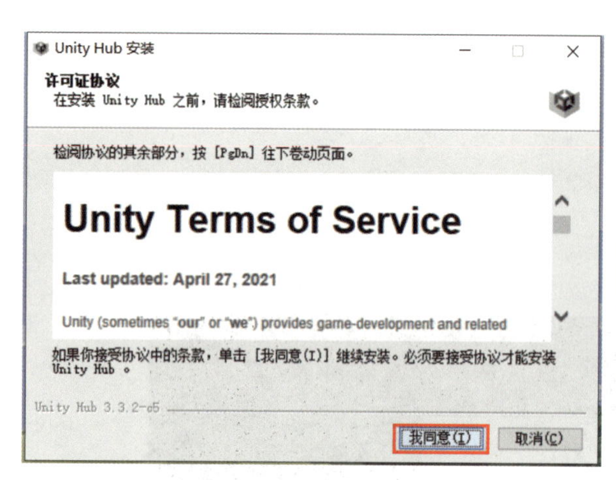

图 1-3　同意许可证协议

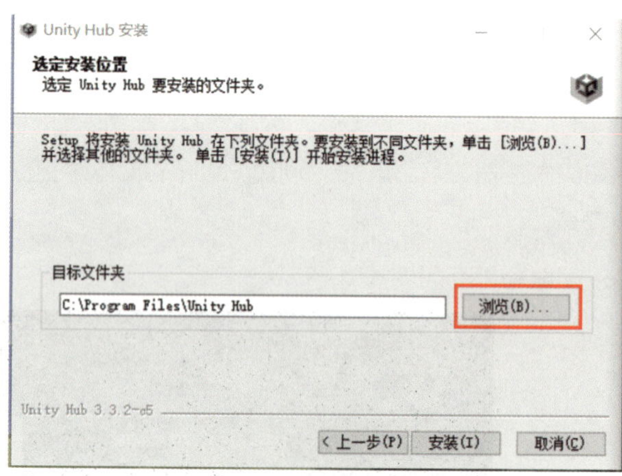

图 1-4　修改安装路径

3. 激活

（1）打开 Unity Hub。

安装完成后，双击桌面上的 Unity Hub 图标打开软件。

（2）登录账号。

点击账号按钮，选择“Sign in”后，自动打开浏览器，链接到外部地址，选择“Account Login”，使用之前注册的账号登录。

在 Unity Hub 中登录账号，如图 1-5 所示。

小贴士

建议安装在 C 盘以外的磁盘空间，安装过程可能需要几分钟到十几分钟，请耐心等待安装进度完成。

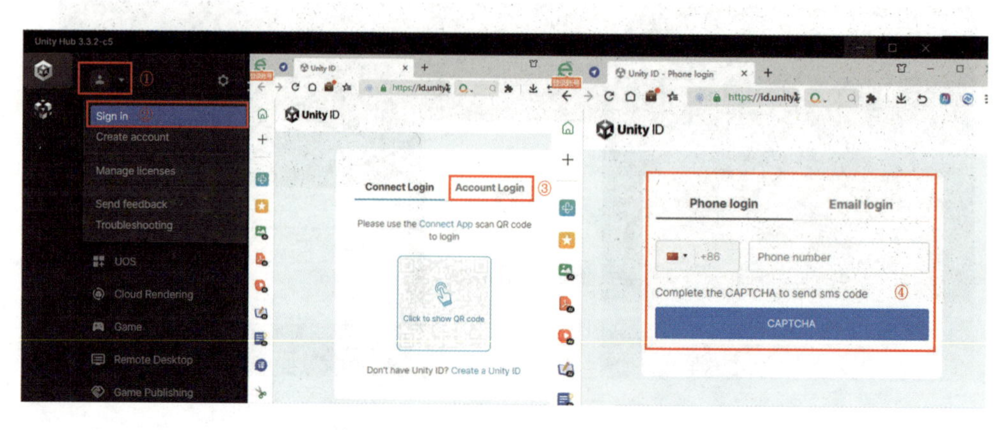

图 1-5　在 Unity Hub 中登录账号

（3）激活许可证。

登录成功后，点击设置按钮 ，选择“Licenses”（许可证），点击“Add”（添加），选择“Get a free personal license”(获取一个免费的个人许可证),点击“Agree and get personal edition license”(同意并获取个人许可证)，即可免费获取个人许可证，可以免费使用软件。

在 Unity Hub 中添加个人许可证如图 1-6 所示。

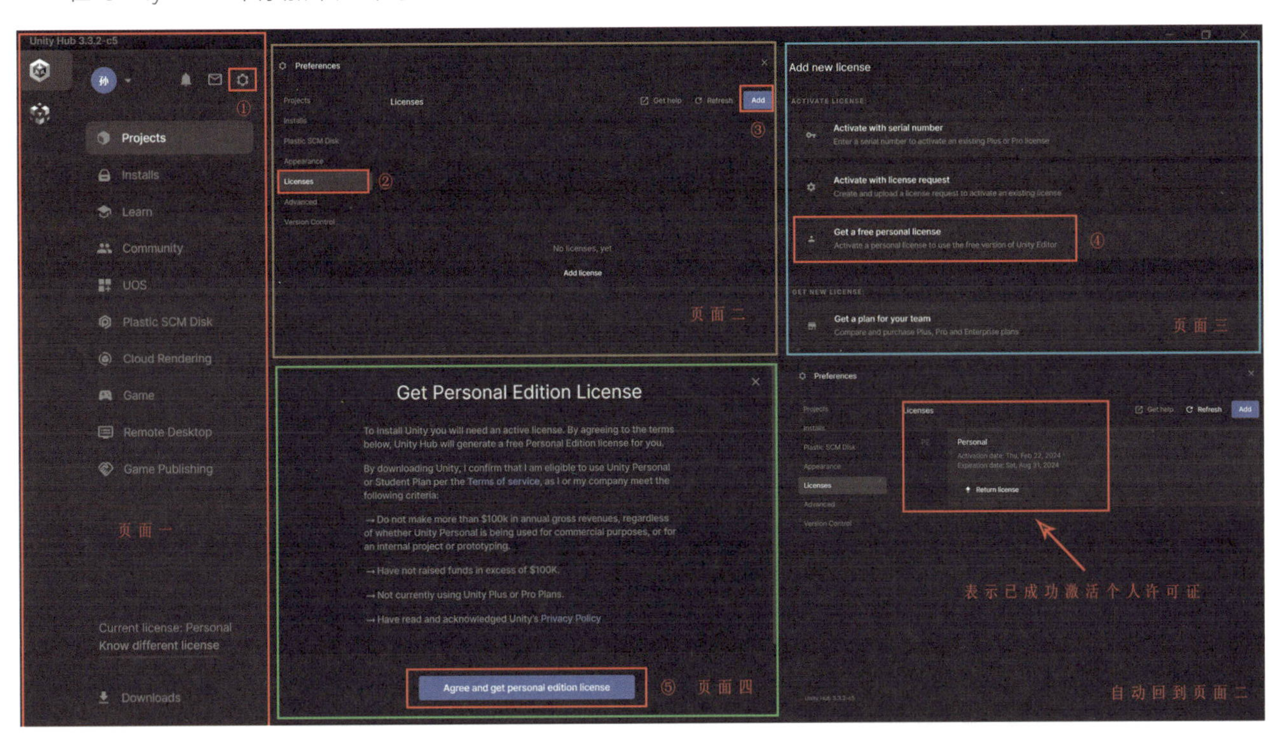

图 1-6　添加个人许可证

4. 安装 Unity 编辑器

可以通过 Unity Hub 安装或者在官网下载安装包进行安装，推荐安装长期支持版本 (long term support，LTS)，安装步骤如图 1-7 和图 1-8 所示。

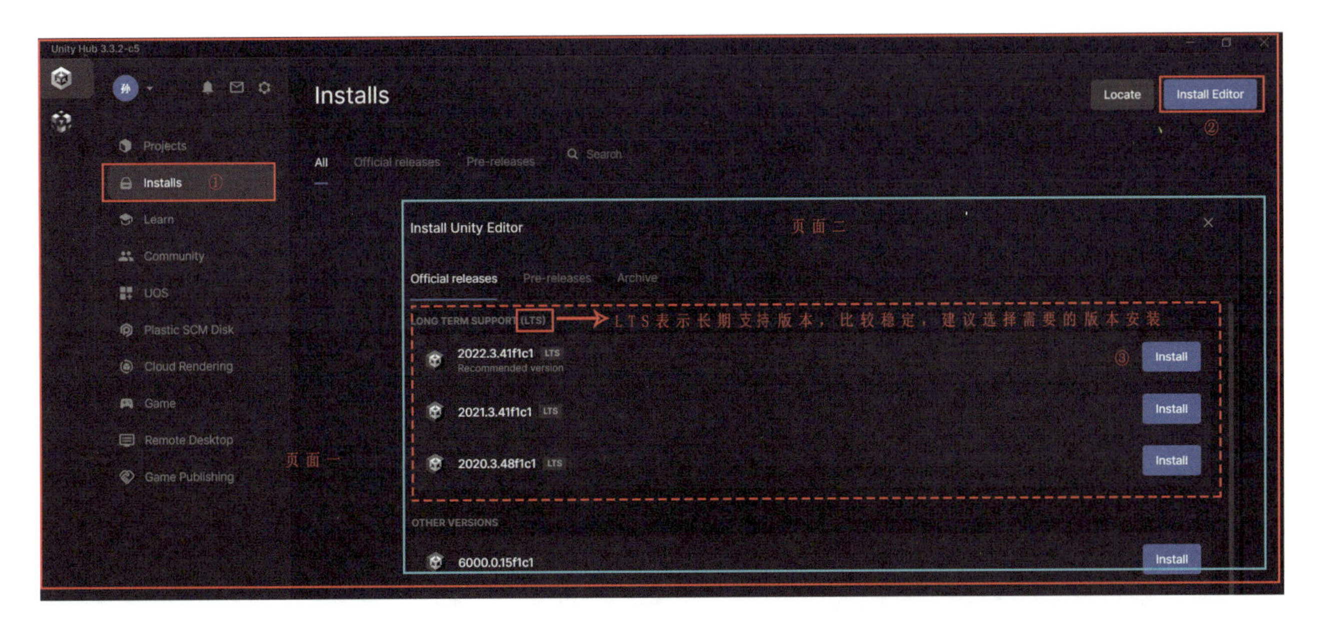

图 1-7　通过 Unity Hub 安装 Unity 编辑器

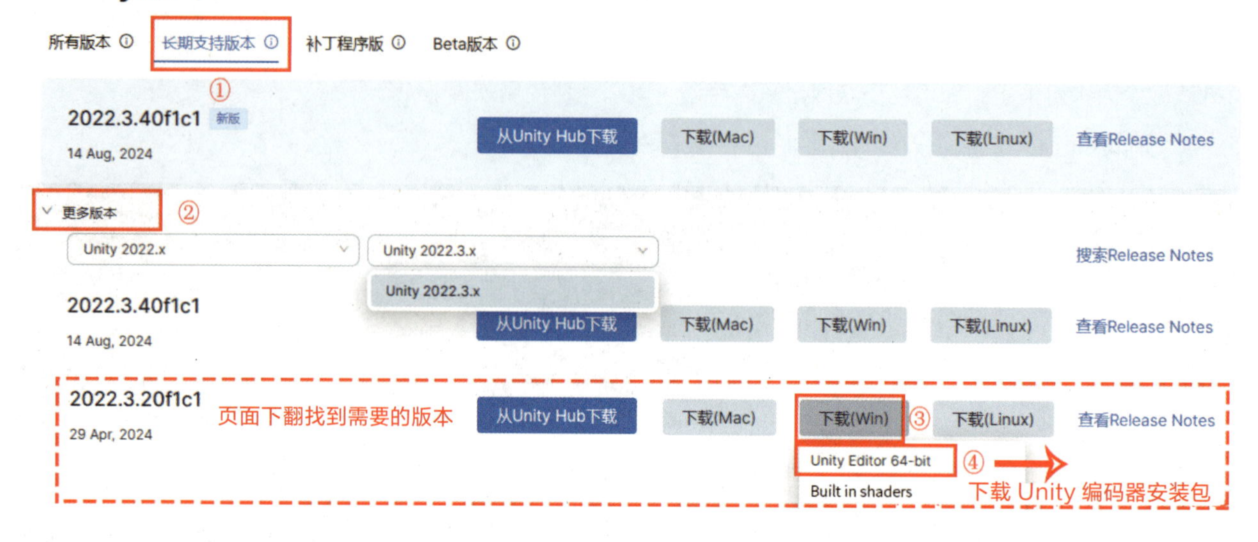

图 1-8　在官网中下载 Unity 编辑器安装包

找到下载的安装文件，双击运行，在安装向导中，按照提示逐步进行操作，等待安装过程完成。

> **小贴士**
>
> 建议安装在 C 盘以外的磁盘空间，安装完成后桌面出现图标 。

三、学习任务小结

通过本次学习任务，同学们熟悉了 Unity 的下载、安装和注册激活流程，了解到 Unity 是一款功能强大的游戏开发引擎，具有丰富的功能。注册激活账号后，可以充分利用 Unity 的学习资源和社区支持，与其他开发者交流经验，共同进步。这有助于提高自己的游戏开发技能，为未来的游戏开发做好准备。

四、课后作业

（1）在个人电脑上完成 Unity 的下载、安装和注册激活，记录遇到的问题及解决方法。

（2）熟悉编辑器界面布局，尝试创建一个简单的项目，如一个空白场景或一个简单的 3D 模型展示场景，以验证 Unity 的安装和激活是否成功。

示例项目的运行

教学目标

（1）专业能力：使学生能够从不同渠道下载示例项目，能够导入、运行项目并观察游戏效果等。

（2）社会能力：推动学生关注 Unity 开发资源，尊重知识产权，使其能够通过沟通与交流、网络查询等方式有效解决问题，通过反复实践，高效完成示例项目下载、导入与运行任务。

（3）方法能力：提升学生的实践操作能力、自主学习和探索能力，以及解决问题的能力。

学习目标

（1）知识目标：了解示例项目下载、导入与运行的步骤，了解下载示例项目的网站。

（2）技能目标：能够熟练地在 Unity 编辑器中下载示例项目，能够正确运行示例项目。

（3）素质目标：能够欣赏并分析示例项目，提高审美能力与艺术修养，培养创新发散思维。

教学建议

1. 教师活动

（1）通过展示一些精彩的 Unity 游戏或应用案例，激发学生的学习兴趣。

（2）介绍 Unity 资源商店，讲解访问资源商店，搜索和筛选示例项目的方法。演示在 Unity Hub 中下载、运行示例项目的步骤，让学生观察项目的运行效果，并讲解运行过程中的注意事项。

（3）将思政教育融入课堂教学，引导学生挖掘优秀示例项目中的典型元素，发散思维，创新应用到个人作品中。

2. 学生活动

（1）认真听讲，积极参与讨论，掌握教师讲解的示例项目下载、运行步骤。

（2）根据教师的指导，在 Unity Hub 中选择合适的示例项目进行下载、运行，探索不同的视角和操作方式，感受项目的功能和特点。

一、学习问题导入

Unity 官方网站提供了详细的教程和示例项目，教程内容丰富，包括从基础入门到高级技术等各种主题，帮助开发者逐步学习和掌握 Unity 开发技能。其中，示例项目可以让开发者了解如何将不同的功能和技术应用到实际项目中，为开发者提供了实践和学习的机会。示例项目可以从 Unity Hub、 Unity 官方资源商店或第三方资源网站下载。

二、学习任务讲解

1. 下载示例项目

（1）双击 Unity Hub 图标，打开 Unity Hub 启动器。

（2）点击“Projects”（项目）—“New project”（新建项目），在新的窗口点击“Sample”（示例），在示例列表中选择一个示例，点击“Download template”在下载示例项目。下载示例项目过程中，“Create project”（创建项目）按钮不可用。

下载示例项目界面如图 1-9 所示。

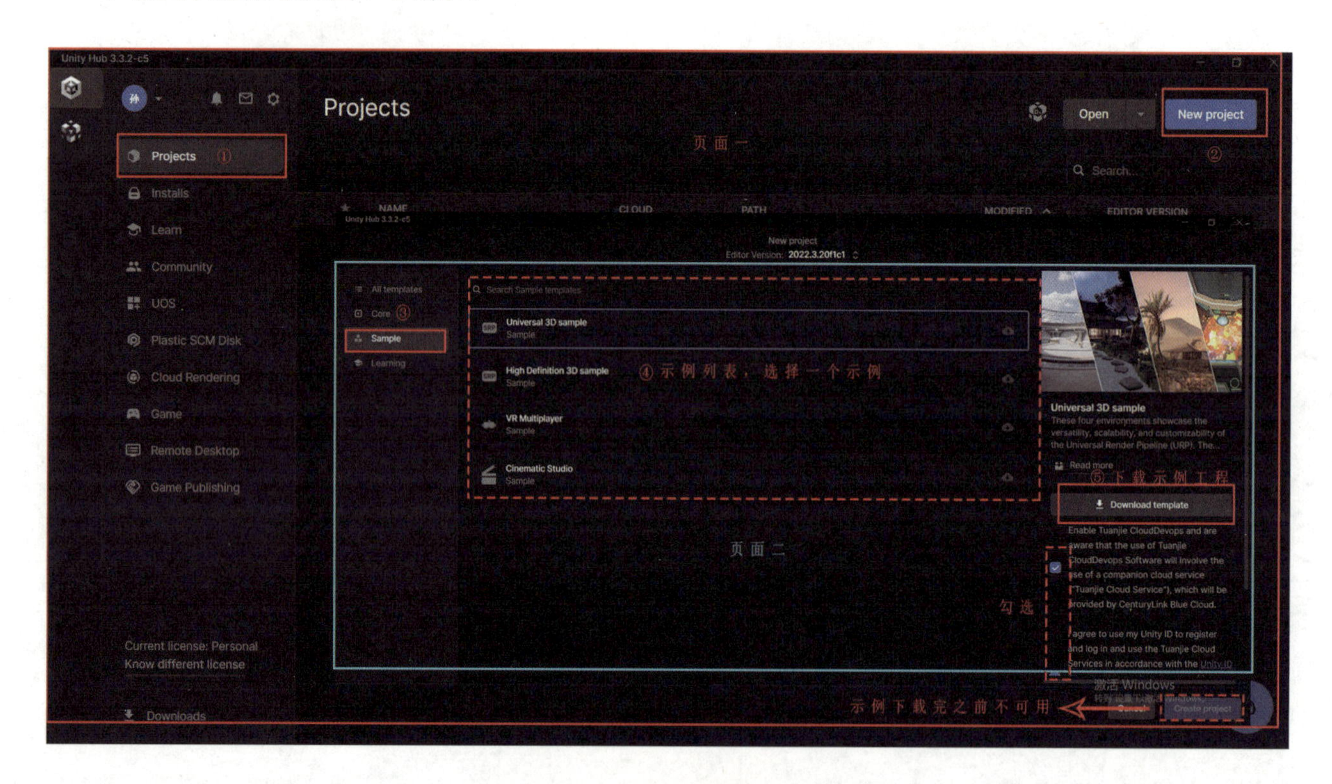

图 1-9 下载示例项目界面

2. 创建示例项目

当示例项目下载完成后，页面自动更新，在“Project name”自定义示例项目名称，在“Location”自定义项目路径，点击“Create project”创建项目，如图 1-10 所示。

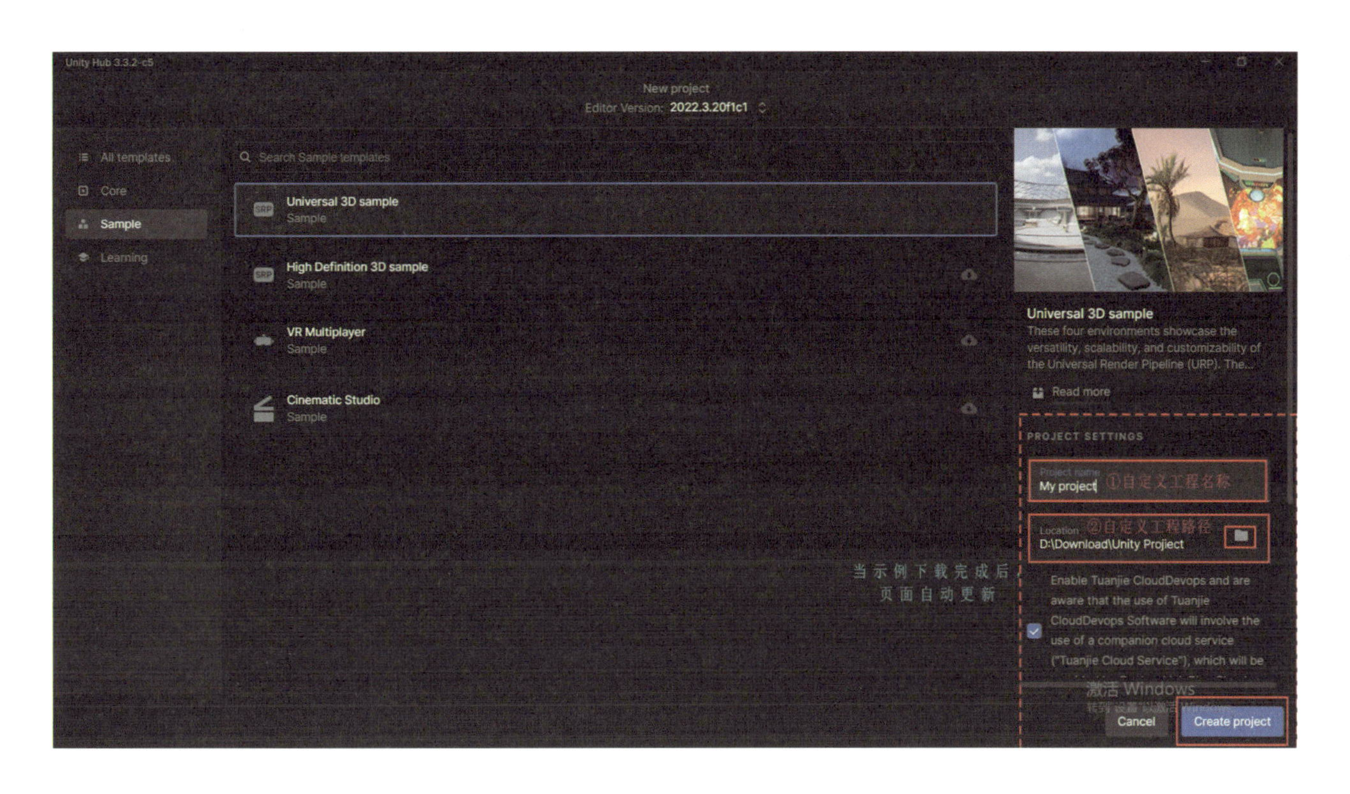

图 1-10 创建示例项目

3. 运行示例项目

当示例项目创建完成后，系统默认自动启动 Unity 编辑器，在编辑器中点击播放按钮▶，运行示例项目，如图 1-11 所示。如果关闭 Unity 编辑器，后续可以在项目列表中再次运行示例项目。

图 1-11 运行示例项目

三、学习任务小结

本次学习任务中，同学们的主要目标是熟悉 Unity 开发环境，了解如何获取和利用官方提供的示例项目来提升自己的开发技能。通过本次任务的学习，我们不仅掌握了实际操作技巧，还培养了问题解决、自主学习和创新思维等多方面的能力。

四、课后作业

（1）在 Unity Hub 中选择一个 Unity 示例项目，按照所学的方法下载并运行它，记录下载与运行过程中遇到的问题及解决方法。

（2）从 Unity 官方资源商店或其他渠道获取一个 Unity 示例项目，导入并运行它，记录下载、导入与运行过程中遇到的问题及解决办法。

项目的创建与管理

教学目标

（1）专业能力：使学生能够独立创建 Unity 项目并进行项目管理。

（2）社会能力：推动学生关注行业发展趋势，探索项目的商业价值与潜力，使其能够将创新思维应用到实际项目中，灵活选择项目模板新建项目，提高项目管理能力。

（3）方法能力：提升学生的自主学习能力、独立思考能力、项目管理能力。

学习目标

（1）知识目标：掌握创建 Unity 项目的方法和步骤，熟悉项目管理页面及功能。

（2）技能目标：能够独立创建不同类型的 Unity 项目，并根据项目需求设置合理的项目名称、选择合适的存储路径，能够对项目进行管理，包括项目导入、移除、搜索等操作。

（3）素质目标：当创建项目、管理项目的过程中出现问题时，能运用所学知识进行分析，通过团队讨论或网络搜索解决问题，培养问题解决能力和良好的沟通能力。

教学建议

1. 教师活动

（1）详细讲解项目创建与管理的各个环节并进行实际操作演示，包括项目创建的步骤、资源管理的方法等。结合实际案例，帮助学生更好地理解和掌握相关知识。

（2）将思政教育融入课堂教学，鼓励学生创建不同类型的项目，引导学生分析不同项目间的差异，培养学生细心观察的习惯和勇于探索的精神。

（3）积极与学生互动，鼓励学生提问与分享，培养学生独立思考和解决问题的能力。

2. 学生活动

（1）在教师的指导下进行实际项目创建、管理操作练习，注意观察和思考。

（2）积极参与课堂讨论，分享自己的想法和经验。与同学一起分析案例，探讨项目创建与管理中的问题和解决方案，拓宽自己的思路。

一、学习问题导入

如何创建一个新的项目？创建的项目如何运行及管理？学会项目的创建与管理将为资源开发奠定良好基础。

二、学习任务讲解

1. 项目的创建

点击“Projects”（项目）—“New project”（新建项目），在新的窗口选择“All templates”—“3D”，在“Project name”自定义示例项目名称，在“Location”自定义项目路径，点击“Create project”创建项目。如需取消创建，点击“Cancel”取消创建项目。

> 小贴士
>
> “All templates”是 Unity 内置的模板，有 2D、3D、VR 等，选择模板会引入对应的资源。

项目创建步骤如图 1-12 所示。

图 1-12　项目创建步骤

2. 项目的管理

（1）项目打开。

点击“Open”，选择项目路径，导入已存在的项目，导入的项目自动添加到项目列表中。

（2）项目运行。

点击项目名称，可在 Unity 编辑器中运行项目。

（3）打开项目所在文件夹。

点击“Show in Explorer”（在资源管理器中显示），即打开项目所在文件夹。

（4）从列表中移除项目。

点击“Remove project from list”，将选中的项目从列表中移除，此时在电脑中并未删除项目文件，可通过“Open”再次导入项目。

（5）项目搜索。

当项目列表中项目较多时，在“Search”输入框中输入项目名称，自动搜索项目。

项目管理界面如图 1-13 所示。

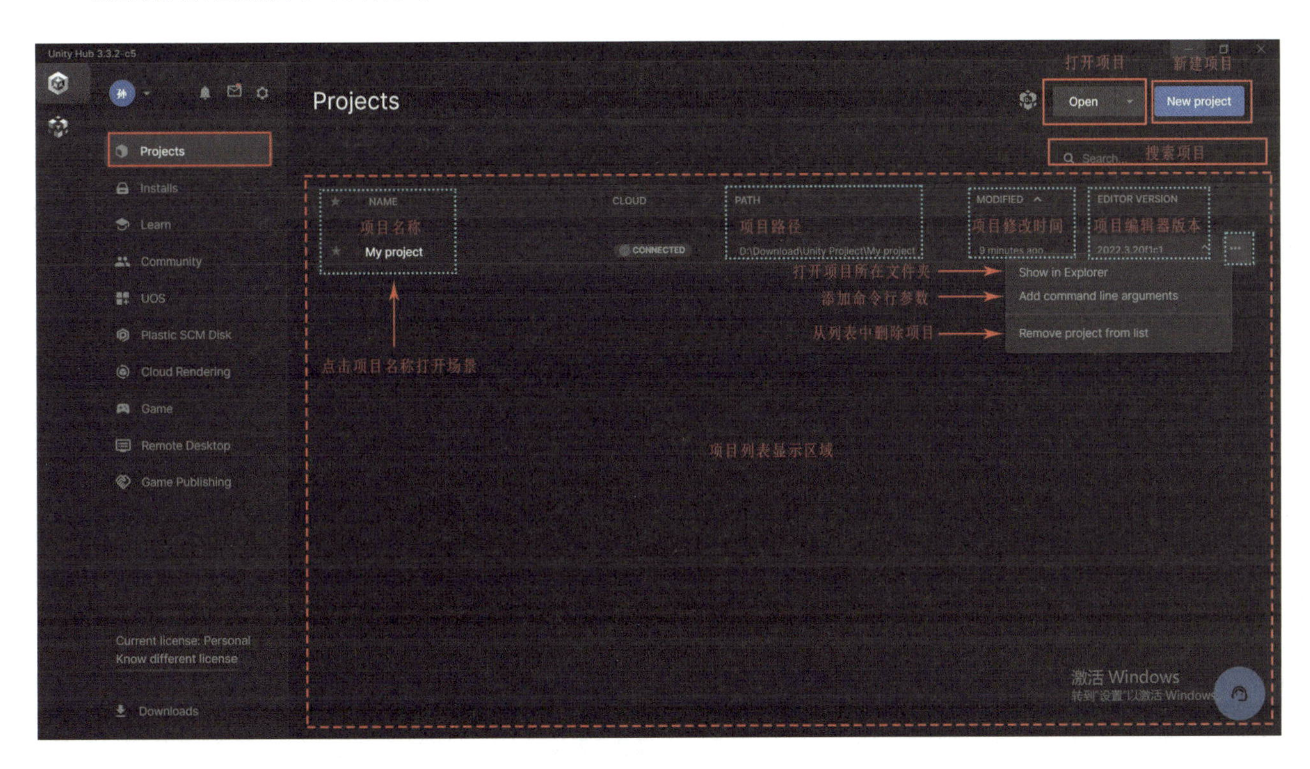

图 1-13　项目管理界面

三、学习任务小结

通过本次学习任务，同学们掌握了 Unity 项目的创建方法，包括选择合适的项目名称、存储位置和模板。深入了解了项目的结构，能够有效地管理项目，如导入外部项目、移除项目，以及使用搜索功能快速找到所需项目，为后续的开发工作奠定了基础。

四、课后作业

（1）创建一个新的 Unity 项目，命名为 “my world”。

（2）练习项目的导入、移除、搜索操作。

编辑器视图结构

教学目标

（1）专业能力：使学生能够准确区分 Unity 编辑器中各个视图，掌握视图的基本操作方法。

（2）社会能力：推动学生关注传统文化元素，收集合适的元素融入游戏开发案例，使其了解 Unity 编辑器视图结构的功能和优势，以及在实际项目中如何运用视图结构。

（3）方法能力：提升学生的信息和资料收集能力、沟通表达能力。

学习目标

（1）知识目标：掌握 Unity 编辑器的各个视图结构的用途与特点。

（2）技能目标：能够熟练地打开、关闭和最大化 Unity 编辑器的各个视图，并调整视图的位置。

（3）素质目标：通过层级视图理解游戏对象之间的逻辑关系，通过项目视图管理项目资源。具备良好的逻辑思维能力、文档管理能力。

教学建议

1. 教师活动

（1）详细讲解并演示 Unity 编辑器的各个视图结构的功能与用途以及视图的基本操作方法。

（2）适时提问学生，检查学生的理解程度，鼓励学生积极参与讨论。

（3）将思政教育融入课堂教学，鼓励学生在游戏开发时融入中国传统文化元素，培养学生的文化自信。

2. 学生活动

（1）聆听教师讲解，了解 Unity 编辑器各个视图的结构、功能和操作方法。在教师的指导下进行实际操作练习，在操作过程中注意观察和思考，遇到问题及时向同学或老师请教。

（2）进行自主学习，探索 Unity 编辑器的更多功能和用法。

一、学习问题导入

Unity 编辑器功能强大、操作灵活，它包含一个个各具特色的视图，每一个视图都有着独特的功能。我们通过学习 Unity 编辑器的视图结构，可掌握游戏开发的关键技能，为开发精彩作品打下坚实的基础。

二、学习任务讲解

1. 编辑器视图结构

双击 Unity Hub 打开 Unity 启动器，创建一个新项目，运行项目，启动 Unity 编辑器，编辑器中包含“Hierarchy”（层级）视图、“Scene”（场景）视图、“Game”（游戏）视图、“Inspector”（检查器）视图、“Project”（项目）视图、“Console”（控制台）视图与“Unity Version Control”（版本控制）视图。编辑器视图结构如图 1-14 所示。

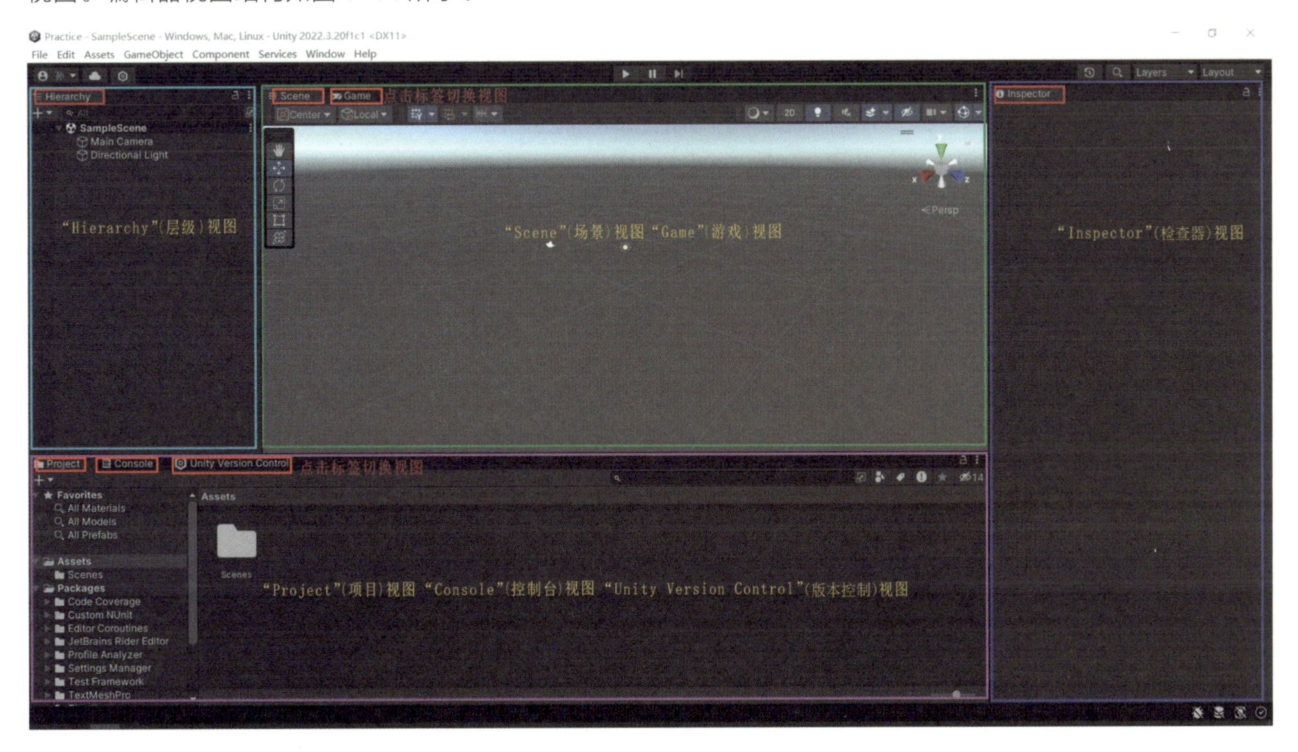

图 1-14　编辑器视图结构

为了方便演示，执行“GameObject”（物体）—“3D Object”（3D 物体）—“Cube”（立方体）命令，创建一个立方体，“Hierarchy”视图中新增了对象节点“Cube”，在“Scene”视图中出现了一个立方体，在“Inspector”视图中显示了“Cube”的属性。此时 Unity 编辑器工作界面如图 1-15 所示。

（1）层级（Hierarchy）视图。

层级视图位于编辑器左侧，也称节点管理器，每个物体均为一个节点。层级视图显示场景中的所有游戏对象及游戏对象的层级结构。通过层级视图可快速管理游戏对象，包括选择游戏对象、创建新的游戏对象、删除现有对象、重命名对象、复制对象以及调整对象之间的层次关系。为了方便识别，层级视图中显示游戏对象的名称和图标。

使用鼠标点击层级视图下的按钮 + ▾，出现一个显示各种对象的下拉框，用鼠标左键单击想要选取的对象，即可创建该对象。

图 1-15　创建“Cube”（立方体）的编辑器界面

（2）场景（Scene）视图。

场景视图位于编辑器中心，也称 3D 视图窗口，即游戏中的一处场景或关卡。这是用于构建和可视化游戏世界的主要区域，也是与开发者交互最多的视图，所有的可视化编辑都在这里进行。

我们可以在场景视图中直观地观察和操作游戏对象，包括调整它们的位置、旋转和缩放等操作。各种工具的运用让我们能够高效地塑造丰富多样的游戏场景。

（3）游戏（Game）视图。

游戏视图位于编辑器中心，用于预览游戏的实际运行效果，测试游戏的画面表现、特效以及用户界面。游戏视图中提供控制按钮，如播放、暂停、逐帧前进等操作按钮，方便测试游戏、发现问题。

场景视图和游戏视图两个视图共用编辑器中心区域，可以通过点击标签切换视图。

（4）检查器（Inspector）视图。

检查器视图位于编辑器右侧，显示当前选中游戏对象的详细信息和属性。未选中对象时，检查器视图内容为空；当选中对象时，可以查看和编辑游戏对象的组件及其属性，如 Transform 组件的位置、旋转和缩放等。

（5）项目（Project）视图。

项目视图位于编辑器下方，按照目录方式管理项目中的所有资源，可以进行资源导入、导出和删除等操作。项目资源包括脚本、模型、材质、纹理、音频文件等。文件夹结构的运用让资源的整理更加有序，便于查找和使用。

（6）控制台（Console）视图。

控制台视图位于编辑器下方，用于显示错误、警告和调试信息。

当游戏运行出现问题时，会在控制台视图中输出相应的错误信息，可以帮助开发者快速定位问题。游戏调试信息也会显示在控制台视图中，便于跟踪游戏的运行状态，确保项目的稳定性。

控制台视图还提供了一些过滤选项，可以根据错误类型、来源等进行筛选。点击“Clear”可以清除全部的输出信息。

（7）版本控制（Unity Version Control）视图。

版本控制视图位于编辑器下方，主要用于管理项目的版本和协作开发。

项目视图、控制台视图、版本控制视图三个视图共用编辑器下方区域，可以通过点击标签切换视图。

2. 编辑器视图的基础操作

当拖动编辑器视图标签时，可以改变视图位置。用鼠标右键点击视图标签，在弹出的快捷菜单中点击“Maximize”命令，将视图最大化；点击“Close Tab”命令，将视图关闭；点击“Add Tab”命令，在弹出的子菜单中，可打开需要的视图。

编辑器视图的基础操作如图 1-16 所示。

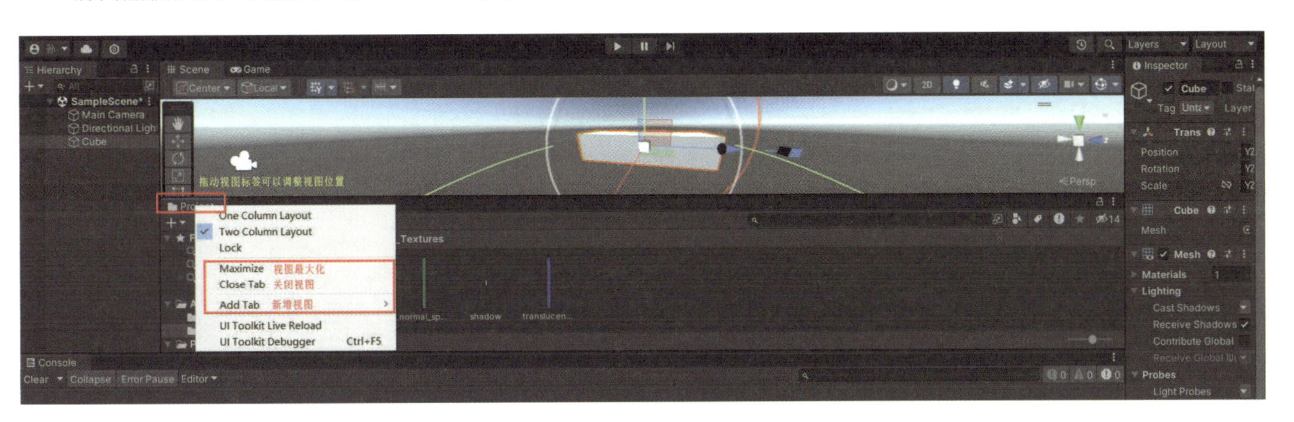

图 1-16　编辑器视图的基础操作

3. 样例场景

当创建项目时，默认已创建一个场景。在“Project”视图“Assets”（资源）下，点击“Scenes”文件夹，文件夹中有 SampleScene.unity，是当前打开的默认场景。在“Hierarchy”视图中可以看到当前打开的场景名称为 SampleScene（样例场景）。

在“Hierarchy”视图下有两个物体，分别是“Main Camera”和“Directional Light”，指场景中的主摄像机和平行光源。

样例场景如图 1-17 所示。

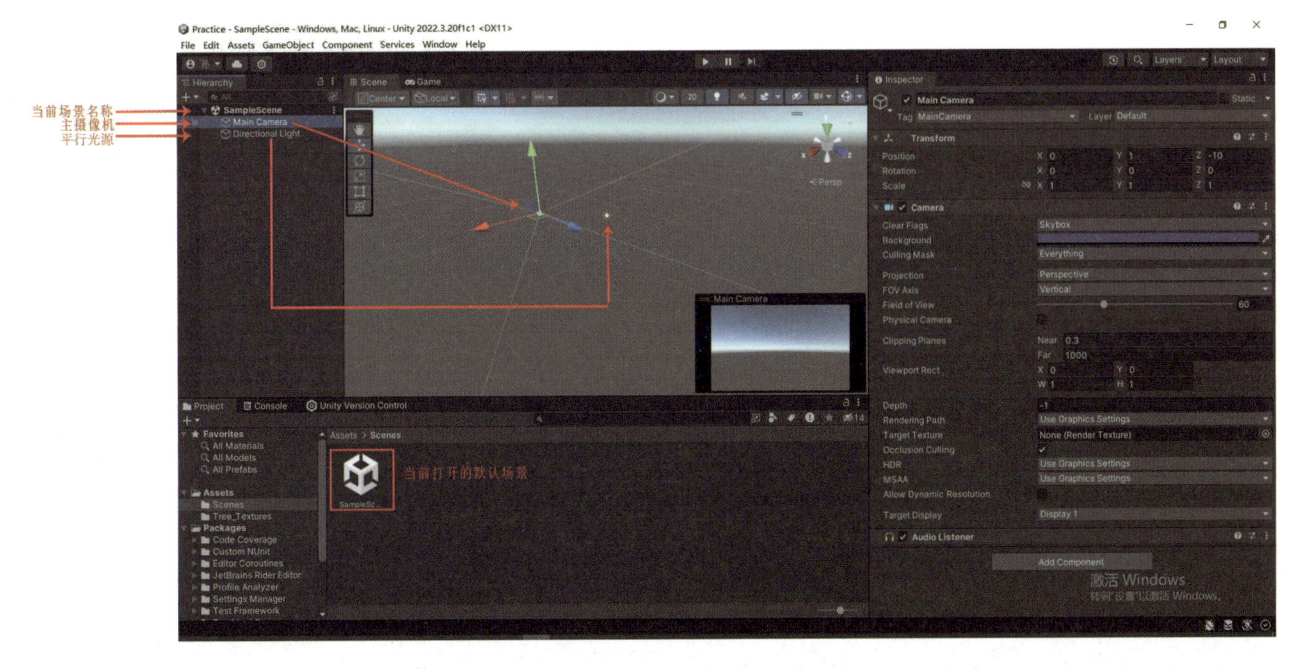

图 1-17　样例场景

三、学习任务小结

通过本次学习任务，同学们深入了解了 Unity 编辑器的各个重要组成部分。场景视图是发挥创意的主要场地；游戏视图是展示游戏的窗口，让我们提前领略玩家眼中的游戏世界；层级视图用于组织管理游戏对象，它清晰地呈现游戏对象及对象之间的层级关系，让我们能够精准选择和管理对象；项目视图存储着游戏开发所需的各种素材，通过导入、导出、删除等操作对游戏资源进行高效管理；检查器视图详细地展示了游戏对象的各种属性和信息，方便对游戏对象的属性进行调整和优化；控制台视图能够及时显示游戏开发过程中出现的错误、警告和调试信息，帮助我们快速定位问题所在。这将为我们今后的游戏开发之路打下坚实的基础。

四、课后作业

（1）说明 Unity 场景视图与游戏视图的主要功能和作用。

（2）通过层级视图来管理游戏对象。

（3）打开 Unity 编辑器，创建一个简单的场景，包含立方体、球体、圆柱体等几个不同类型的游戏对象。尝试使用各种工具（移动、旋转、缩放）调整这些游戏对象的位置、大小、角度等。观察层级视图和检查器视图中游戏对象属性的变化，并记录操作过程和体会。

Unity 基本操作与快捷键

教学目标

（1）专业能力：使学生能够通过菜单命令、快捷键、快捷菜单等方式进行 Unity 的基本操作。

（2）社会能力：推动学生关注 Unity 的快捷键，理解快捷键的使用场景，不断提升自己的专业水平，使其养成高效工作的习惯。

（3）方法能力：促进学生主动学习 Unity 的新功能和新技术。

学习目标

（1）知识目标：熟悉 Unity 的基本操作，并理解快捷键的功能及使用场景。

（2）技能目标：能够熟练使用 Unity 编辑器对游戏对象、场景等进行操作，并能运用快捷键快速完成操作。

（3）素质目标：培养耐心、毅力、创造力与良好的表达能力。

教学建议

1. 教师活动

（1）重点介绍 Unity 基本操作与快捷键，布置简单任务让学生进行实践操作，对学生在实践中遇到的问题进行集中解答。

（2）将思政教育融入课堂教学，鼓励学生通过多种方式进行 Unity 的基本操作与快捷键的拓展学习，并积极与学生互动，鼓励学生提出问题和解决问题，促进共同进步。

2. 学生活动

（1）参与教师组织的实践操作练习，在操作过程中注意观察和思考，遇到问题及时向教师请教。

（2）分组进行 Unity 快捷键拓展学习的分享与总结，锻炼操作能力和艺术表达能力，提升团队协作能力。

一、学习问题导入

Unity 是一款功能强大且应用广泛的游戏开发工具，掌握其基本操作与快捷键是我们开启创作之旅的第一步。打造精彩的 3D 游戏作品离不开对 Unity 基本操作的熟练掌握，快捷键则是我们提高开发效率的秘密武器。

二、学习任务讲解

1. 游戏物体操作

Unity 提供了一些内置的 3D 模型，包括立方体（Cube）、球体（Sphere）、圆柱体（Cylinder）、胶囊体（Capsule）、平面（Plane）等。利用这些内置模型，可以通过组合、缩放、旋转等操作来创建更复杂的物体；同时，可以为它们添加材质、纹理和脚本，以实现更加丰富的视觉效果和交互功能。

（1）创建游戏物体。

方法一：执行“GameObject”—“3D Object”—“Cube”/“Sphere”/“Cylinder”/“Capsule”/“Plane”命令。

方法二：在“Hierarchy”视图空白处点击鼠标右键或点击某一个物体节点，在弹出的快捷菜单中选择“3D Object”—“Cube”/“Sphere”/“Cylinder”/“Capsule”/“Plane”命令。

（2）复制游戏物体。

方法一：在“Scene”视图中选中游戏物体或在“Hierarchy”视图中选择物体节点，按下快捷键“Ctrl + D”，快速复制一个相同的游戏物体。

方法二：在菜单栏中执行“Edit”—“Duplicate”命令。

方法三：在“Hierarchy”视图中选择物体节点，右键点击游戏物体，在弹出的快捷菜单中选择“Duplicate”命令。

注意：复制的游戏物体坐标轴和原物体坐标轴重叠。

（3）删除游戏物体。

方法一：在“Scene”视图中选中游戏物体或在“Hierarchy”视图中选择物体节点，按下快捷键“Delete”删除游戏物体。

方法二：在菜单栏中执行“Edit”—“Delete”命令，删除游戏物体。

方法三：在“Hierarchy”视图中选择物体节点，右键点击游戏物体，在弹出的快捷菜单中选择“Delete”命令，删除游戏物体。

（4）重命名游戏物体。

方法一：在“Hierarchy”视图中选中游戏物体节点，点击游戏物体的名称，名称变为可编辑状态，输入新名称进行重命名。

方法二：在菜单栏中执行“Edit”—“Rename”命令，重命名游戏物体。

方法三：在“Hierarchy”视图中选择物体节点，右键点击游戏物体，在弹出的快捷菜单中选择“Rename”命令，重命名游戏物体。

方法四：在“Inspector”视图中，点击游戏物体的名称字段，输入新名称进行重命名。

（5）显示 / 隐藏游戏物体。

可在“Inspector”视图中设置游戏物体的显示或隐藏。

游戏物体的创建、复制、删除、重命名、显示 / 隐藏操作可通过菜单命令、快捷键、“Hierarchy”视图快捷菜单和“Inspector”视图等方式完成，如图 1-18 ～图 1-20 所示。

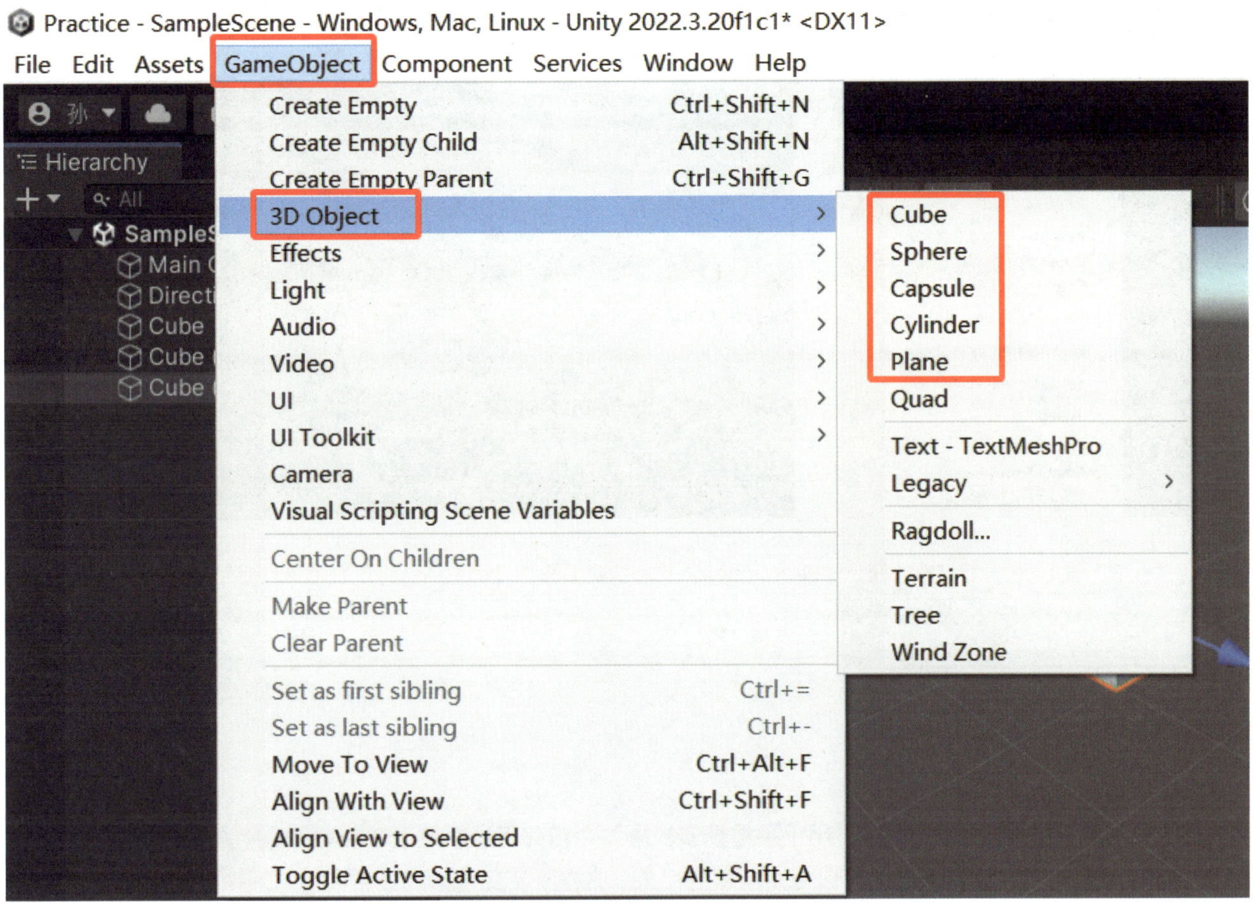

图 1-18　通过菜单命令创建游戏物体

图 1-19　通过菜单命令操作游戏物体

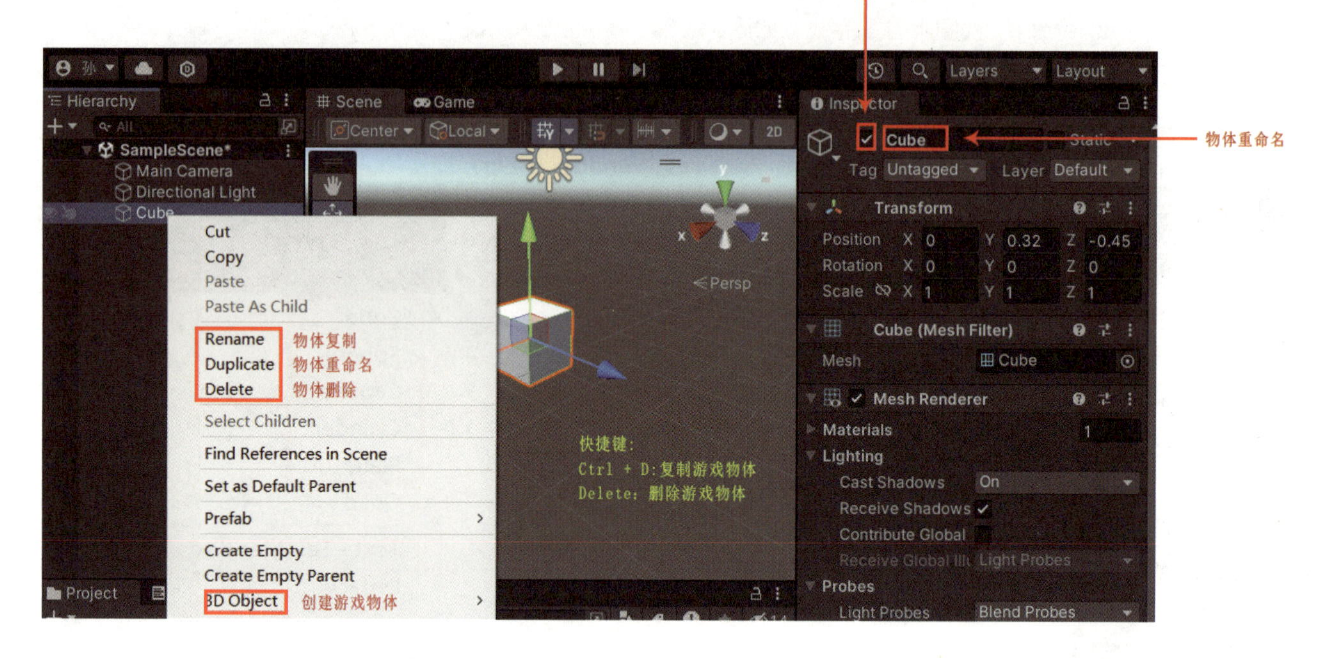

图 1-20　通过快捷键、“Hierarchy”视图快捷菜单和“Inspector”视图操作游戏物体

2. 工具栏主要区域及功能

（1）操作游戏对象工具区域。

“Hand Tool”（手形工具）：用于平移场景视图。点击此工具或按下快捷键“Q”，鼠标变成手形，在场景视图中按住鼠标左键并拖动，可以变换场景的视角，方便从不同位置观察游戏对象。

“Move Tool”（移动工具）：用于移动选中的游戏对象。点击此工具或按下快捷键“W”，可以在场景视图中通过拖动坐标轴手柄来改变游戏对象的位置，其中，被选中的坐标轴变成黄色，其他坐标轴变成灰色。每两个轴之间有一个小的面，点击轴之间的小面块，可以使游戏对象在平面内移动。

“Rotate Tool”（旋转工具）：用于旋转选中的游戏对象。点击此工具或按下快捷键“E”，可以在场景视图中围绕三个坐标轴旋转游戏对象。按住“Ctrl”键，旋转角度增量为 15°。

“Scale Tool”（缩放工具）：用于缩放选中的游戏对象。点击此工具或按下快捷键“R”，可以在场景视图中通过拖动坐标轴手柄对物体进行方向性缩放；拖动物体中心的小方块，可以对物体进行整体缩放。

“Rect Tool”（矩形工具）：用于查看和编辑游戏对象的组件。点击此工具或按下快捷键“T”，可以移动、缩放、旋转 2D 游戏对象。

“Transform Tool ”（多功能工具）：集合移动、旋转、缩放功能，快捷键“Y”。

（2）游戏运行控制区域。

▶ 播放按钮：点击后开始运行游戏，测试游戏的功能和性能。

⏸ 暂停按钮：暂停游戏，方便调试和查看游戏状态，帮助开发人员发现游戏问题。

⏭ 逐帧播放按钮：游戏运行后才能点击，用于逐帧运行游戏，实时查看游戏变化。

工具栏主要区域及功能如图 1-21 所示。

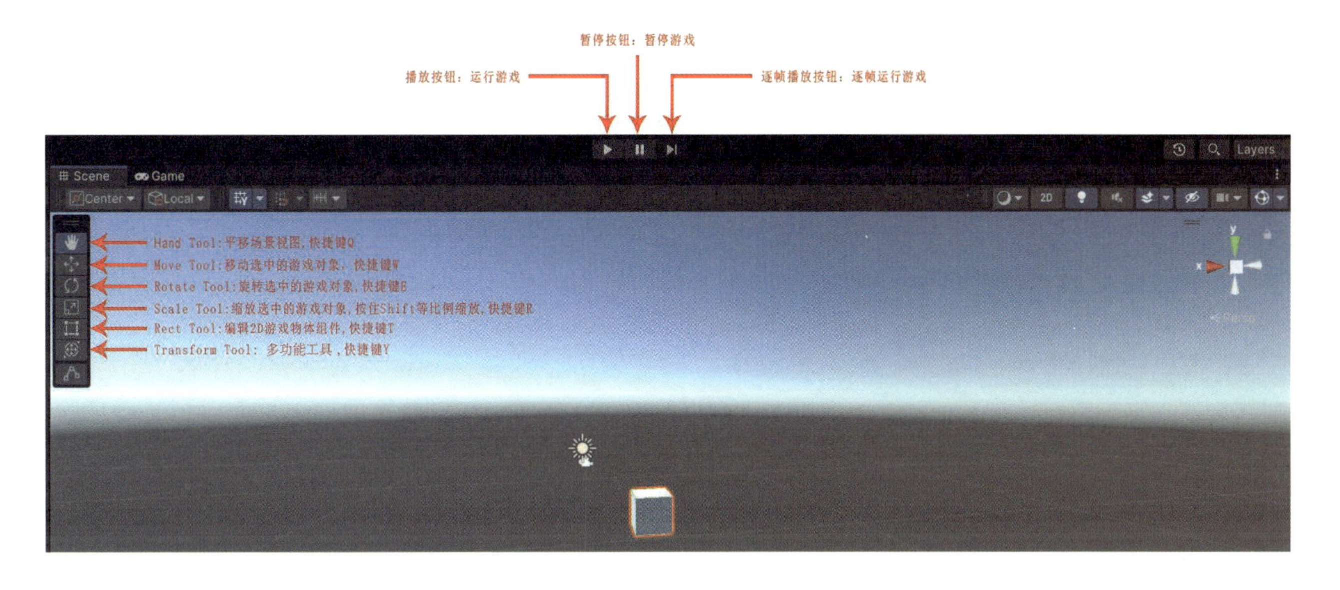

图 1-21　工具栏主要区域及功能

3. 场景视图常用快捷键

Alt+ 鼠标左键：旋转场景视图。

Alt+ 鼠标右键：调整场景视图距离。

滚动鼠标滚轮：调整场景视图距离。

按住鼠标滚轮移动：平移场景视图。

F：聚焦选中的游戏对象，方便查看和操作。

三、学习任务小结

通过本次任务的学习，同学们初步掌握了 Unity 的基本操作和快捷键。课后，同学们要继续深入学习，不断地巩固和应用这些知识，探索更多高级功能和技巧，为今后的游戏开发打下坚实基础。

四、课后作业

创建一个新的 Unity 项目，在场景中创建三个游戏物体——一个立方体、一个球体和一个圆柱体，完成以下操作：

（1）复制立方体，并移动立方体位置。

（2）缩放球体，对球体进行重命名。

（3）旋转圆柱体并聚焦。

项目二 开发准备

学习任务一　引擎基本原理
学习任务二　项目开发架构
学习任务三　素材资源导入
学习任务四　Visual Scripting 入门

引擎基本原理

教学目标

（1）专业能力：使学生能理解 Unity 的输入 / 输出控制、生命周期函数和事件系统。

（2）社会能力：推动学生在学习过程中与同伴交流想法，共同解决问题，提升沟通和协作能力。

（3）方法能力：提升学生的自主学习能力、工具应用能力和解决问题能力。

学习目标

（1）知识目标：掌握 Unity 的输入 / 输出控制、生命周期函数和事件系统的内容。

（2）技能目标：能够使用 Unity 输入 / 输出控制，记住主要的生命周期函数和事件系统关键组件。

（3）素质目标：能够耐心组装并调试 Unity 输入 / 输出设备，理解并掌握生命周期函数和事件系统的含义，积极适应不同语言的编辑环境，提升自己的职业综合素质。

教学建议

1. 教师活动

（1）运用多媒体课件、教学视频等多种教学手段，讲授 Unity 输入 / 输出设备、生命周期函数和事件系统的学习要点。

（2）引导学生思考创作过程中应承担的社会责任，如避免暴力和负面内容的传播，打造健康、积极的游戏环境。通过案例分析，让学生理解制作内容对玩家行为和价值观可能产生的影响。

（3）通过图文展示和分析，让学生理解 Unity 的基本原理。

2. 学生活动

（1）在教师的指导下，理解并掌握 Unity 输入 / 输出设备、生命周期函数和事件系统的含义，并在小组内进行分享和讨论，提升实际操作能力和团队协作精神。

（2）自主探索 Unity 的官网，学习并掌握 Unity 基本原理，培养自主学习和解决问题的能力。

一、学习问题导入

在本次学习任务中，我们将深入探索 Unity 的输入 / 输出控制、生命周期函数和事件系统，通过理论学习和实践操作，理解它们在游戏开发中的重要性和应用方式。

二、学习任务讲解

1. 输入 / 输出控制

在使用 Unity 进行游戏开发的过程中，输入 / 输出控制是实现玩家与游戏互动的关键。通过输入设备，如键盘、鼠标、触控屏、游戏手柄等，玩家可以向游戏发送操控指令；而输出则通常以游戏画面、音效等形式，在不同平台上向玩家反馈游戏状态。这种交互性是游戏与其他媒介（如电影、书籍等）的主要区别。

（1）输入设备。

键盘：用于输入字符和控制游戏角色的移动或执行特定动作。在 PC 游戏中，键盘是传统的输入设备之一。

鼠标：用于在屏幕上进行精确定位，如瞄准或选择对象。鼠标提供了精确的光标控制，是许多游戏不可或缺的输入设备。

触控屏：通过直观的触摸、滑动和手势来控制游戏，是移动游戏的主要交互方式。

游戏手柄：提供摇杆、按钮和触发器等多种控制方式，适用于更复杂的游戏操作。游戏手柄在 PC 游戏和主机游戏中非常流行，也为移动设备提供了类似的操作体验。

加速度计和陀螺仪：移动设备或游戏手柄中内置的传感器，可以用来检测设备的运动和方向，实现体感控制等丰富的交互方式。

（2）输出平台。

输出平台也称为打包平台，是指游戏最终运行的设备或系统，如 PC、游戏主机、移动设备等。开发者需要考虑不同平台的特性，如屏幕尺寸、性能限制、适用的交互方式等，以优化游戏体验。

游戏中的画面、音效、交互方式等都是重要的元素，它们不仅提供视觉、听觉以及其他感觉通道的反馈，还增强了游戏的沉浸感和情感表达。

小贴士

头显设备如 VR/AR 眼镜也是当前热门的输出平台之一，如图 2-1 所示。它们提供高分辨率、宽视场角和高刷新率的逼真视觉体验，能为玩家带来强烈的沉浸感。但头显设备也存在易引发视觉疲劳和佩戴不适等问题，未来的技术进步有望解决这些问题。

图 2-1　头显设备

2. 生命周期函数

持续不断的循环机制是游戏设计的核心，它负责不断地处理游戏逻辑并刷新游戏画面。循环机制的本质是重复执行一系列操作，确保游戏世界能够响应玩家的操作并维持其动态表现。我们之所以能够感知画面的连续运动，是因为图像的更新频率足够高，以至于人眼无法分辨出每幅单独的静态画面，从而产生了平滑连续的视觉效果，如图 2-2 所示。

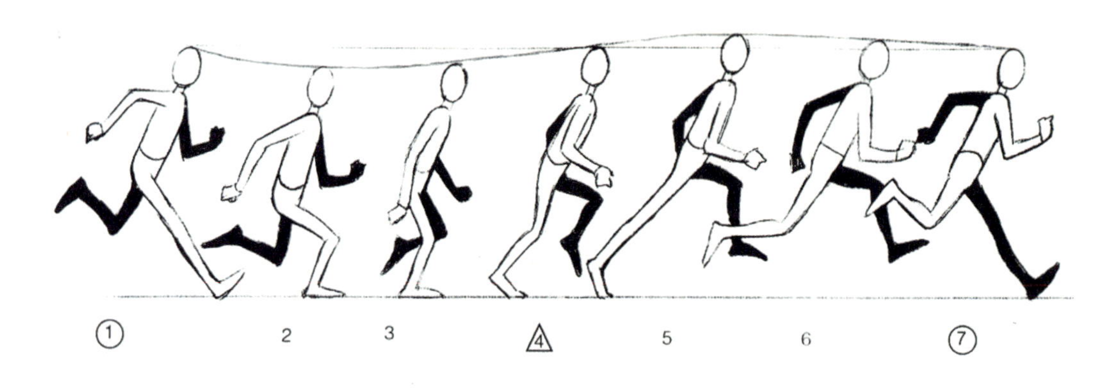

图 2-2　序列帧动画示意图

在游戏开发中，每一次画面的更新被称为一帧，每一帧代表一个循环周期，其中包含逻辑处理和画面渲染的完整过程。Unity 通过其内部机制为我们封装了这一循环过程，使得开发者无须直接管理循环本身，而是专注于利用 Unity 提供的生命周期函数来实现具体的游戏逻辑和渲染操作。

生命周期函数是 Unity 中用于更新游戏状态的函数，它们在游戏的每一帧中被调用，是游戏逻辑更新的基础。开发者通过生命周期函数控制游戏的运行流程，如响应玩家输入、更新游戏状态和渲染画面。主要的生命周期函数有 Awake、Start、Update、FixedUpdate、LateUpdate、OnEnable、OnDisable、OnDestroy 等，它们的调用情况和流程如图 2-3 所示。

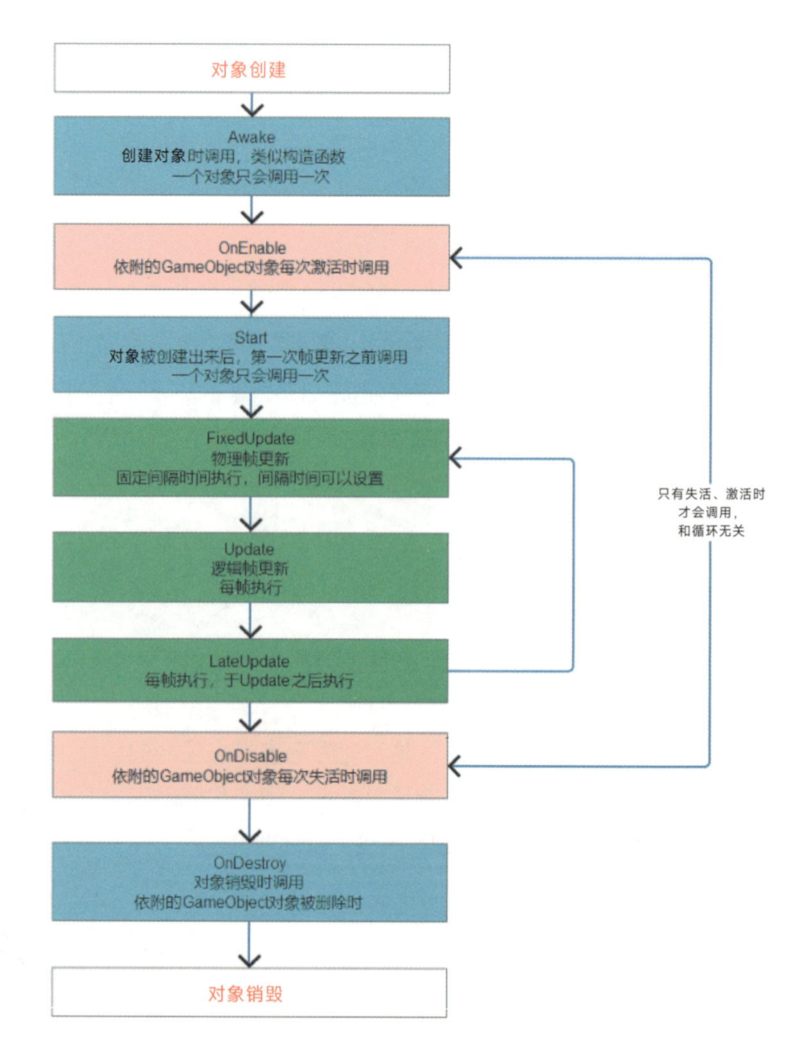

图 2-3　Unity 中主要的生命周期函数

在实际的 Unity 开发过程中，需要根据游戏设计需求和性能特点，保持循环代码的简洁，避免在 Update 等频繁调用的函数中执行复杂或耗时的操作；尽可能将游戏逻辑和画面渲染分开处理，以提高效率和可维护性。

重要知识点

Awake 和 Start 函数由始至终只触发一次；OnEnable 和 OnDisable 函数可以反复触发；Update 函数适合处理玩家的实时输入，FixedUpdate 函数适合处理不受帧率影响的物理模拟效果，LateUpdate 函数则适合处理画面渲染。

3. 事件系统

Unity 事件系统（见图 2-4）是其核心功能之一，它提供了一种机制，允许开发者定义事件、注册事件处理程序，并在适当的时候触发这些事件。Unity 事件系统包括以下几个关键组件。

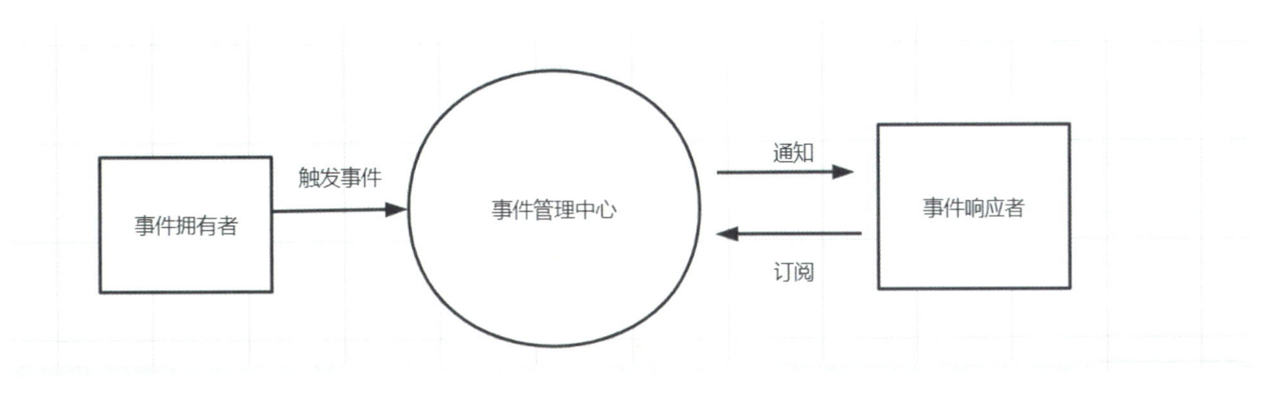

图 2-4　Unity 事件系统

（1）UnityEvent。

这是一个特殊的类，用于定义事件的签名和存储事件的参数。

（2）事件委托。

这些是绑定到 UnityEvent 上的回调函数，当事件被触发时，这些函数将被执行。

（3）事件触发器。

这些是用于触发事件的对象，它们可以在满足特定条件时激活事件。

在 Unity 中，事件的创建和使用通常遵循以下步骤。

事件监听：开发者在脚本中创建事件，并注册一个或多个回调函数。这些回调函数将在事件被触发时执行。

事件触发：当游戏中的某个条件得到满足时，如玩家到达某个地点、获得物品或按下按钮，开发者可以通过代码触发相应的事件。

事件处理：一旦事件被触发，所有注册到该事件的回调函数将被调用，执行相应的逻辑。

Unity 的事件系统是构建交互式游戏的基石。通过精心设计的事件和响应机制，开发者能够创建既灵活又高效的游戏行为。这种基于事件的编程模式，不仅提升了代码的组织性，还增强了游戏的可扩展性和可维护性，使得游戏能够自然地响应玩家的操作，从而提供流畅和引人入胜的游戏体验。

思考

游戏中的哪些功能可能是使用 Unity 事件系统完成的？

三、学习任务小结

通过本次任务的学习，我们详细了解了 Unity 中的输入 / 输出控制机制，掌握了 Unity 生命周期函数的工作原理，探讨了 Unity 事件系统的强大功能。这些知识的学习将为后续的游戏开发实战训练打下坚实的理论基础。

四、课后作业

在 Unity 官方手册中查询有关生命周期函数的内容（https://docs.unity.cn/cn/2022.3/Manual/ExecutionOrder.html）。

项目开发架构

教学目标

（1）专业能力：使学生能理解 Unity 的项目开发架构，包含技术层面的规划、项目管理和设计模式。

（2）社会能力：推动学生在学习过程中与同伴交流想法，共同解决问题，提升沟通和协作能力。

（3）方法能力：提升学生的自主学习能力、工具应用能力和解决问题能力。

学习目标

（1）知识目标：掌握 Unity 的开发流程、软件架构和设计模式。

（2）技能目标：熟悉 Unity 的开发流程，掌握 MVC 架构和组件化开发的方法，以及单例模式和观察者模式两种设计模式。

（3）素质目标：能够理解 Unity 的开发流程、软件架构和设计模式，积极适应不同语言的编辑环境，提升自己的职业综合素质。

教学建议

1. 教师活动

（1）通过展示 Unity 游戏项目，提高学生对 Unity 的项目开发架构的认识。同时，运用多媒体课件、教学视频等多种教学手段，讲授 Unity 开发流程、软件架构和设计模式的详细内容。

（2）引导学生思考并梳理开发架构的各个板块，形成系统化的认知。

（3）通过图文展示和分析，让学生理解项目开发架构的相关知识。

2. 学生活动

（1）在教师的指导下，能够理解项目开发架构，包括开发流程、软件架构、设计模式等内容，并在小组内进行分享和讨论，提升实际操作能力和团队协作精神。

（2）自主探索 Unity 的官网，学习并掌握项目开发架构的基本知识，培养自主学习和解决问题的能力。

一、学习问题导入

在本次学习任务中，我们将深入探讨 Unity 的项目开发架构，这是确保游戏项目成功的关键。开发架构不仅涉及技术层面的规划，还涉及项目管理和设计模式，它们共同构成了游戏开发的骨架。

二、学习任务讲解

1. 开发流程

开发流程是游戏从概念到成品的转化过程，它通常包括但不限于设计、编码、测试和发布等多个重要阶段。

（1）设计阶段。

在游戏开发的初期，设计是构建游戏世界的基础，它包括游戏机制、故事叙述、角色塑造和环境设计。良好的设计是游戏成功的前提，它要求开发者具备创新思维和对玩家体验的深刻理解。

（2）编码阶段。

编码是将设计图纸转化为可执行代码的过程。在 Unity 中，这通常涉及 C# 编程语言的使用或可视化编程（Visual Scripting），以创建游戏逻辑、控制游戏角色行为，并实现玩家与游戏世界的互动。

（3）测试阶段。

测试是确保游戏质量的关键环节，包括功能测试、性能测试、用户测试等多个方面。通过测试，开发者能够发现并修复游戏中的问题，优化玩家体验。

（4）发布阶段。

发布是游戏开发的最终步骤，它标志着游戏的最终呈现。游戏发布包括游戏的打包、分发以及市场推广等，对游戏取得商业上的成功至关重要。

2. 软件架构

软件架构是游戏开发的技术框架，它决定了游戏的组织结构和工作方式。这里主要介绍 MVC 架构和组件化开发的方法。

（1）MVC 架构。

Model-View-Controller（模型－视图－控制器）架构是一种经典的设计模式，它将应用程序划分为三个逻辑层面：模型（Model）、视图（View）和控制器（Controller）。这种分层方法在 Unity 游戏开发中尤为重要，因为它促进了代码的组织性和可管理性。

模型（Model）：代表应用程序的数据和业务逻辑。在游戏开发中，模型可能包含游戏状态、玩家得分、游戏规则等。

视图（View）：负责将数据（模型）呈现给用户。在 Unity 中，视图通常指的是游戏的用户界面和场景，如分数板、生命值指示器或游戏菜单。

控制器（Controller）：作为模型和视图之间的中介，处理用户输入并做出响应，如接收玩家操作指令并更新模型状态。

MVC 架构如图 2-5 所示。

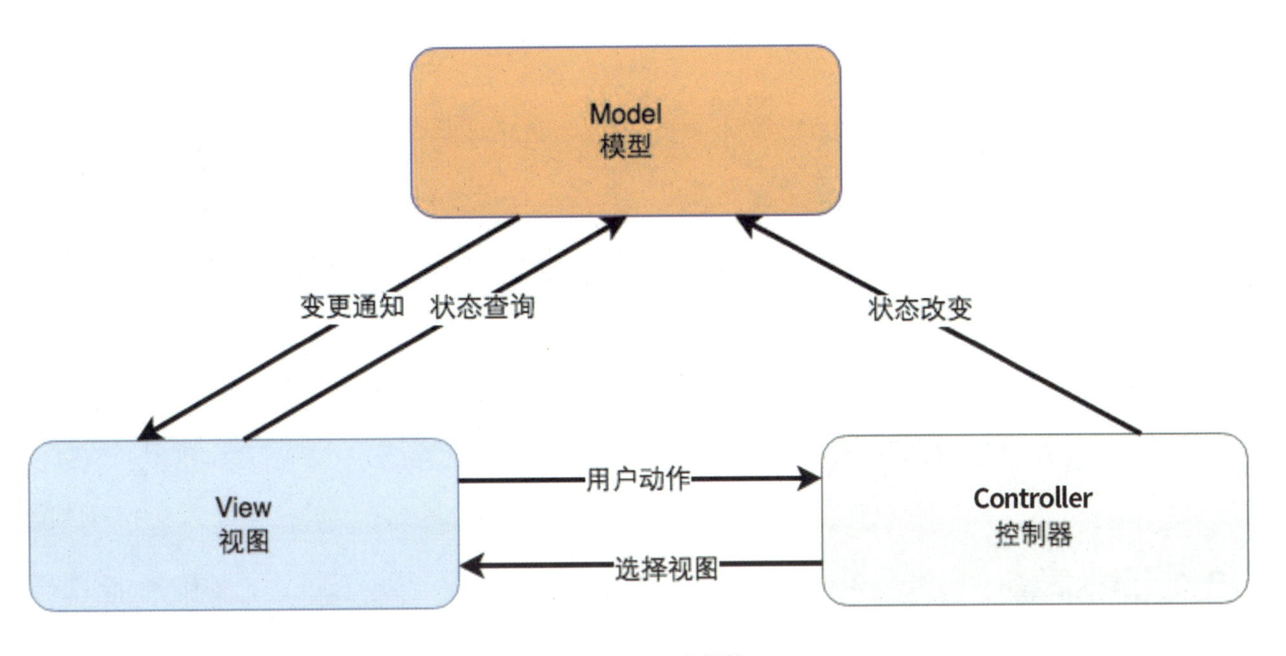

图 2-5　MVC 架构

（2）组件化开发。

组件化开发是一种将游戏系统分解为独立、可复用组件的方法。每个组件封装了特定的功能或行为。开发者可以使用 Unity 内置的各种组件见（图 2-6、图 2-7），也可以创建自定义组件来封装特定的功能，如 AI 决策、道具使用等。这种方法使得开发者能够通过组合这些组件来构建复杂的游戏系统，提高了开发效率和代码的可维护性。

> **小贴士**
>
> Unity 提供了多种方式来实现组件间的通信，包括直接引用、事件系统或消息传递。

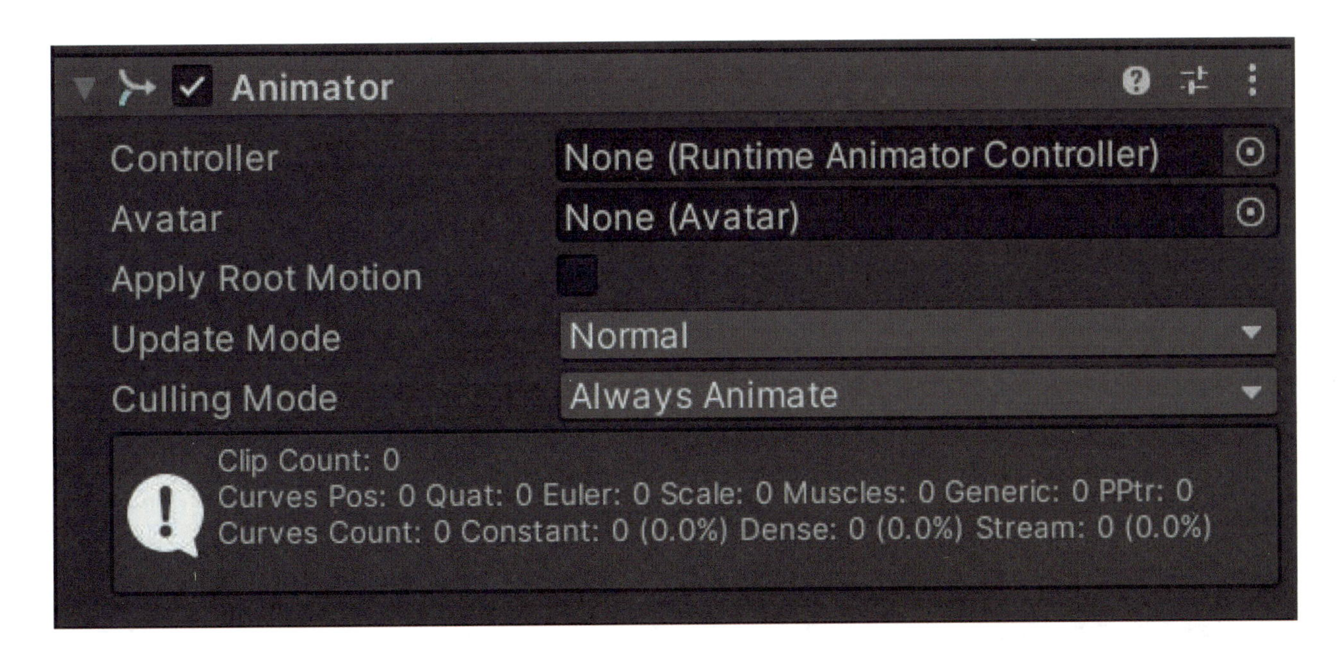

图 2-6　动画控制器组件

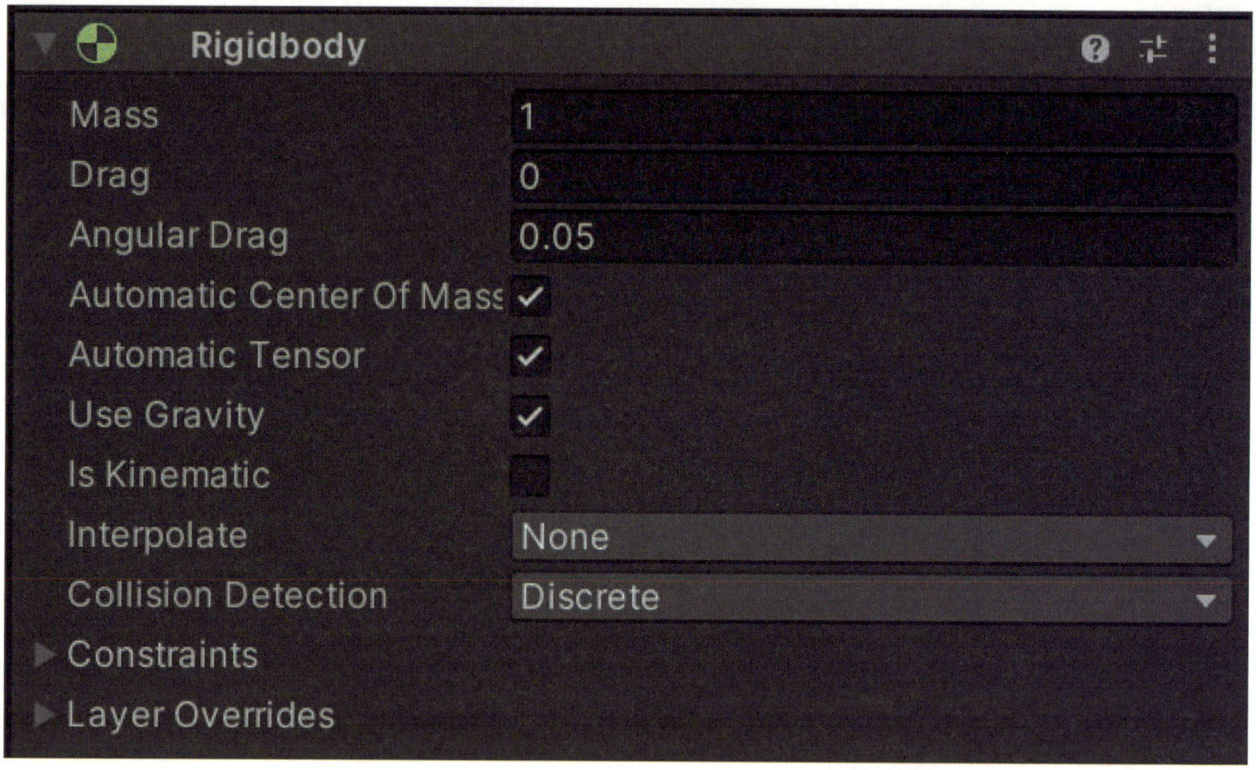

Rigidbody
Mass 1
Drag 0
Angular Drag 0.05
Automatic Center Of Mass ✓
Automatic Tensor ✓
Use Gravity ✓
Is Kinematic
Interpolate None
Collision Detection Discrete
Constraints
Layer Overrides

图 2-7 用于物体物理行为管理的刚体组件

3. 设计模式

设计模式是针对特定问题的通用解决方案。下面介绍两种与游戏开发紧密相关的设计模式，即单例模式和观察者模式。

（1）单例模式。

单例模式确保一个类在应用程序中只有一个实例，并提供一个全局访问点。在 Unity 中，单例模式常用于管理全局状态，如游戏配置或资源管理。

（2）观察者模式。

观察者模式定义了对象之间的发布订阅关系，允许多个观察者对象监听某一个主题对象的状态变化。在 Unity 中，这种模式可用于实现事件分发系统，使得游戏能够响应各种事件。

三、学习任务小结

在本次学习任务中，我们学习了游戏开发的主要流程，包括设计、编码、测试和发布；了解了 MVC 架构的基本概念，并认识到组件化开发在构建模块化和可重用系统中的应用价值；研究了游戏开发中常见的设计模式，如单例模式和观察者模式。在未来的游戏开发中，我们将运用所学知识构建出结构合理、高效且可维护的游戏项目。

四、课后作业

选择一个典型的游戏内容，如背包系统，将其构建为 MVC 模式。

素材资源导入

教学目标

（1）专业能力：使学生能将外部素材导入 Unity，利用 Unity Asset Store 获取所需的资源。

（2）社会能力：推动学生在学习过程中与同伴交流想法，共同解决问题，提升沟通和协作能力。

（3）方法能力：提升学生的自主学习能力、工具应用能力和解决问题能力。

学习目标

（1）知识目标：掌握将外部素材导入 Unity 或利用 Unity Asset Store 获取所需的资源的方法。

（2）技能目标：能够将外部素材导入 Unity 或利用 Unity Asset Store 获取所需的资源。

（3）素质目标：能够理解素材资源的导入和管理是构建游戏世界的基础，积极适应不同语言的编辑环境，提升自己的职业综合素质。

教学建议

1. 教师活动

（1）通过展示 Unity 界面和操作流程，提高学生对 Unity 的直观认识。同时，运用多媒体课件、视频等多种教学手段，讲授将素材资源导入 Unity 的学习要点。

（2）引导学生思考游戏创作过程中应承担的社会责任，如避免暴力和负面内容的传播，打造健康、积极的游戏环境。通过教学补导，让学生理解游戏内容对玩家行为和价值观可能产生的影响。

（3）通过对 Unity 素材的展示和分析，让学生理解如何将素材资源导入 Unity，以及如何选择与制作内容相对应的素材资源。

2. 学生活动

（1）在教师的指导下，将外部素材导入 Unity，或利用 Unity Asset Store 获取所需的资源，并在小组内进行分享和讨论，提升实际操作能力和团队协作精神。

（2）自主探索 Unity 的官网，学习如何将外部素材导入 Unity，或利用 Unity Asset Store 获取所需的资源，培养自主学习和解决问题的能力。

一、学习问题导入

在 Unity 游戏开发中，素材资源的导入和管理是构建游戏世界的基础。本次学习任务将讲解如何将外部素材导入 Unity，或利用 Unity Asset Store 获取所需的资源。

二、学习任务讲解

1. 外部素材导入

将素材文件拖放到 Unity 中的 “Project” 窗口中，或者使用菜单中的 “Assets” — “Import New Asset” 选项导入素材，如图 2-8 所示。

2.Asset Store 资源获取

可在 “Package Manager” 窗口的 “My Assets”（资源库）中找到已购买的资源，进行资源的下载和安装，如图 2-9 所示。

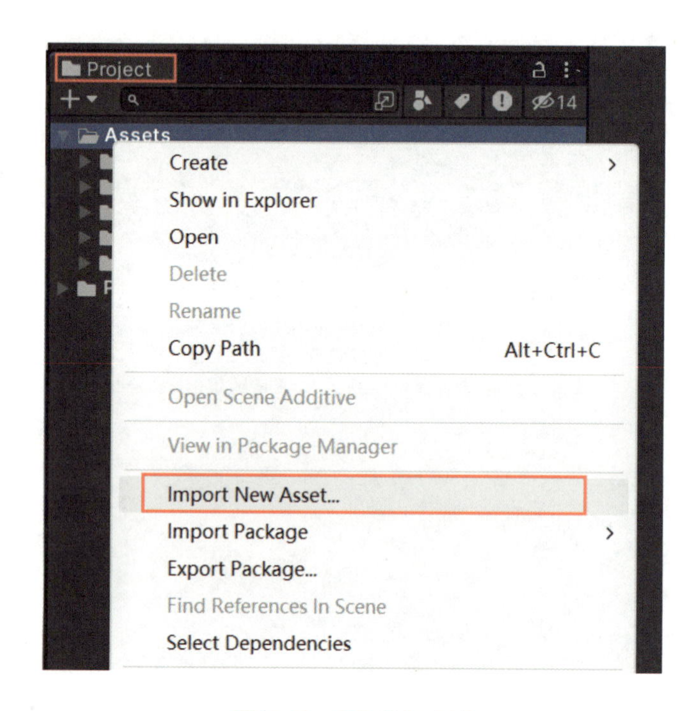

图 2-8 导入外部素材

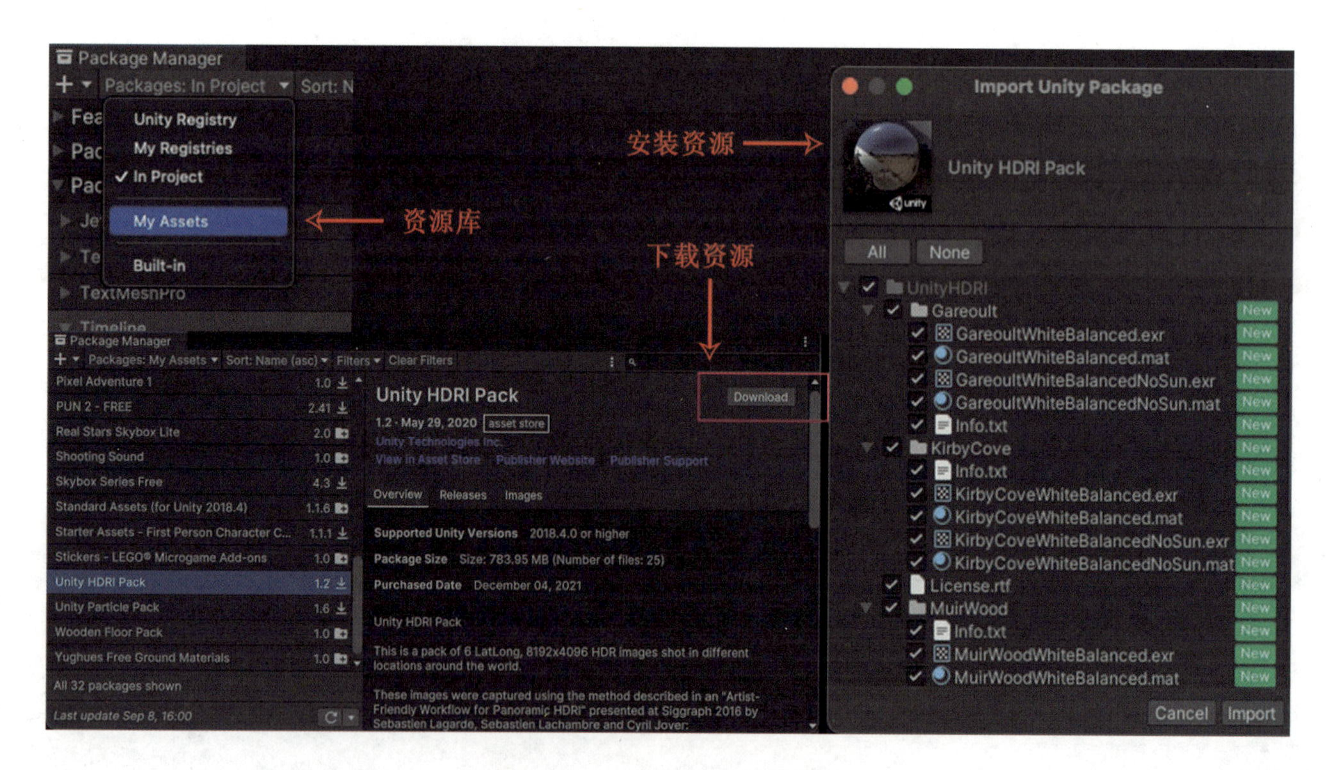

图 2-9 资源库和下载、安装资源

导入 Asset Store 内资源的方法如下。

新建一个项目，点击“Window”—“Asset Store”，如图 2-10 所示。

在出现的页面中，可点击“Open Package Manager”打开自己的资源库，也可点击“Search online”，在搜索栏中输入希望搜索到的资源，如图 2-11 所示。

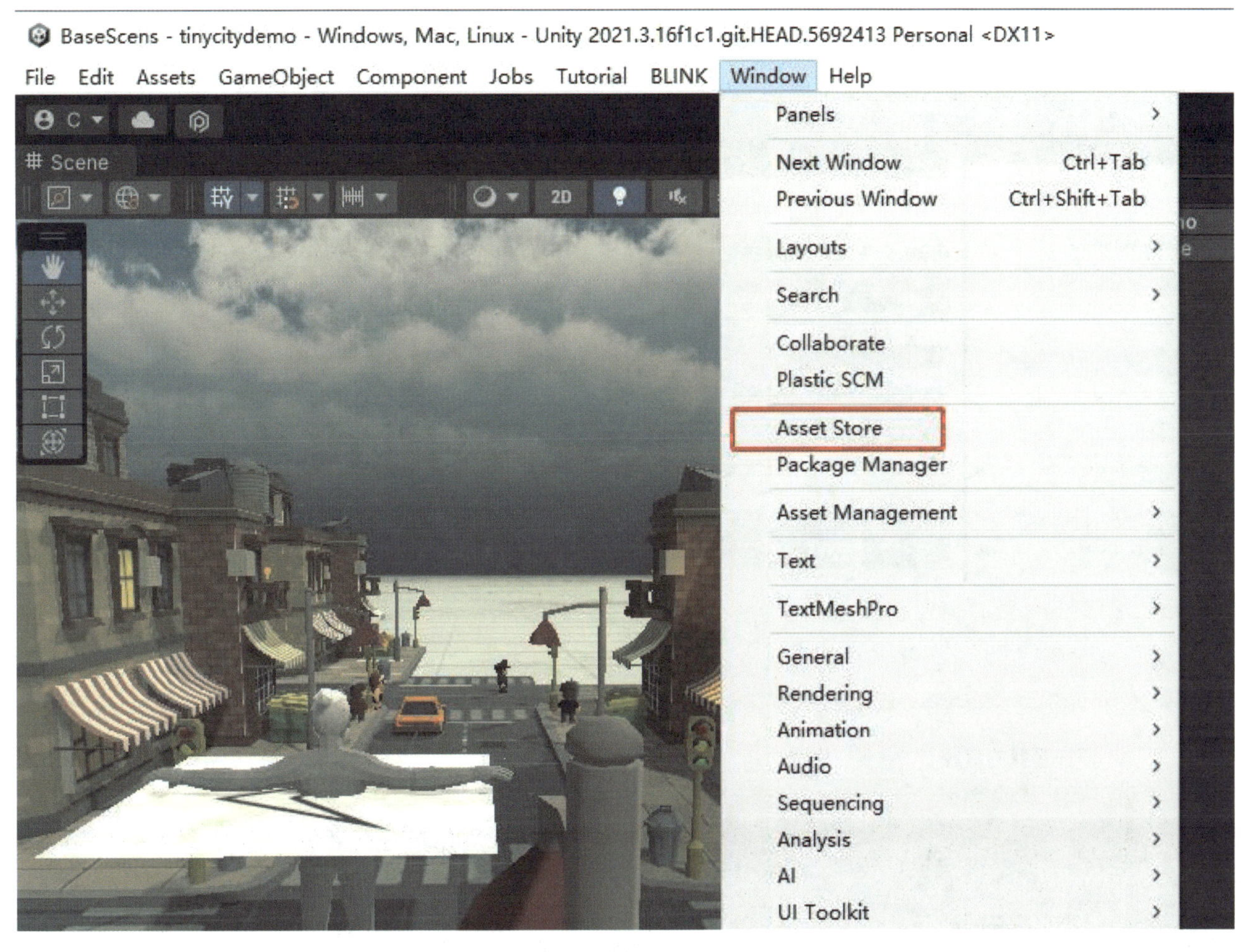

图 2-10　点击 Asset Store

图 2-11　搜索资源或打开自己的资源库

在搜索栏中输入“skybox”，可以根据自己的需求对搜索结果进行筛选（如选择免费资源），点击进入心仪资源的页面，并选择“添加至我的资源”。此时系统会要求你登录账号，登录后页面会刷新，右上角会出现你的账号头像，但此时资源还未导入。再次点击“添加至我的资源”，弹出须知，选择接受，具体如图 2-12 所示。

出现登录成功提示后，点击“在 Unity 中打开”，页面中出现“Package Manager”，点击刚刚导入的内容，进行下载，如图 2-13 所示。

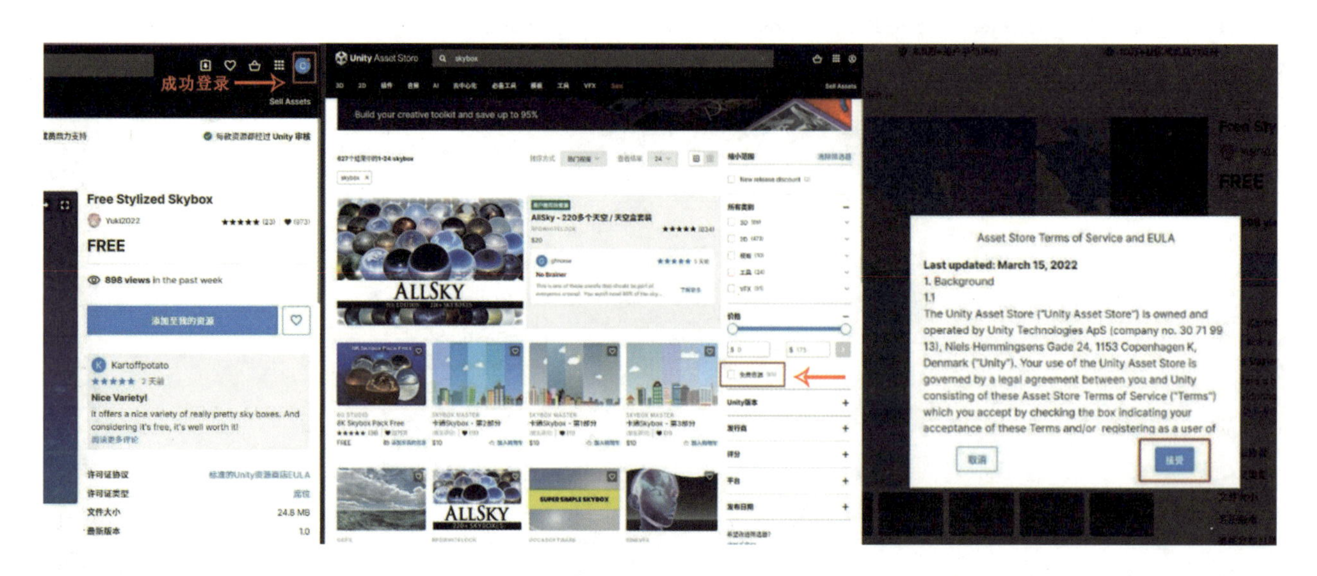

图 2-12　登录账号并导入资源

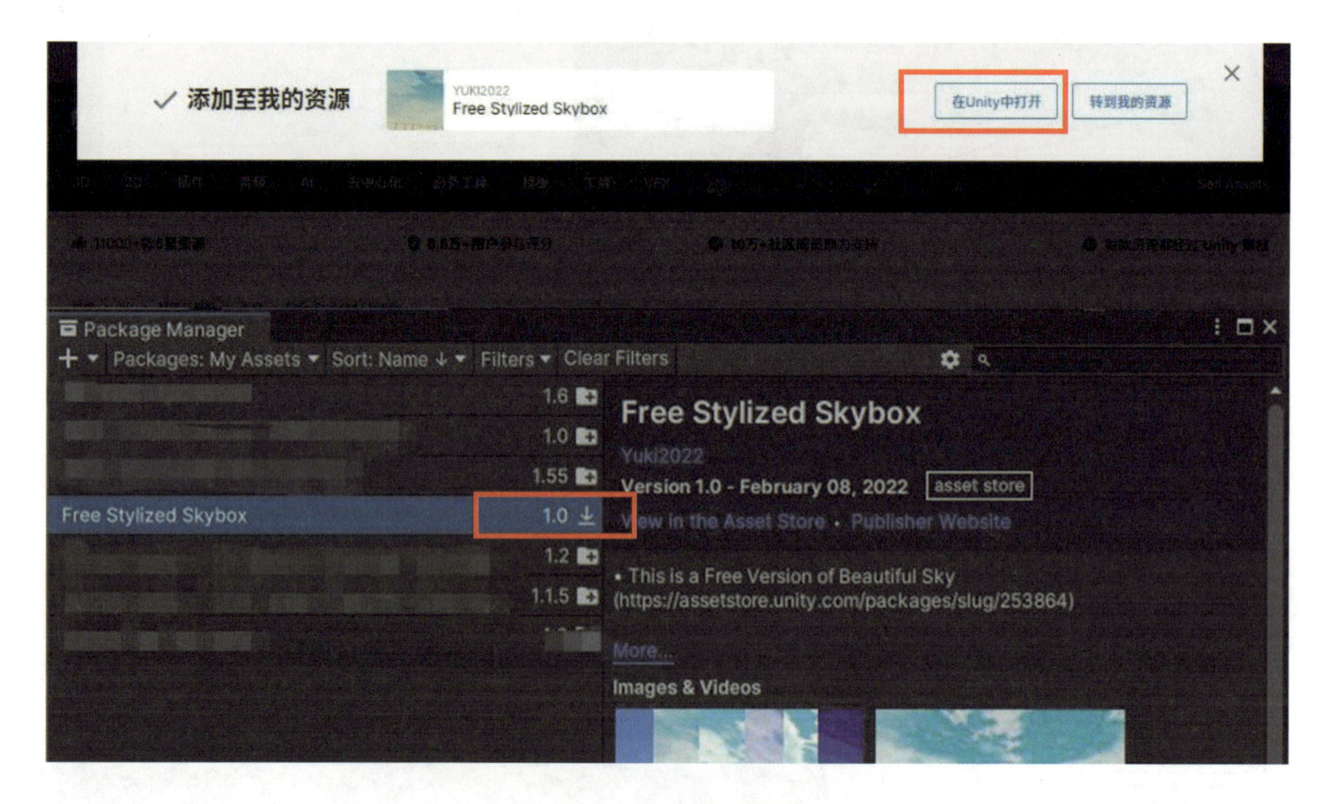

图 2-13　在 Unity 中打开资源库并下载

下载完成后点击“Import”，全选，在“Project”面板里就能找到下载的资源，如图 2-14 所示。

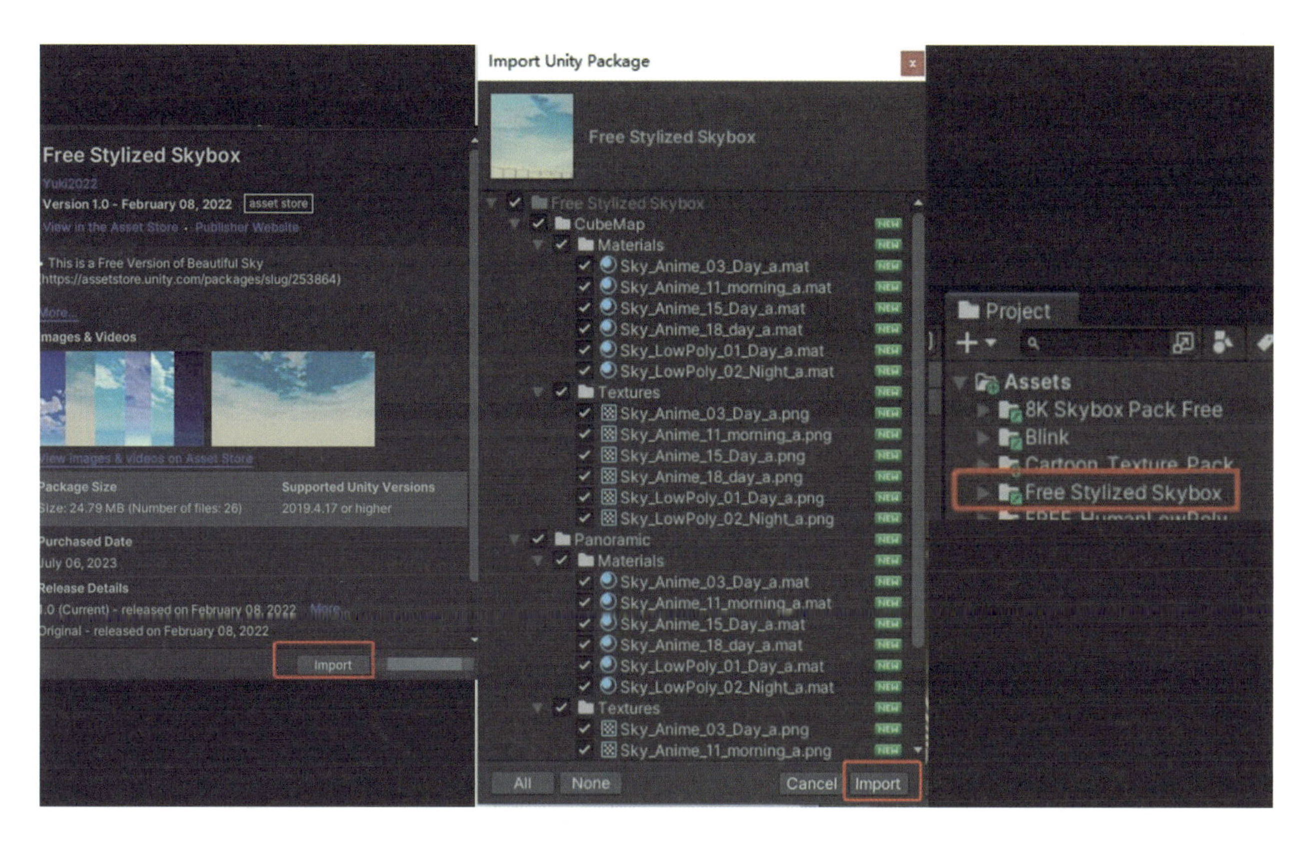

图 2-14　找到下载的资源

三、学习任务小结

在本次的学习任务中，我们学习了如何将外部素材导入 Unity，或利用 Unity Asset Store 获取所需的资源。我们将在未来的实战训练过程中进一步熟悉相关操作。

四、课后作业

尝试将自己心仪的素材导入 Unity。

Visual Scripting 入门

教学目标

（1）专业能力：使学生能理解 Visual Scripting 的概念和安装方法。

（2）社会能力：推动学生在学习过程中与同伴交流想法，共同解决问题，提升沟通和协作能力。

（3）方法能力：提升学生的自主学习能力、工具应用能力和解决问题能力。

学习目标

（1）知识目标：掌握 Visual Scripting 的概念和安装方法。

（2）技能目标：能够成功安装 Unity 2022.3.20f1c1 版本。

（3）素质目标：能够积极适应不同语言的编辑环境，提升自己的职业综合素质。

教学建议

1. 教师活动

（1）讲述 Unity Visual Scripting 的概念，并演示不同版本的安装方法。同时，运用多媒体课件、视频等多种教学手段，讲授如何查看 Unity Visual Scripting 的基本设置。

（2）通过对 Unity Visual Scripting 安装的展示和分析，让学生理解如何安装 Unity 2021 及以上版本和 Unity 2021 以下版本。

2. 学生活动

（1）在教师的指导下，完成 Unity 2022.3.20f1c1 版本的安装，并在小组内进行分享和讨论，提升实际操作能力和团队协作精神。

（2）自主探索 Unity 的官网，学习如何安装 Unity 2022.3.20f1c1 版本，培养自主学习和解决问题的能力。

一、学习问题导入

在本次学习任务中，我们将学习 Unity Visual Scripting（可视化编程）的概念和安装方法，以及如何查看 Visual Scripting 的设置。

二、学习任务讲解

1.Visual Scripting 概述

Visual Scripting 的前身是 Bolt，由 Ludiq 开发，如图 2-15 所示。2020 年 5 月 4 日，Ludiq 宣布 Bolt 被 Unity 收购，之后 Unity 将 Bolt 更名为 Visual Scripting，与自己原先开发的可视化系统名称一样，并表示 Visual Scripting 将与 ECS 整合。

图 2-15　Visual Scripting 的前身 Bolt

2. 安装方法（以 2022.3.20f1c1 版本为例）

新建一个项目，点击“Window”—“Package Manager”，可以看到“Visual Scripting”已在项目里面，如图 2-16 所示。

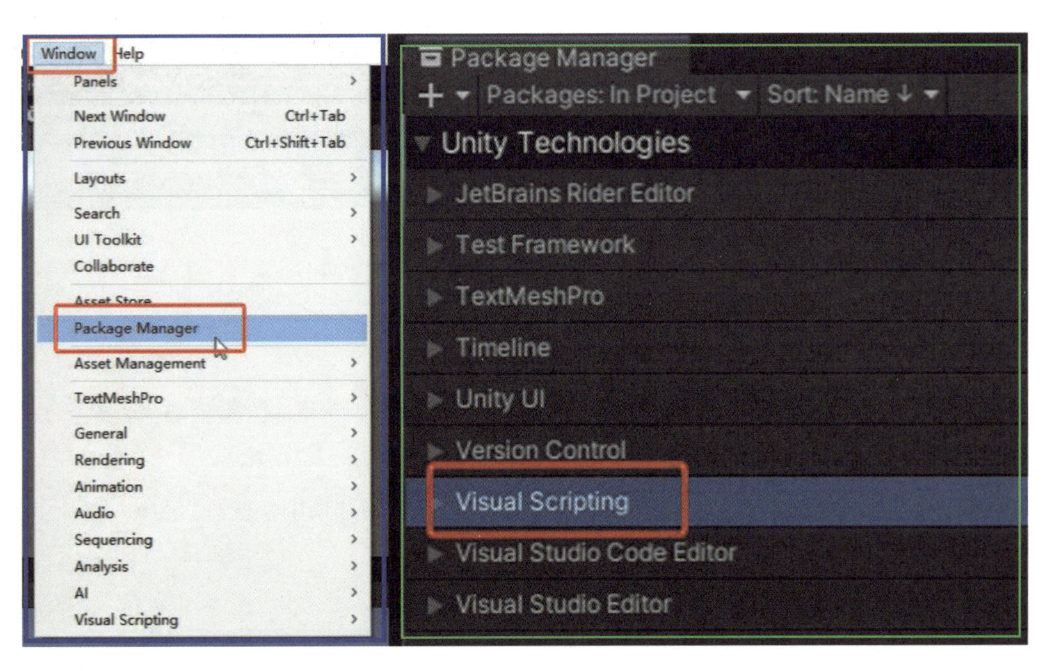

图 2-16　查看 Visual Scripting

使用时，点击“Window”—“Visual Scripting”—“Visual Scripting Graph”，打开可视化编辑窗口(备注:第一次打开会生成节点)，此时 Visual Scripting 的设置已经集成到“Project Setting”，如图 2-17 所示。

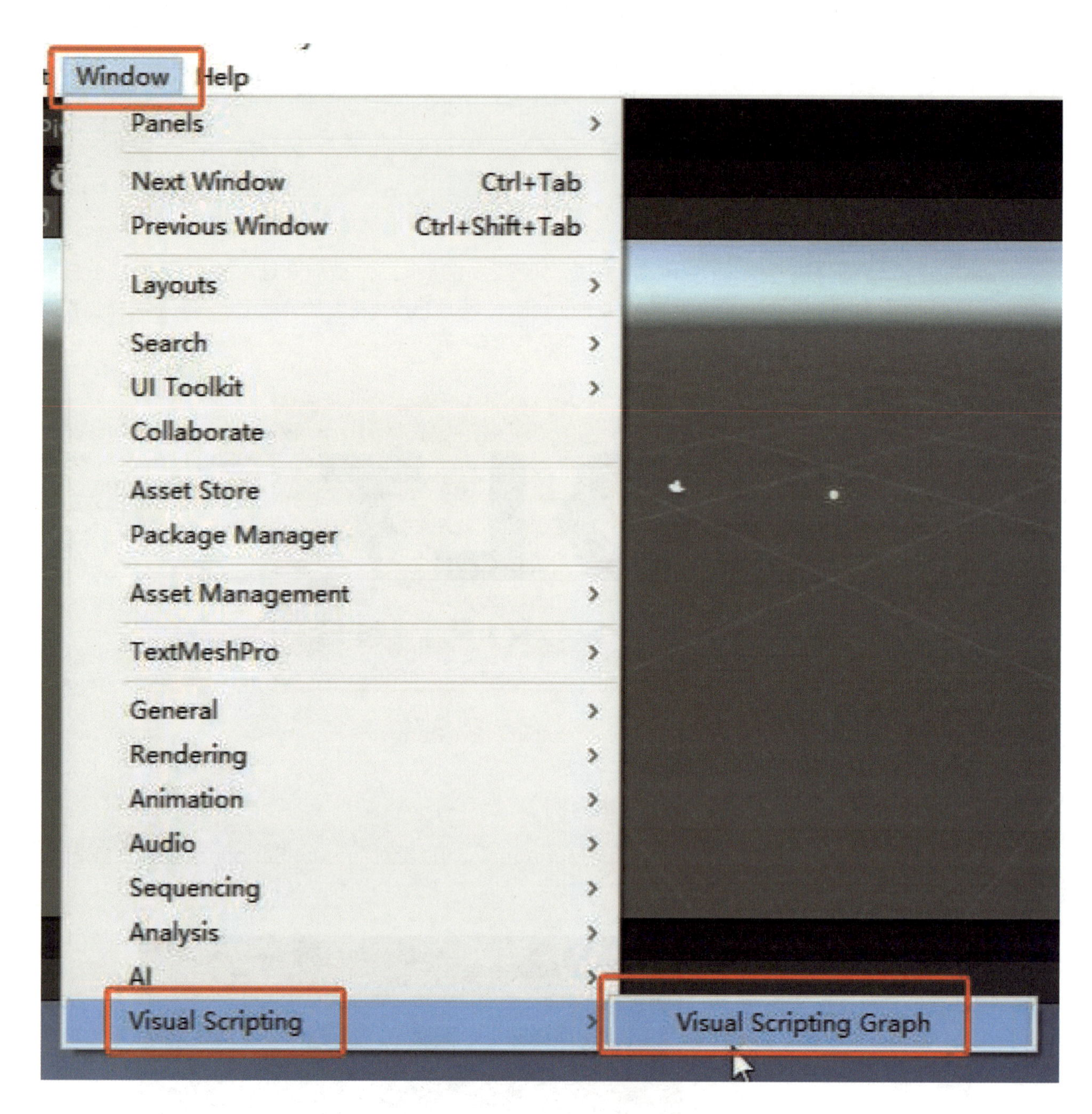

图 2-17　生成 Visual Scripting 的设置

点击“Edit”—“Project Settings”—“Visual Scripting”，可查看相关设置。点击“Type Options”可查看类型，点击“Node Library”可查看节点库，如图 2-18 所示。

点击“Edit”—“Preferences”—“Visual Scripting”，在首选项中，查看 Visual Scripting 的设置，如图 2-19 所示。

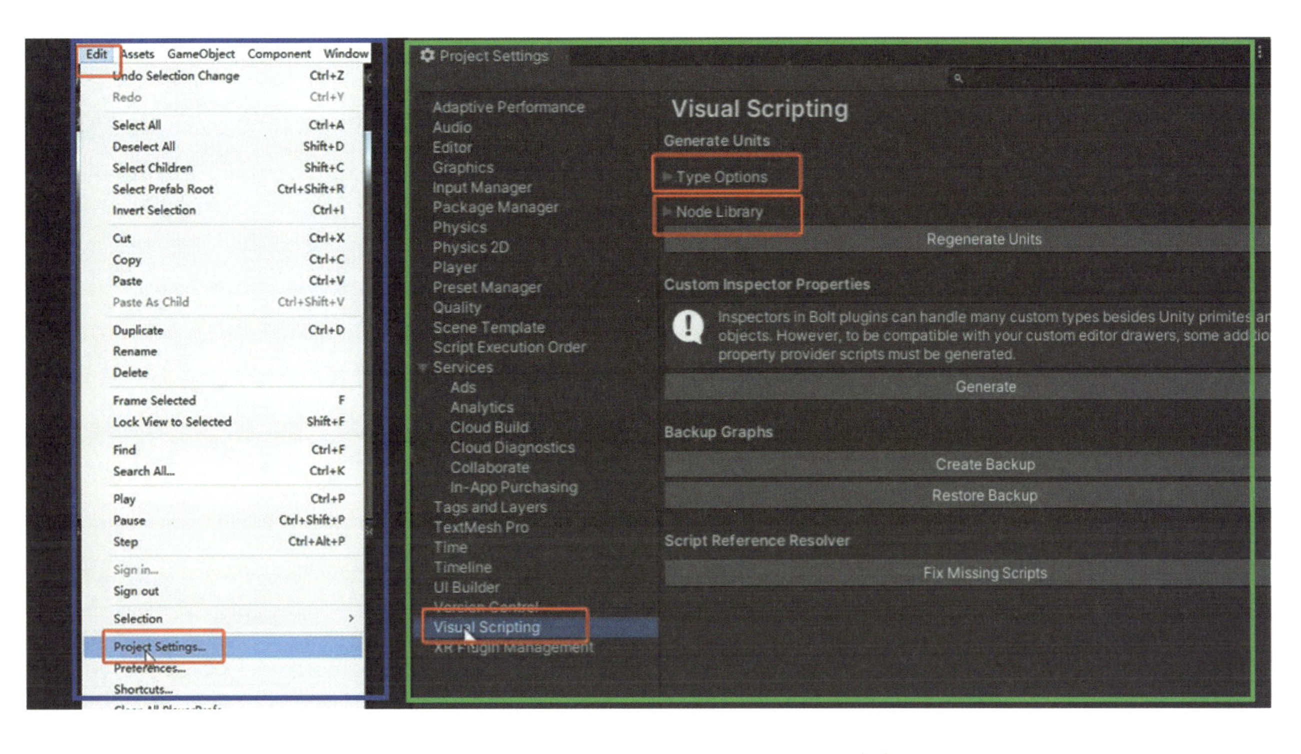

图 2-18　查看 Visual Scripting 的设置和节点库

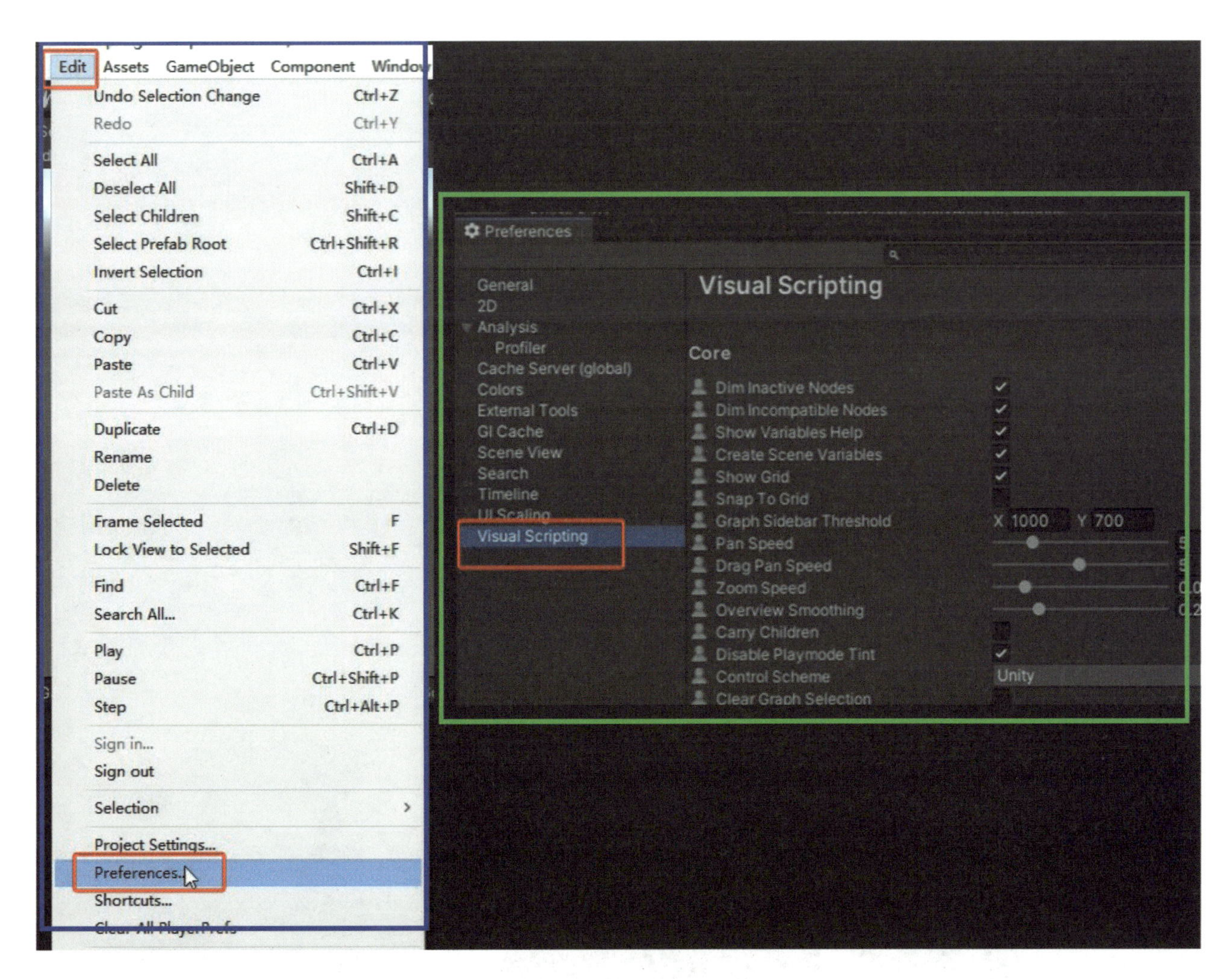

图 2-19　在首选项中查看 Visual Scripting 的设置

三、学习任务小结

在本次学习任务中，我们学习了 Visual Scripting 的概念和安装 Visual Scripting 的方法，以及如何查看相关设置，为后续游戏开发实战做好了准备。至此，Unity 的开发准备已完成，我们将在之后的实战训练中进一步熟悉相关知识。

四、课后作业

完成 Unity Visual Scripting 的安装。

项目三

游戏开发实战训练之迷宫游戏

学习任务一　角色创建

学习任务二　场景搭建与素材管理

学习任务三　逻辑控制

学习任务四　UI 交互设计

学习任务五　测试与打包

角色创建

教学目标

（1）专业能力：使学生能创建和管理游戏物体；能理解 Transform、Mesh Filter、Mesh Renderer、Collider、Rigidbody 等常用组件的功能和应用；能对游戏物体进行移动、旋转和缩放；能设置游戏物体的外观和物理属性。

（2）社会能力：推动学生在学习过程中与同伴交流想法，共同解决问题，提升沟通和协作能力。

（3）方法能力：提升学生的自主学习能力、工具应用能力和解决问题能力。

学习目标

（1）知识目标：掌握创建游戏物体的基本流程和方法，了解 Transform、Mesh Filter、Mesh Renderer、Collider、Rigidbody 等组件的功能和应用。

（2）技能目标：能够创建和管理游戏物体，并为其设置基本属性、外观属性和物理属性。

（3）素质目标：能够耐心调试游戏物体的各项参数，积极适应不同语言的编辑环境，提升自己的职业综合素质。

教学建议

1. 教师活动

（1）运用多媒体课件、视频等多种教学手段，讲授 Unity 基本操作和角色创建的要点。

（2）引导学生思考游戏创作过程中应承担的社会责任，如避免暴力和负面内容的传播，打造健康、积极的游戏环境。通过案例分析，让学生理解游戏内容对玩家行为和价值观可能产生的影响。

（3）通过对 Unity 内置素材的展示和分析，让学生理解如何有效利用现有资源，以及如何通过简单的修改和组合来创造基本游戏元素。

2. 学生活动

（1）在教师的指导下，完成 Unity 项目的基本设置和界面布局，创建基本的 3D 物体（如小球），并在小组内进行分享和讨论，以提升实际操作能力和团队协作精神。

（2）自主探索 Unity 的官网，学习如何调整和优化游戏物体的属性，培养自主学习和解决问题的能力。

一、学习问题导入

在本次学习任务中，我们将利用 Unity 的内置素材创建一个小球，作为迷宫游戏的主角，并为它设置一些基本属性。

二、学习任务讲解

1. 创建小球

新建一个 3D 项目，并调整界面布局。在 Hierarchy 窗口中，鼠标右键单击空白区域，或左键单击左上角的“+”号，选择“3D Object”—“Sphere”，将在场景中创建一个小球，如图 3-1 所示。选中小球，Inspector 窗口中会显示小球的基本信息和部分组件。

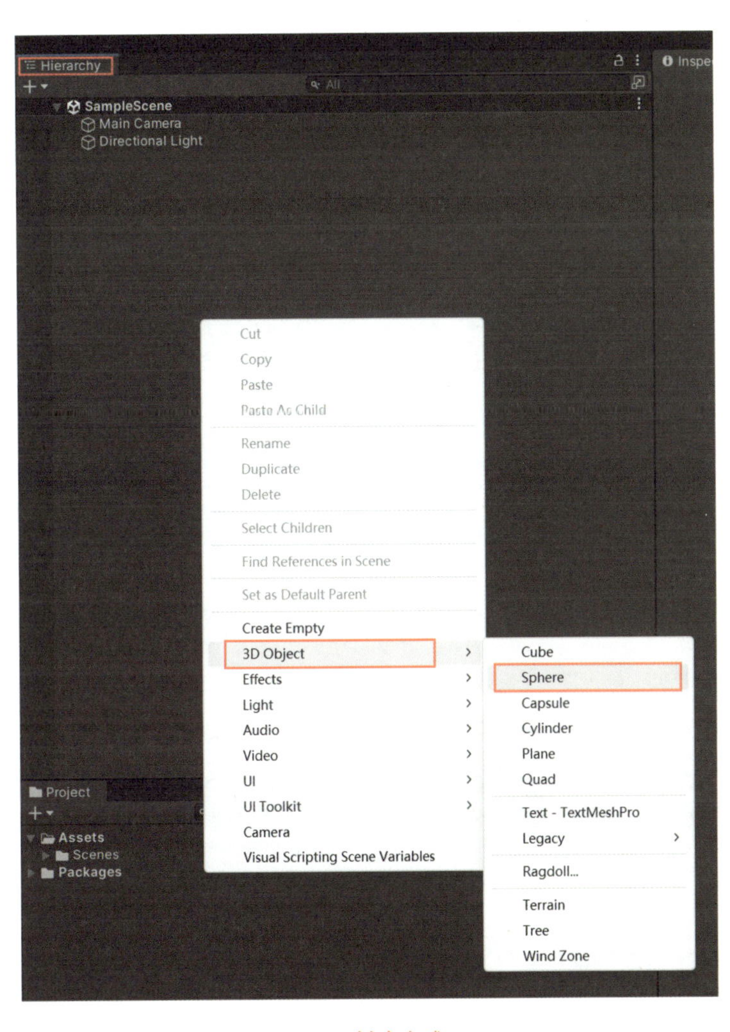

图 3-1　创建小球

小贴士

Inspector 窗口中左上角的选框正常情况下默认勾选，表示物体显示状态。取消勾选时表示物体隐藏状态，此时物体在 Scene 窗口中消失，在 Hierarchy 窗口中呈现灰色，如图 3-2 所示。

图 3-2　物体的显示和隐藏状态切换

2. 设置小球的基本属性

Transform（变换）是 Unity 中每个游戏物体都拥有的核心组件，它负责处理物体在场景中的位置、旋转和缩放，在 Inspector 窗口中通常以三维坐标的方式显示。一般情况下，我们默认 X 轴表示左右，Y 轴表示上下，Z 轴表示前后。在这个项目中，小球的 Transform 组件设置如图 3-3 所示。

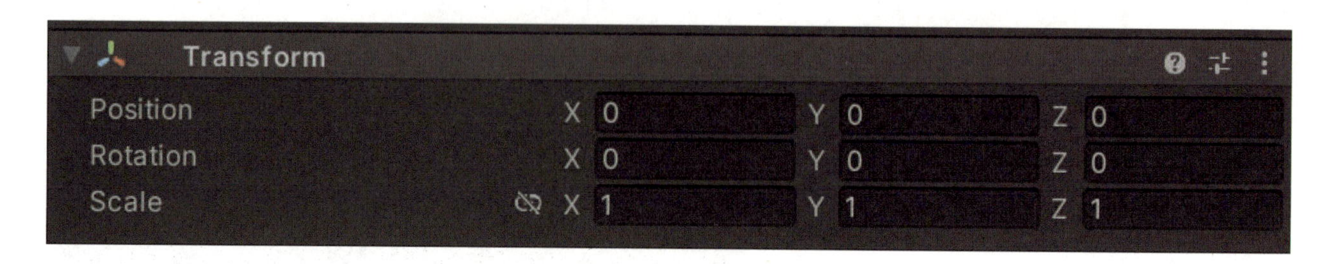

图 3-3 小球的 Transform 组件设置

重要知识点

仔细观察 Inspector 窗口中“Position”的 X、Y、Z 值的改变和 Scene 窗口中小球位置变化的关系。

Position，即物体的位置，通常以默认方式创建的物体，它的位置是随机的，我们需要将它调整至合适位置。调整的方式有两种：①在 Scene 窗口中，使用 Move Tool 直接拖动小球身上的箭头或面，此时小球会按照箭头方向或面方向进行移动。②在 Inspector 窗口中，通过手动键入或鼠标悬停的方式改变 Position 的 X、Y、Z 值。

思考

为什么有时候改变 Position 的 X 值，物体并不是左右移动，而是沿其他方向移动呢？

Rotation，即物体的旋转，在 Inspector 窗口中以欧拉角显示，分别表示物体绕 X、Y、Z 轴的旋转角度。默认情况下 X、Y、Z 的值都为 0，表示物体没有绕轴旋转。

重要知识点

如果想要观察 Rotation 的 X、Y、Z 值的改变所对应的物体在场景中的变化，请创建正方体（Cube）等更适合观察的物体。

Scale，即物体的缩放。默认情况下 Scale 的 X、Y、Z 值都为 1，表示物体为其原始大小。

小贴士

当在 Scene 窗口中找不到物体时，可以双击 Hierarchy 窗口中对应的物体。

3. 设置小球的外观属性

Inspector 窗口中的 Mesh Filter（网格过滤器）和 Mesh Renderer（网格渲染器）组件在 Unity 的 3D 渲染功能中扮演了重要角色。Mesh Filter 用于定义物体的网格形状，Mesh Renderer 则负责将材质应用到物体网格上，并且处理光照、阴影等渲染相关的设置，如图 3-4 所示。

图 3-4　Mesh Filter 和 Mesh Renderer 组件

思考

Mesh Renderer 组件左上角也有一个选框用于该组件的打开或关闭。那么，关闭物体和关闭 Mesh Renderer 组件会有什么不同呢?

在这个项目中，我们为小球创建材质（Material）。在 Project 窗口中，右键点击空白区域，选择“Create”—“Material”，然后按住鼠标左键，将创建的材质拖到 Hierarchy 窗口中的小球上。此时，在 Inspector 窗口中调整材质的颜色以及其他属性，场景中的小球外观也会随之变化，表示添加材质成功，如图 3-5 所示。

此外，还可以选中场景中的小球，在 Inspector 窗口中将 Mesh Renderer 组件下的材质（Materials）属性设置为创建的材质。这里需要点击 Materials 左边的小三角符号打开材质库，再点击右侧的圆圈符号打开材质窗口进行选择，如图 3-6 和图 3-7 所示。

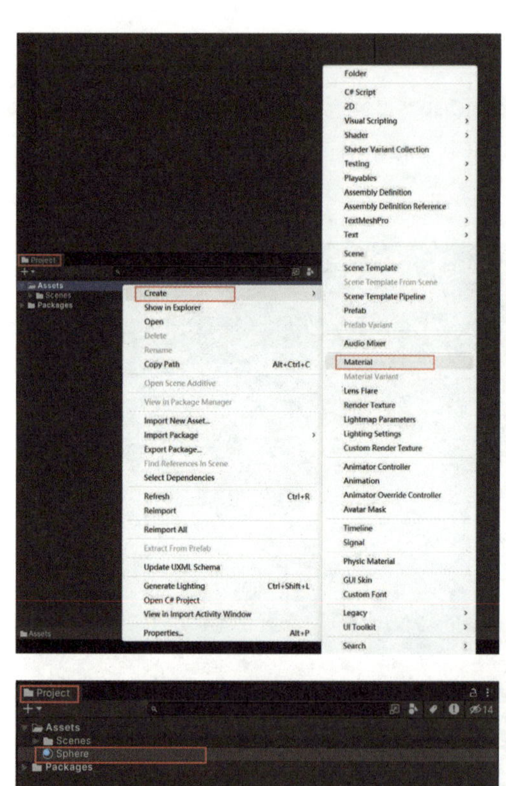

图 3-5　创建小球材质

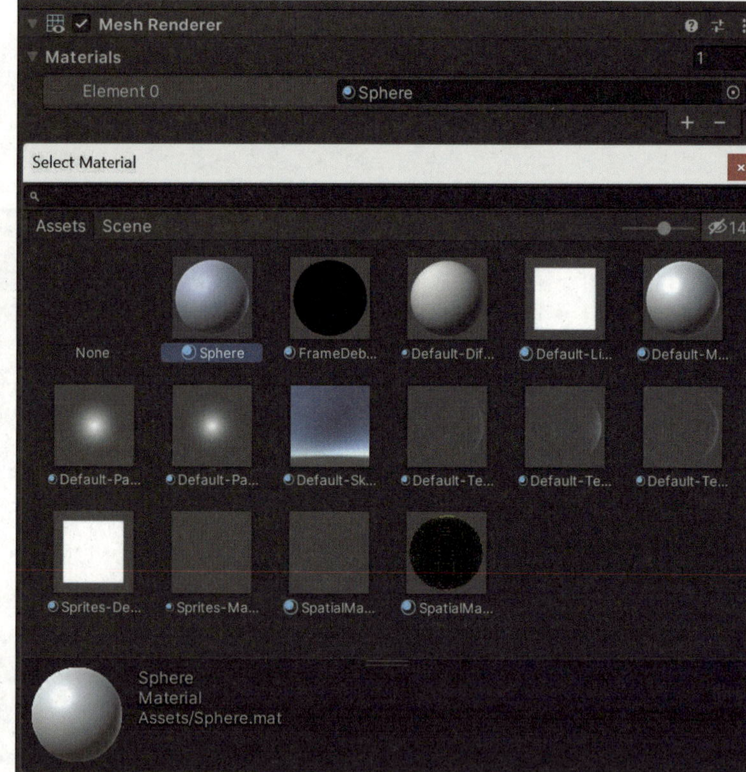

图 3-6　为小球添加材质

图 3-7　设置小球材质

4. 设置小球的物理属性

Inspector 窗口中的 Sphere Collider 组件表示球形碰撞器，它用于检测场景中多个球形物体之间的碰撞，并触发相应的事件或行为，是本项目中让小球能够运动起来的一个不可或缺的重要组件，如图 3-8 所示。

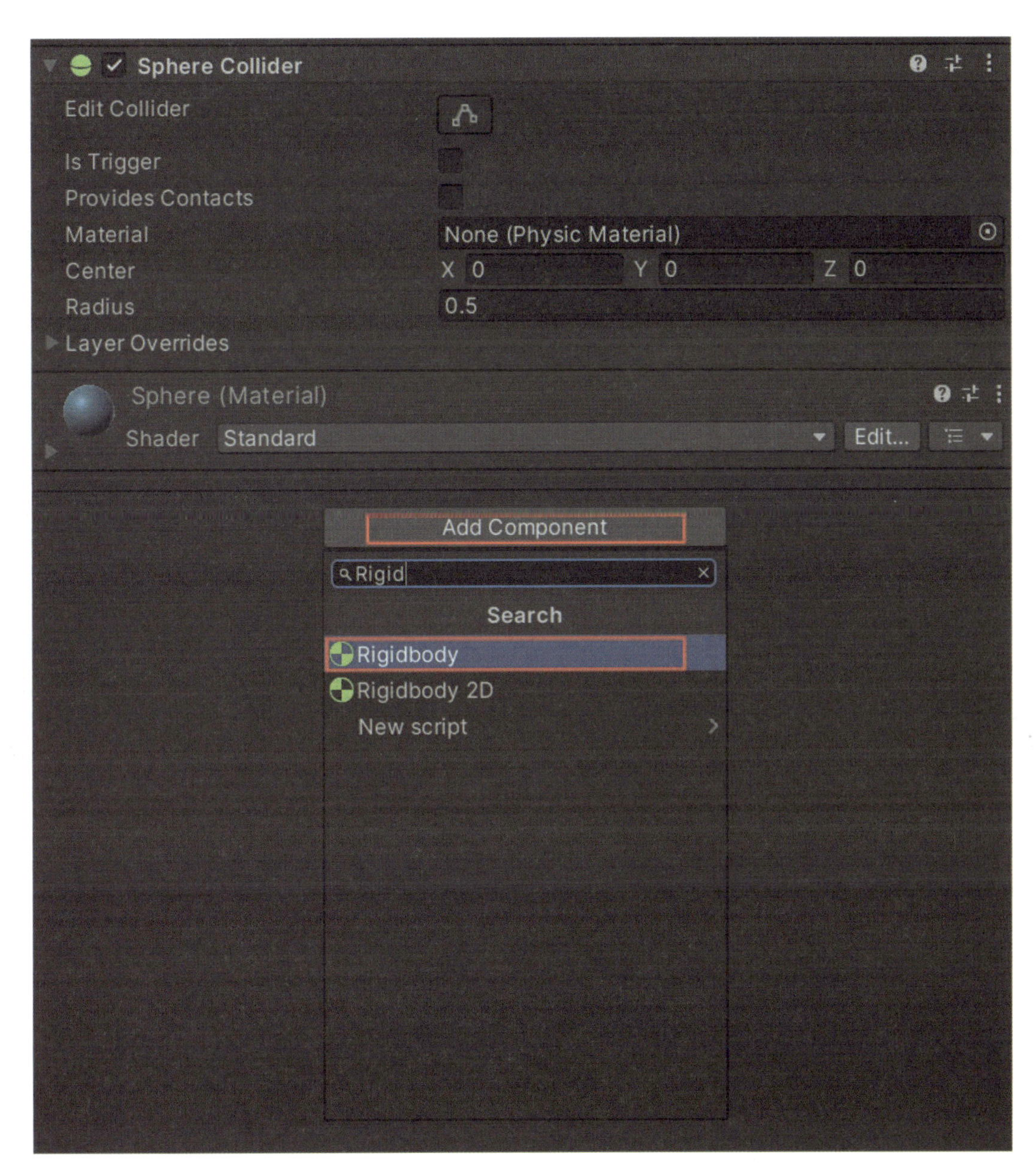

图 3-8　Sphere Collider 组件

下面为小球手动添加一个 Rigidbody（刚体）组件。在 Inspector 窗口中点击“Add Component”按钮，搜索并添加 Rigidbody 组件。再次点击运行场景，小球自然下落，这说明小球已经具有基本的物理属性，不过它会迅速掉出屏幕范围，退出运行模式时才能回到初始位置。

重要知识点

请务必退出运行模式后再进行场景中物体的编辑，否则任何操作都不会被保存。

为了便于观察，我们再在 Hierarchy 窗口中选择“3D Object”—“Plane”，在场景中添加一个平面，并调整该平面的基本属性。将平面的 Position 属性设置为（0，-3，0），使其放置在小球的正下方，如图 3-9 所示。

再次点击运行模式，小球能够自然落到平面上。保持运行模式，只要把小球提到一定的高度后，它就会受到重力作用而自然下落，可能落在平面上，也可能持续跳动，最终落到屏幕范围之外。

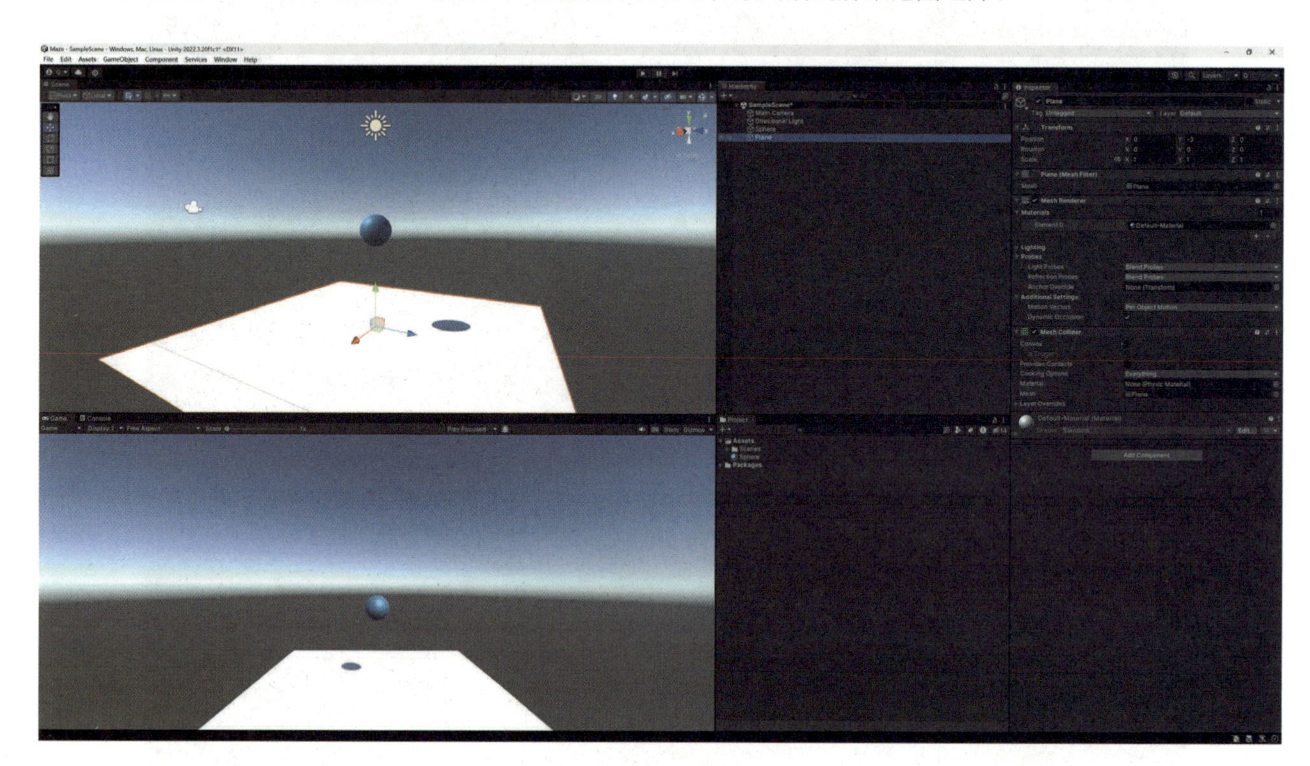

图 3-9　添加平面

思考

如果我们为平面也添加上 Rigidbody 组件，那么在运行模式下会发生什么呢?

三、学习任务小结

到这里，迷宫游戏的第一个学习任务就完成了。在这个任务中，我们学习了如何创建物体，了解了物体常见组件的功能和应用，包括 Transform、Mesh Filter、Mesh Renderer、Collider、Rigidbody，还学习了如何为物体设置基本属性、外观属性和物理属性，包括调节属性参数、创建并添加材质、添加组件等。这些内容是 Unity 项目开发的基础，我们将在未来的学习过程中进一步熟悉它们。

四、课后作业

尝试创建一个游戏场景。

场景搭建与素材管理

教学目标

（1）专业能力：使学生能够使用 Unity 的内置素材搭建复杂且美观的迷宫场景；学会调整摄像机的视角和位置，理解预制体的概念；学会使用 Unity 的场景内容管理工具，掌握项目素材的管理方法。

（2）社会能力：使学生在场景搭建过程中，能够与团队成员有效沟通，共同完成复杂的场景设计任务；愿意分享自己创建的材质和预制体等资源，促进团队协作和资源共享。

（3）方法能力：使学生在搭建场景过程中遇到问题时，能够独立思考并找到解决方案；能够通过查阅文档、观看教程等方式学习 Unity 的新功能和工具；合理规划时间，确保场景搭建和素材管理工作按时完成。

学习目标

（1）知识目标：能够理解迷宫场景设计的基本理论和原则；了解如何在 Unity 中创建和应用材质与纹理并调整摄像机视角，以适应不同的场景搭建需求。

（2）技能目标：能够对项目素材进行分类、存储和管理，确保资源的有效利用；熟练使用 Unity 内置素材完成场景搭建。

（3）素质目标：激发创新思维，具备自主学习和探索新工具、新技术的能力。

教学建议

1. 教师活动

（1）系统讲解场景搭建和素材管理的理论基础，展示 Unity 编辑器中搭建场景和管理素材的操作流程。

（2）在学生实践操作的过程中提供指导和即时反馈，鼓励学生进行讨论交流，对学生的场景搭建和素材管理成果进行评价。

（3）让学生了解在游戏设计中应传递正面价值观，培养学生的社会责任感。

2. 学生活动

（1）认真学习场景搭建和素材管理的相关理论知识，在 Unity 编辑器中搭建迷宫场景并管理素材。

（2）积极参与课堂讨论，分享自己的经验，对搭建场景和管理素材的过程进行反思和总结。

一、学习问题导入

在本次学习任务中，我们将继续利用 Unity 的内置素材来搭建一个迷宫场景，并在这个过程中认识预制体、学习项目素材的管理。

二、学习任务讲解

1. 调整摄像机的视角

为了更好地创建迷宫地形并进行观察，我们将摄像机设置为俯视视角。选中 Hierarchy 窗口中的“Main Camera”（主摄像机），如图 3-10 所示。在 Inspector 窗口中调整其 Transform 组件，如图 3-11 所示。同时将 Game 窗口的分辨率调整为 Full HD（1920×1080）。

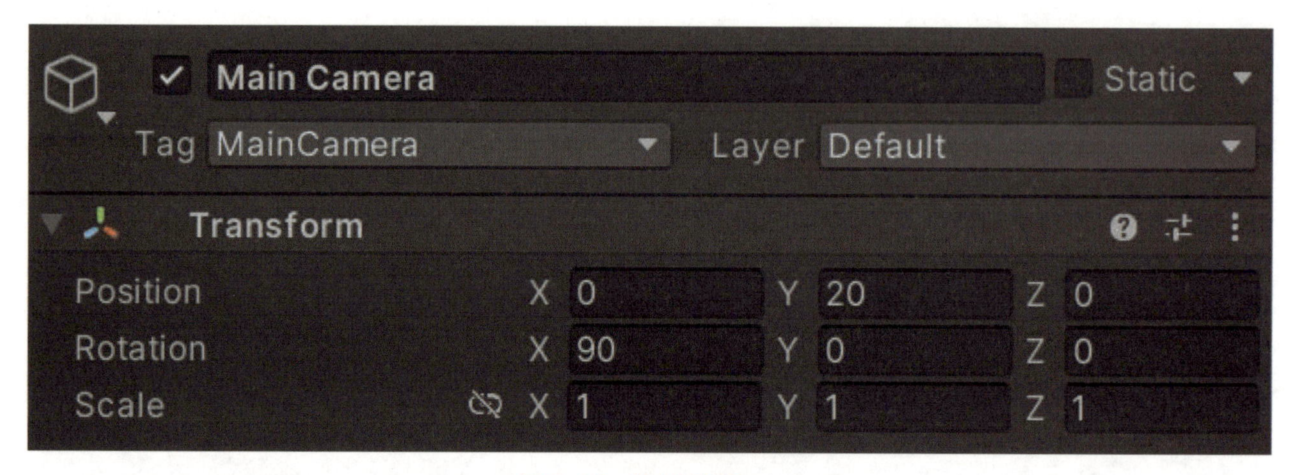

图 3-10　选中摄像机

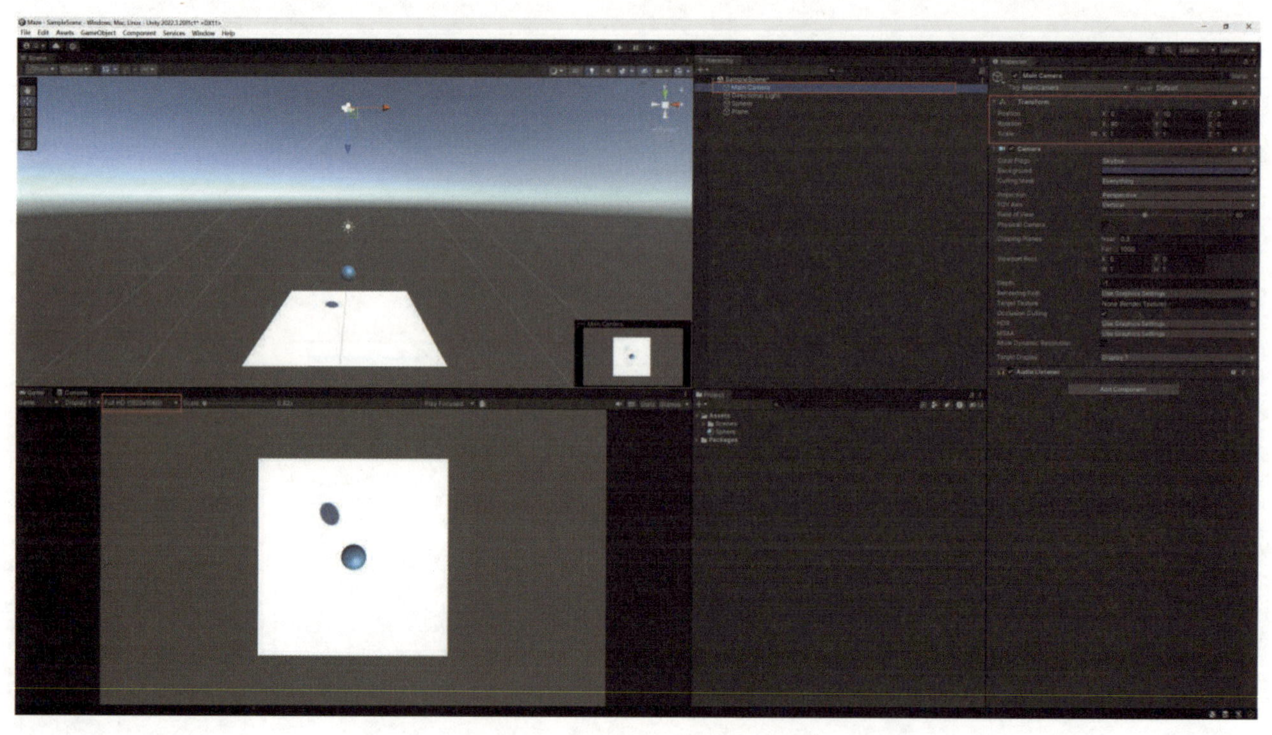

图 3-11　调整摄像机的组件

2. 设置地面

在本项目的学习任务一中，我们已经创建了一个平面。在这里，我们将它命名为“Ground”（地面），并且修改它的基本属性，使这个地面变得足够大，如图 3-12 所示。

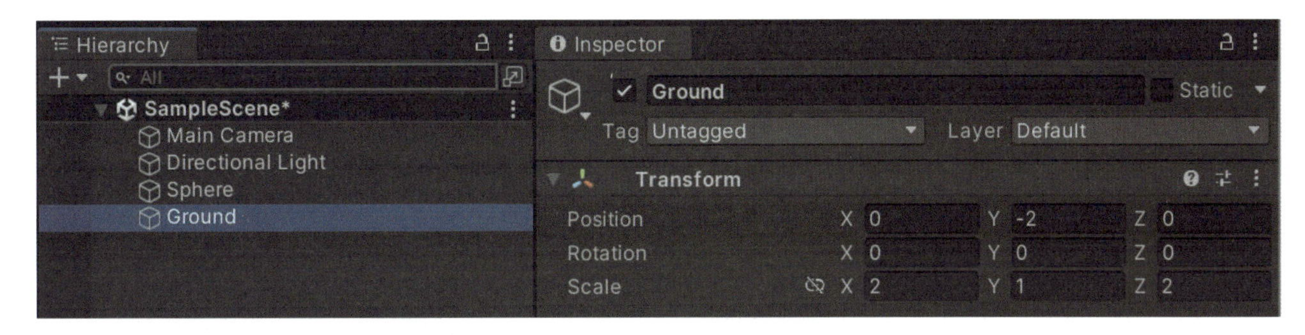

图 3-12　设置地面

接下来，我们为地面创建材质（Material），将材质同样命名为“Ground”，并将创建好的材质添加到场景中的地面上。

为了便于项目素材的管理，在 Project 窗口中，用鼠标右键点击空白区域，选择“Create”—“Folder”，创建一个新文件夹并命名为“Materials”，专门用于存放创建的各种材质，如图 3-13 所示。将两个创建好的材质球拖入该文件夹内，如图 3-14 所示。

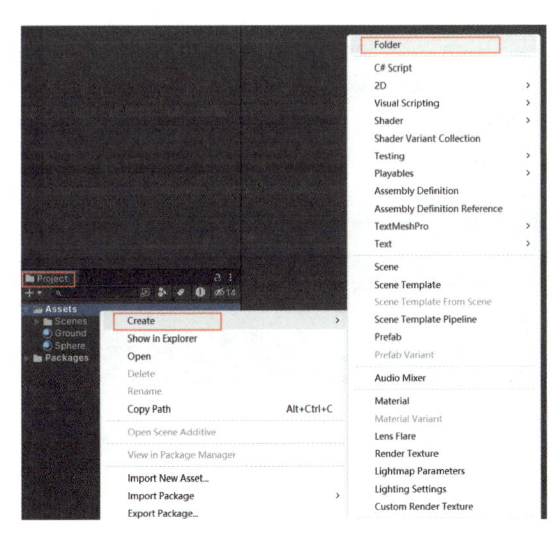

图 3-13　新建材质文件夹

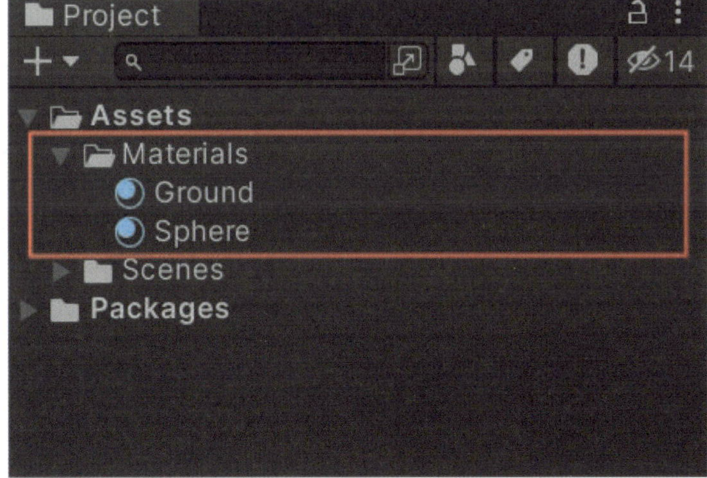

图 3-14　材质文件夹层级

小贴士

如果想让创建的物体的 Transform 组件归零，用右键单击 Transform 组件，选择“Reset”，如图 3-15 所示。

图 3-15　将 Transform 组件归零

3. 搭建墙体

接下来，我们将创建一些立方体作为迷宫的墙体。在 Hierarchy 窗口中，右键单击空白区域，或左键单击左上角的“+”号，选择“3D Object”—“Cube”，在场景中创建一个立方体，命名为“Wall”。同样，为墙体创建一个命名为“Wall”的材质，将它放到 Materials 文件夹下，并添加到场景中的立方体上。

然后制作四面围墙。对刚刚创建的立方体“Wall”的 Transform 组件的值进行调整（见图 3-16），可以得到如图 3-17 所示的一面围墙。将其复制三份，经过旋转和平移等变换操作，即可得到最终的四面围墙，如图 3-18 所示。

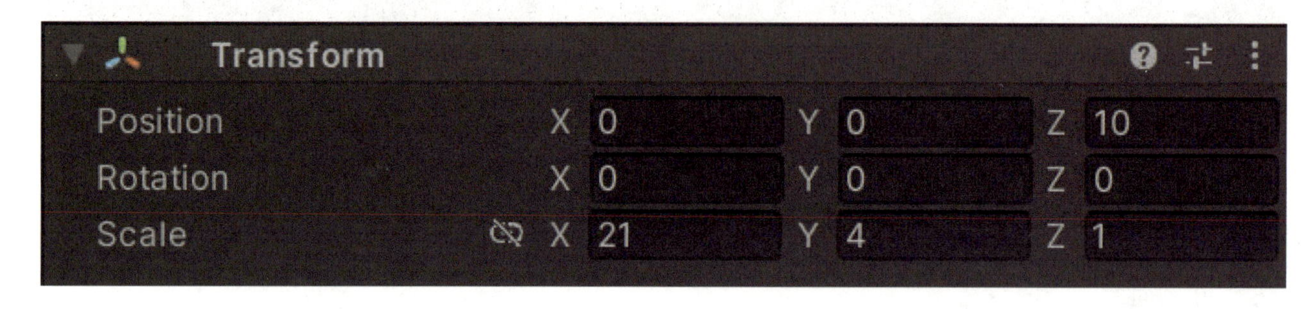

图 3-16 设置 Transform 的值

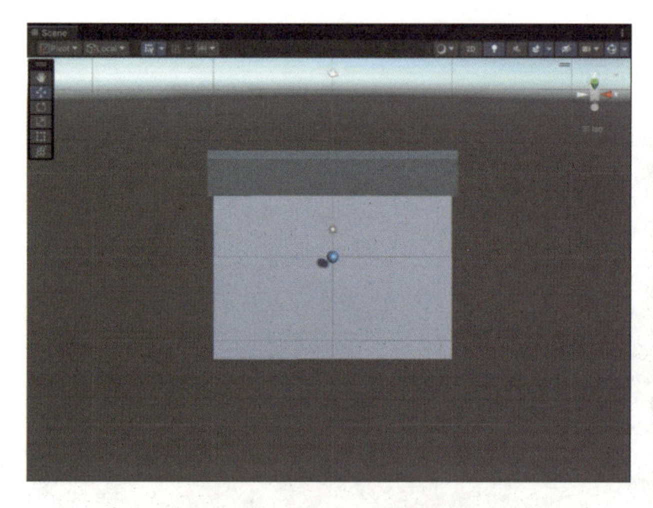

图 3-17 创建一面围墙场景

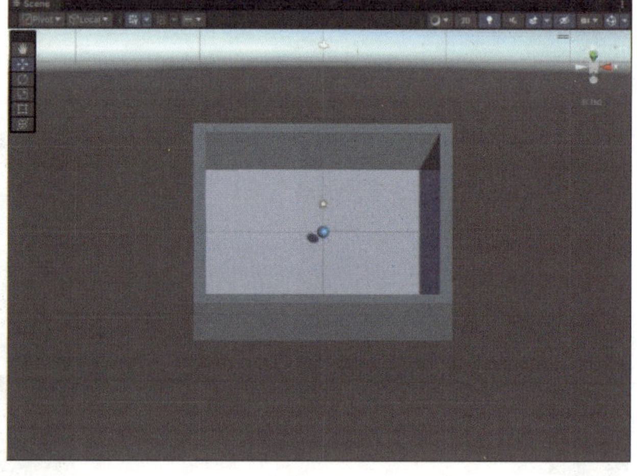

图 3-18 创建四面围墙场景

可以发现，如果我们想构建复杂的迷宫地形，将需要很多个立方体，Hierarchy 窗口会显得非常杂乱。这里我们可以利用物体的层级关系来管理场景内容。

在 Hierarchy 窗口中，右键单击空白区域，或左键单击左上角的“+”号，选择“Create Empty”，创建一个空物体，将它的位置坐标归零，并重新命名为“Walls”。

重要知识点

请养成将空物体位置坐标归零的好习惯，否则管理时会出现不必要的麻烦。

将刚刚创建的四面围墙按 Shift 键全选后拖给空物体“Walls”，此时围墙变为空物体的子物体，再对空物体进行变换操作，它的子物体也会跟着变化。接下来，我们将利用这个空物体（主层级物体）来管理所有的墙体。

思考

移动主层级物体时，子物体会跟着移动。移动子物体时，主层级物体会跟着移动吗？改变主层级物体的 Transform 组件时，明明子物体的位置、方向或大小也发生了变化，但为什么子物体的 Transform 组件没有变化呢？

下面可以根据自己的创意，在主层级物体“Walls”下复制更多的墙体“Wall”，再对它们的大小进行调整，将它们摆放至合适位置，构建出复杂的迷宫地形，如图 3-19 所示。

图 3-19　迷宫地形

4. 创建宝物

在迷宫中，我们准备设计三个宝物，玩家需要收集到所有宝物后抵达终点才算获得胜利。点击“3D Object”—“Capsule”，新建一个胶囊体并将其命名为“Treasure”（宝物）。同样，我们为宝物创建新的材质并命名为“Treasure”，设置它的颜色和质感，再将材质添加到宝物上，如图 3-20 所示。

图 3-20　创建宝物

相信大家可以想到，我们只需要把宝物复制两份，再调整它们的位置就可以了。不过这样一来，之后如果要为每个宝物都添加额外组件，就需要分别手动添加。为了避免这个不必要的麻烦，我们可以创建预制体。

预制体（Prefab）就是把场景中的内容做成项目里的资产，方便我们对它进行重复利用。预制体的创建非常简单，只需要将 Hierarchy 窗口中的任意物体直接拖入 Project 窗口中即可，此时场景中的物体和 Prefabs 文件夹中对应的物体图标都会变蓝，如图 3-21 所示。

小贴士

存放预制体资产时，请别忘了用专门的文件夹进行管理。

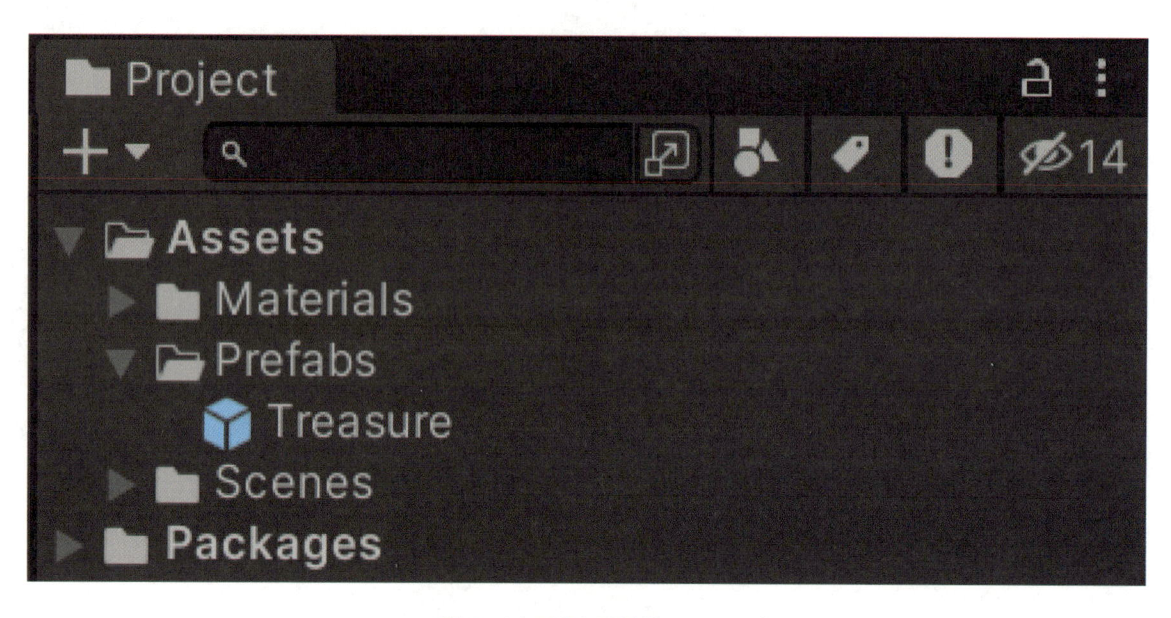

图 3-21 创建预制体

这时，如果我们改变“Assets”中的预制体，比如在宝物的预制体上勾选 Capsule Collider 组件中的“Is Trigger”选项，如图 3-22 所示，场景中对应的物体会随之改变。将创建好的宝物预制体复制两份，并将它们调整至合适的位置。

这个时候也需要创建一个空的主层级物体“Treasures”来管理创建好的预制体。

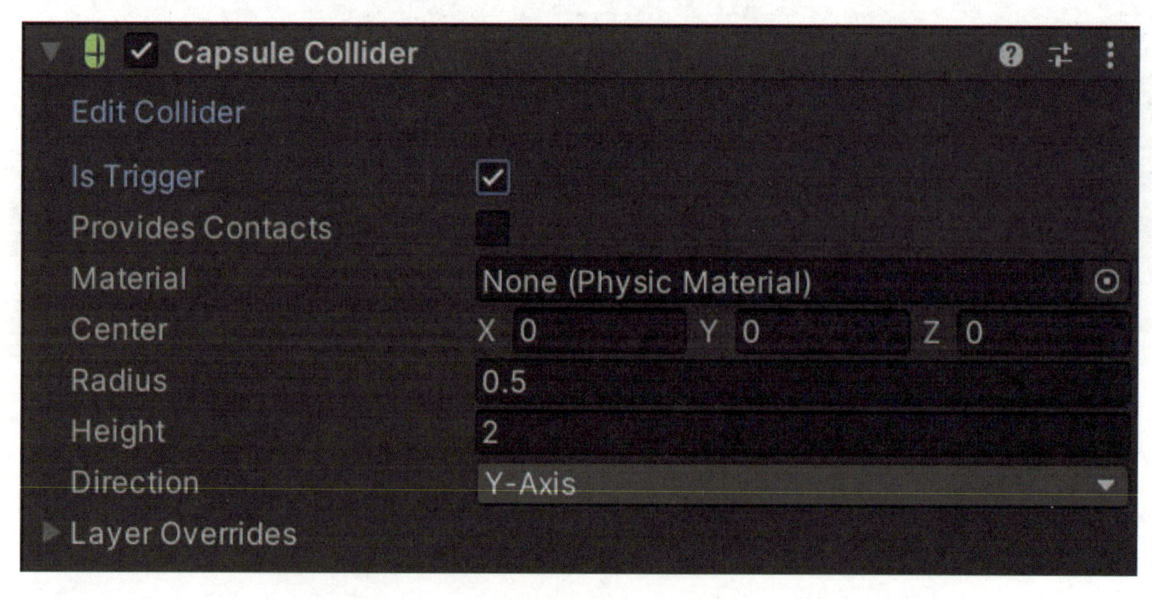

图 3-22 改变预制体 Collider 组件

5. 创建目的地

首先，点击“3D Object”—“Cylinder”，创建一个圆柱体来表示目的地，并命名为“Target”。再重复之前的操作，调整圆柱体的位置并为其添加材质。

然后，创建一个空物体，命名为“Map”（地图），将地面、墙体、宝物和目的地全部放到它的层级下作为子物体，至此迷宫地图的搭建就全部完成了。再把小球放到场景中的合适位置，并保存文件，如图3-24所示。

> 小贴士
>
> 保存完成时，场景标题右侧的*号会消失，如图3-23所示。

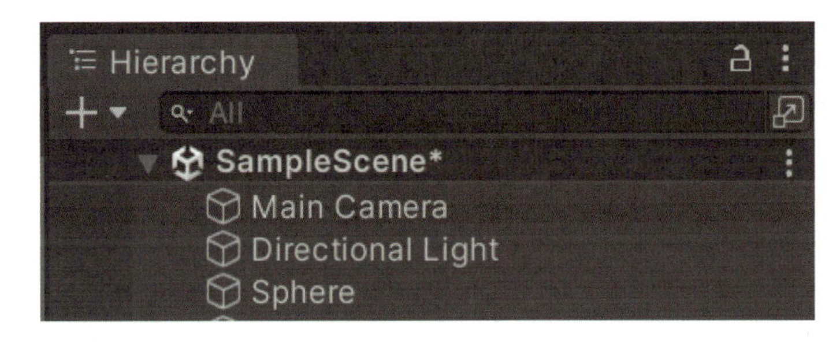

图3-23　保存技巧

三、学习任务小结

在本次学习任务中，我们搭建了一个迷宫场景，并学习了创建预制体、场景内容的管理等。这些内容是Unity项目开发的基础，相信同学们在Unity的学习之路上会一直深受其益。

四、课后作业

尝试按照本次课程教授的内容继续完成游戏场景的搭建。

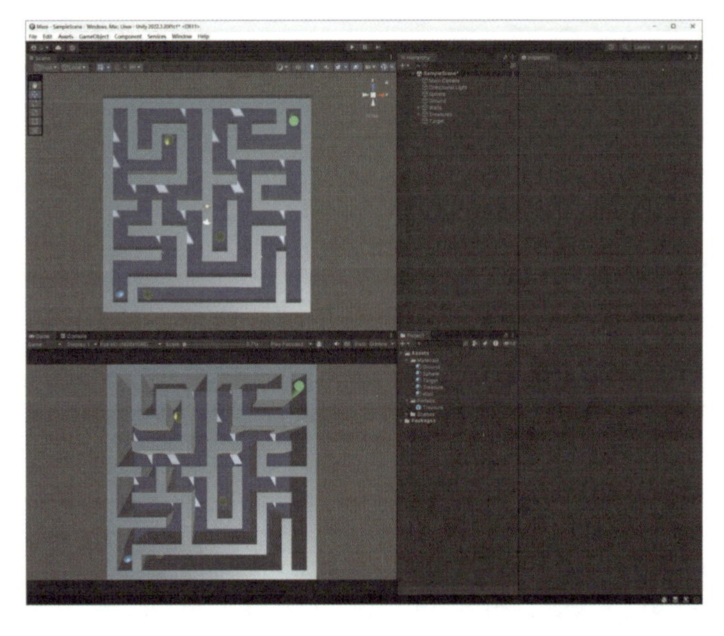

图3-24　学习任务二成果

逻辑控制

教学目标

（1）专业能力：使学生掌握 Unity 中 Visual Scripting 的基本使用方法，理解并应用逻辑控制来实现游戏交互功能。

（2）社会能力：培养学生的团队合作精神，使其通过小组讨论和协作来解决编程中遇到的问题，提高沟通和协作能力。

（3）方法能力：增强学生的逻辑思维能力和问题解决能力，使学生能够独立分析和设计游戏逻辑。

学习目标

（1）知识目标：理解 Unity 中 Visual Scripting 的基本概念，知道如何使用脚本图来控制游戏对象的行为。

（2）技能目标：能够使用 Visual Scripting 创建脚本来实现游戏角色的移动、宝物的收集、游戏胜利条件的设定以及摄像机的跟随。

（3）素质目标：培养创新思维和自主学习能力，能尝试对游戏逻辑进行创新和优化。

教学建议

1. 教师活动

（1）通过讲解和演示，向学生介绍 Visual Scripting 的基本概念和操作流程，确保学生对基础知识有清晰的理解。

（2）通过分析具体的游戏逻辑设计案例，引导学生理解逻辑控制的重要性和实现方法。

（3）在学生进行实践操作时，提供及时的指导和帮助，解答学生在操作过程中遇到的问题，帮助学生养成认真严谨、一丝不苟的工作作风。

2. 学生活动

（1）聆听教师授课内容，了解 Visual Scripting 的理论知识和实操要点，积极参与课堂讨论，分享自己的思路和解决问题的方法。

（2）通过动手实践来加深对可视化编程的理解，完成教师布置的编程任务。

一、学习问题导入

在本次学习任务中，我们将正式开启“编程”模式，使用 Visual Scripting 让场景中的内容产生交互效果，让小球和迷宫真正运行起来。

二、学习任务讲解

1. 逻辑分析

我们先从玩家的视角出发来分析迷宫游戏的规则。玩家需要控制小球移动，穿越复杂地形，收集完三个宝物后抵达目的地，方可获得游戏胜利；获得游戏胜利时屏幕会给出获胜的文本提示，随后游戏重新开始；若未收集完三个宝物，直接抵达目的地时，屏幕同样会给出文本提示，提示玩家剩余几个宝物等待收集。

接下来，我们切换到游戏设计师的视角，从刚刚描述的规则中概括出相关信息，如表 3-1 所示。有了清晰的实现逻辑后，我们就可以正式开始可视化编程。

表 3-1 逻辑分析表

物体	交互效果	玩家反馈	实现逻辑
小球	移动	玩家按下键盘的方向键时，小球会根据按键的方向移动	获得玩家的键盘输入，和小球的移动 / 运动组件关联
宝物	小球触碰时消失	玩家控制小球触碰到宝物时，宝物消失；并且记录下玩家已经收集到的宝物的数量，用于判定是否获胜	对小球进行碰撞检测，实现宝物的触发消失效果；同时设置一个变量，专门用于记录收集到的宝物数量
目的地	小球到达时给出文本提示，获胜或继续收集	玩家控制小球到达目的地时，如果此时已获得所有宝物，则获得胜利，游戏重新开始；否则根据提示继续收集剩下的宝物	对小球进行碰撞检测，同时判断宝物是否收集齐全，如集齐则显示获胜的文本提示，并且场景重置；如未集齐则给出未收集完宝物的文本提示
摄像机	跟随小球移动	摄像机跟随小球移动，玩家在游戏过程中无法看到地图全貌，增加游戏难度	将摄像机的位置组件和小球的位置组件进行关联

2. 小球移动

选中小球后，在 Inspector 窗口中点击“Add Component”按钮，搜索并添加“Script Machine”，为它添加可视化编程组件。在 Script Machine 组件中点击“New”按钮，新建一个脚本图并命名为“PlayerController”，为其添加标题和内容注释。随后点击“Edit Graph”按钮打开脚本图。具体如图 3-25 ~ 图 3-27 所示。

图 3-25 添加“Script Machine”

重要知识点

基于素材管理的需求，我们可以专门创建一个 Scripts 文件夹来存放创建的脚本图。

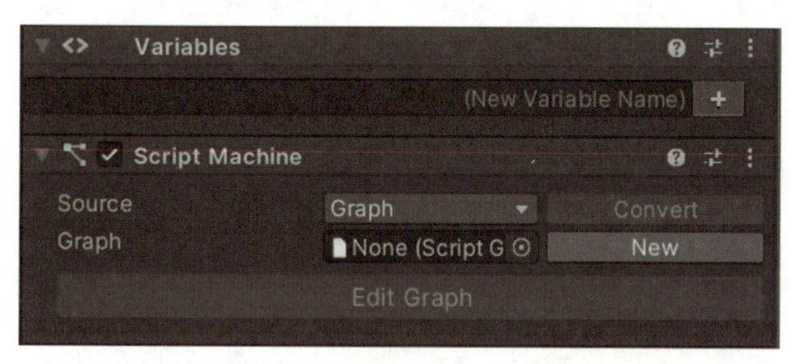

图 3-26 “Script Machine”新建界面

图 3-27 脚本图创建成功界面

首先，我们在新建的脚本图中为小球添加获取轴节点“Get Axis”。右键点击空白区域，进行搜索并添加，如图 3-28 所示，该节点是根据“Axis Name”（轴的名称）获取键盘输入（见图 3-29），从而输出 -1 到 1 之间的数值。默认情况下，Horizontal 表示水平轴，对应键盘上的左 / 右键和 A/D 键的输入；Vertical 表示垂直轴，对应键盘上的上 / 下键和 W/S 键的输入。例如，在“Axis Name”中输入“Horizontal”，按下左键或 A 键时，该节点输出为 -1；按下右键或 D 键时，该节点输出为 1；不按键时，该节点默认输出为 0。

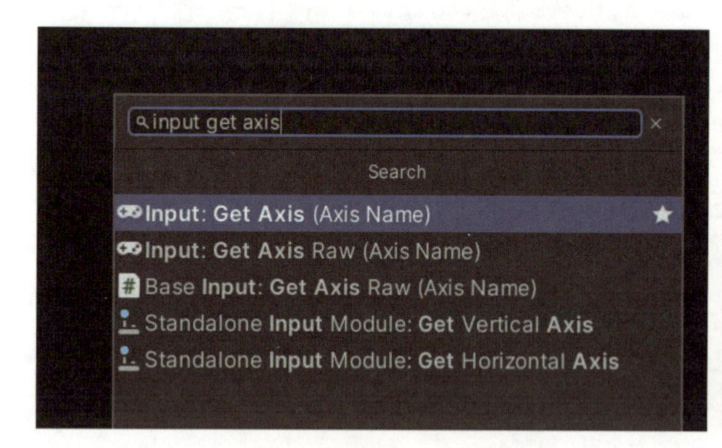

图 3-28 搜索并添加节点

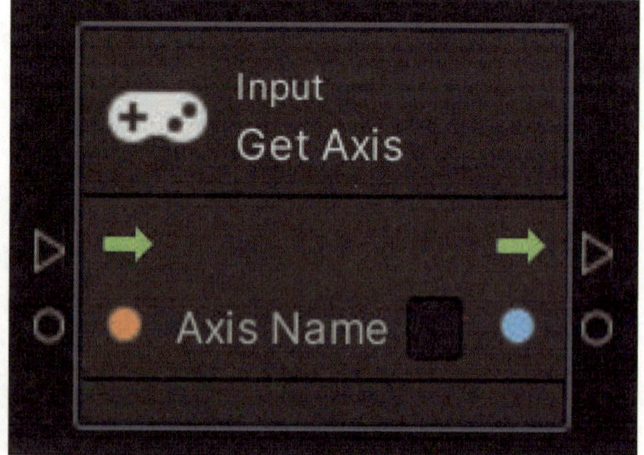

图 3-29 “Get Axis”节点

将“Get Axis”节点复制一份，分别在“Axis Name”中输入“Horizontal”和“Vertical”，并与“On Update”节点通过绿色箭头连接起来，这样实时获取键盘输入的功能就编辑完成了，如图 3-30 所示。

图 3-30　获取键盘输入

思考

有些节点包含绿色箭头，有些节点则不包含绿色箭头，那么绿色箭头究竟表示什么呢？

这些绿色箭头在各个节点之间只能一个个线性连接，你发现了吗？

接下来，为了让玩家能通过方向键控制小球移动，我们需要用到控制小球运动的相关组件，比如之前在学习任务一中提到的 Rigidbody 组件。具体来讲，如果我们想让小球向右运动，那么给小球一个向右的速度即可。我们将从 Rigidbody 组件中获取设置速度的节点。

在脚本图中搜索并添加设置速度的节点“Set Velocity”。其输入点包括设置对象，输出点包括以三维向量表示的速度值。设置对象默认是 This，表示脚本图中的物体自身，速度值默认为“0，0，0”，表示没有速度，如图 3-31 所示。

我们的迷宫游戏是一个俯视视角的游戏，水平轴对应场景的 X 轴方向，垂直轴对应场景的 Z 轴方向。也就是说，我们需要用“Horizontal”的输入控制小球在 X 轴方向的速度，用“Vertical”的输入控制小球在 Z 轴方向的速度，如图 3-32 所示。

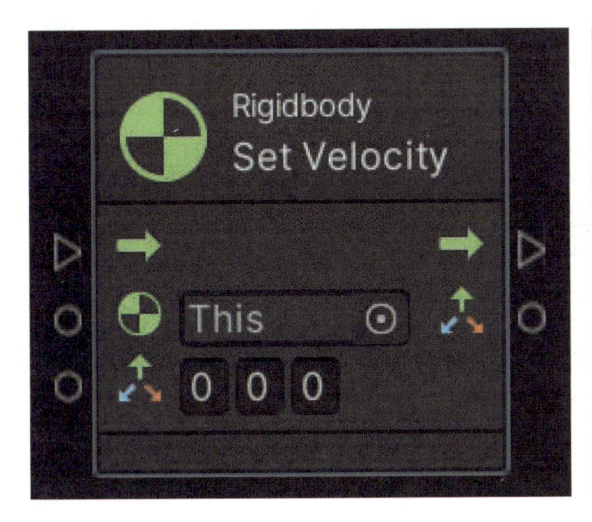

图 3-31　设置速度节点

图 3-32　俯视视角对应轴

因此，接下来我们需要创建一个三维向量，这个三维向量用于接收水平轴和垂直轴的输入值。右键点击空白区域，搜索并添加三维向量节点，如图 3-33 所示 。将获取轴节点的“Horizontal”和三维向量节点的 X

输入点连接，将获取轴节点的“Vertical”和三维向量节点的 Z 输入点连接，最后将创建好的三维向量传递给设置速度节点，如图 3-34 和图 3-35 所示。

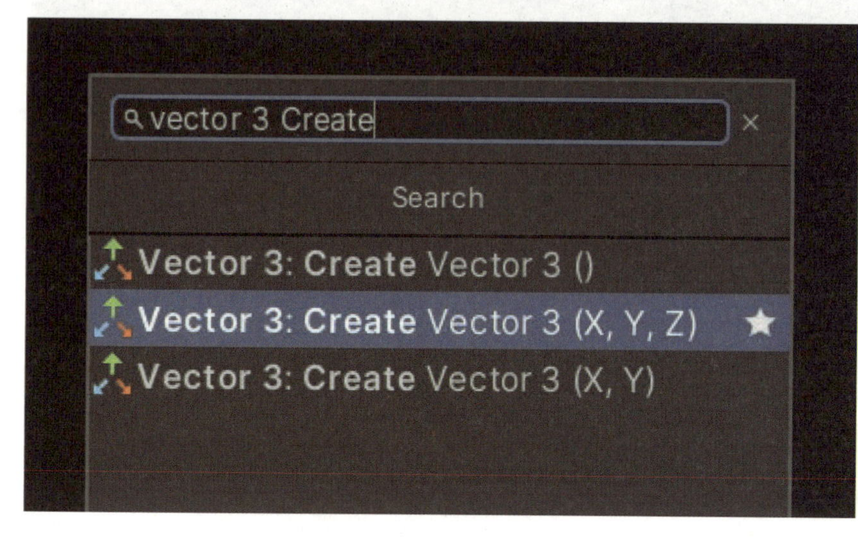

图 3-33　搜索三维向量节点

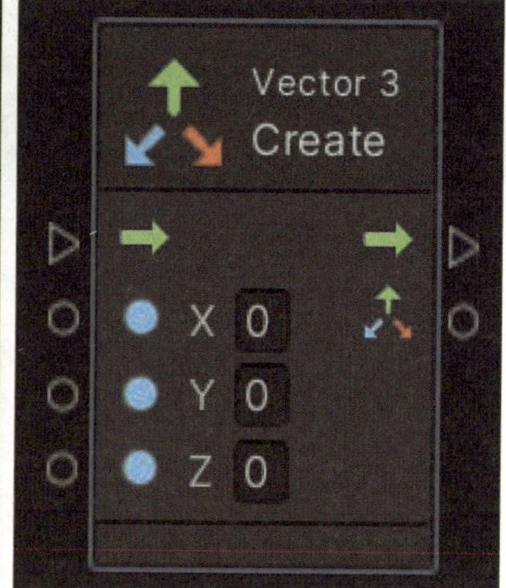

图 3-34　三维向量节点

小贴士

Vector 3 Create 节点往往有多种形式，请根据是否有输入值的传递需求进行选择。

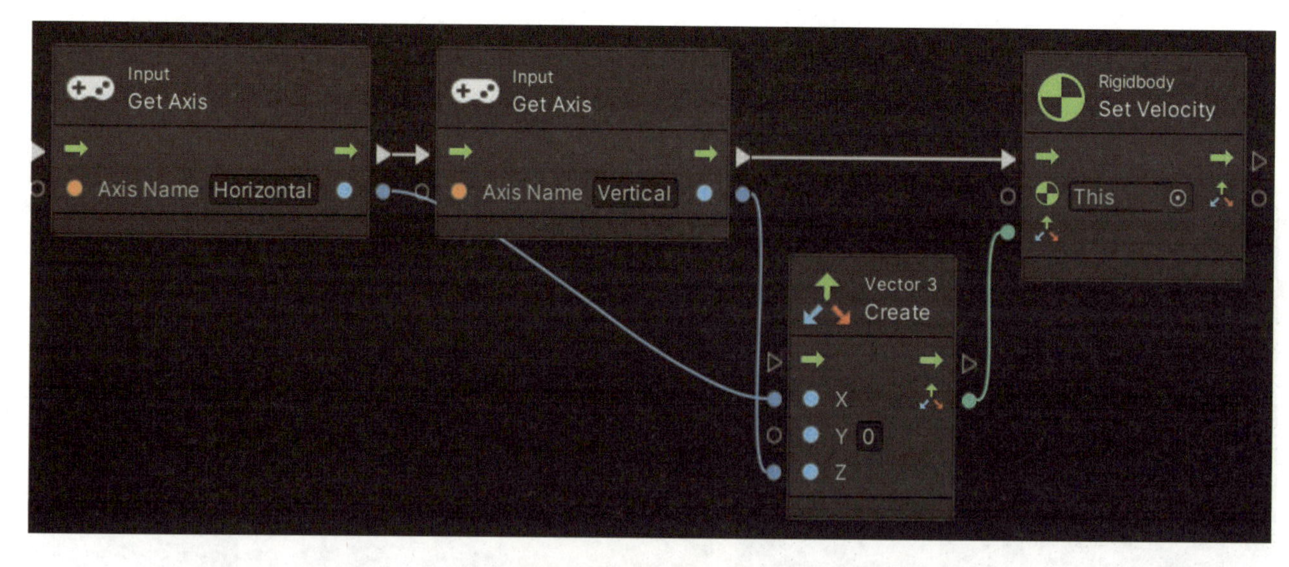

图 3-35　输入速度对应

现在，我们回到游戏场景，点击运行测试。当我们按下方向键时，小球能够跟着移动了。

如果这个小球移动的速度有点慢，我们能不能让它动得快一点呢？答案是肯定的，我们可以将三维向量乘以一个倍数来提高小球的速度。

断开三维向量节点和设置速度节点之间的连接。搜索并添加乘法节点“Multiply”，如图 3-36 所示，将三维向量节点连接到乘法节点，并把乘法节点运算结果传递给设置速度节点。此时，乘法节点显示黄色，这表示软件发出了警告，因为我们未设置乘法节点的另一个参数值，也就是速度倍数，如图 3-37 所示。

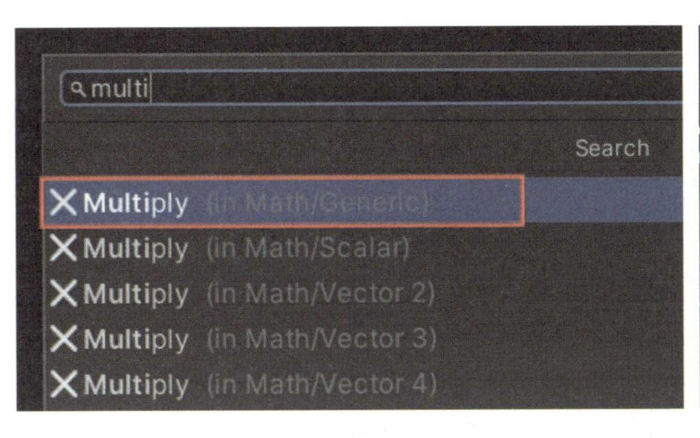

图 3-36　乘法节点

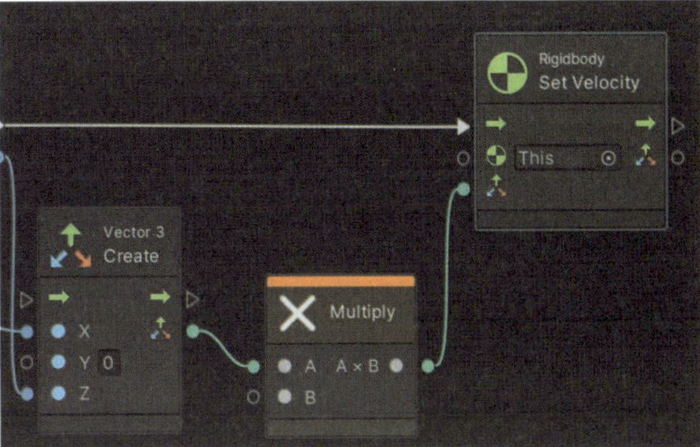

图 3-37　乘法节点的连接

重要知识点

乘法节点（Multiply）的形式多种多样，如果出现连接不上的情况，请检查节点形式是否正确。

在脚本图的左侧区域，我们为小球添加一个 Object 类型的 speed 变量，值类型为 Float，数值设为 5，表示小球速度倍数。按住该变量左侧的"="号，可以将其拖入当前脚本图中，并与乘法节点相连，如图 3-38 所示。

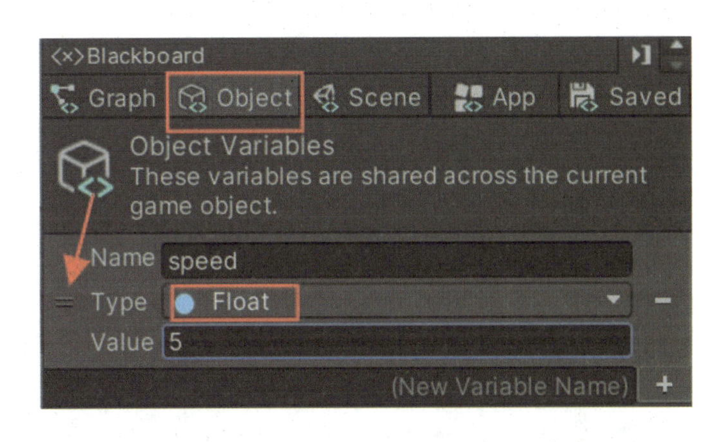

图 3-38　速度倍数参数

再次回到场景点击运行测试，可以看到小球的运动速度提高了。如果你仍然想调整小球的速度，这时候就不需要再回到脚本图，可以直接在小球的 Inspector 窗口的 Variables 组件中对 speed 变量进行调整，如图 3-39 所示。

最终 PlayerController 的脚本图如图 3-40 所示，能够实现键盘输入对小球移动的控制。

图 3-39　Inspector 窗口的变量

小贴士

Float 表示浮点数，这里可以简单理解为小数。Int 表示整数。String 表示文本字符串。它们都是数据类型。

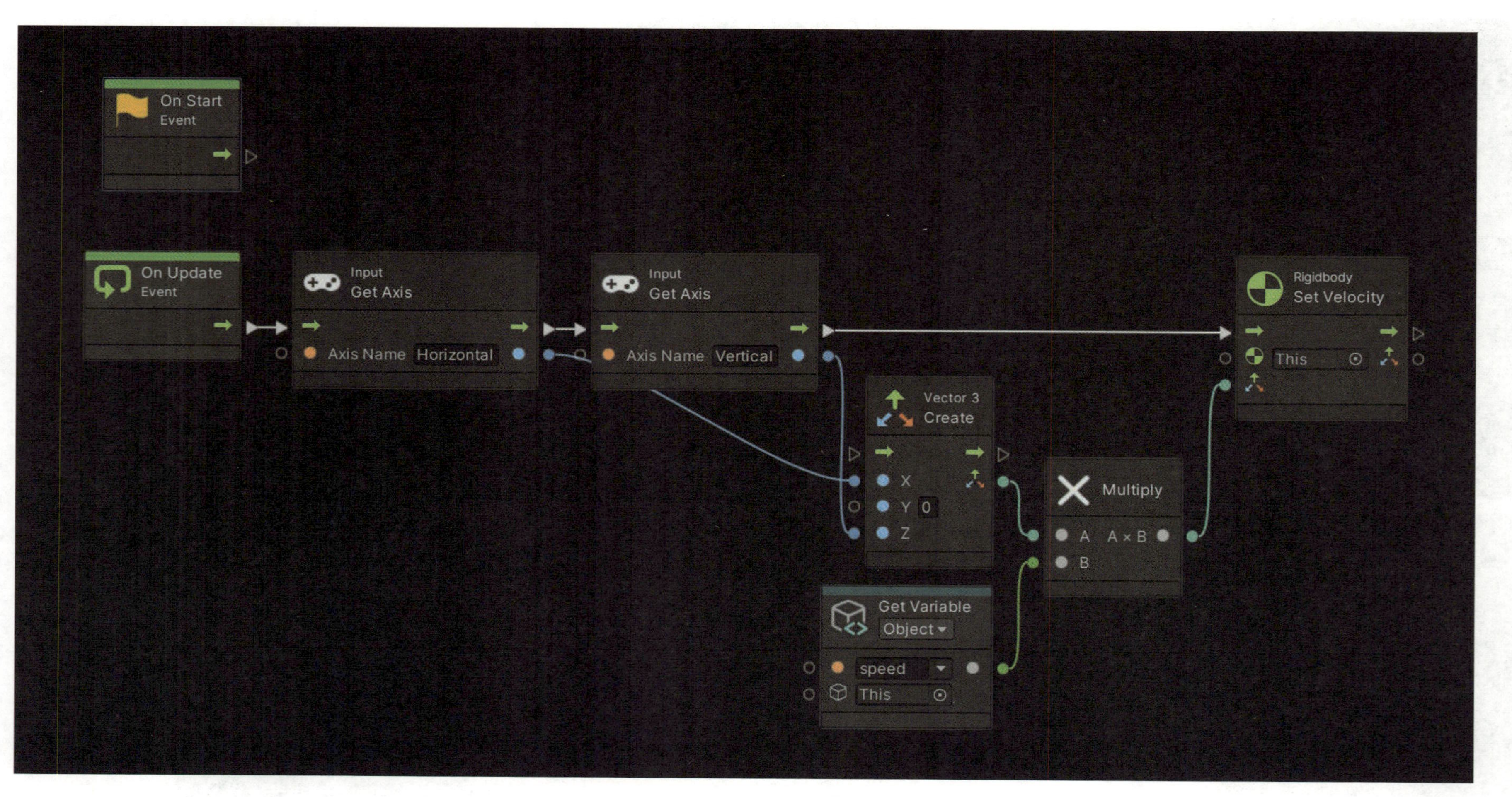

图 3-40　PlayerController 脚本图

3. 宝物收集

选中 Project 窗口中的 Treasure 预制体，添加“Script Machine”组件，新建一个脚本图并命名为“Treasure”，为其添加标题和内容注释。随后点击“Edit Graph”按钮打开脚本图，如图 3-41 所示。

思考

为什么不在场景中的宝物上添加脚本图，而是在宝物的预制体上添加脚本图呢?

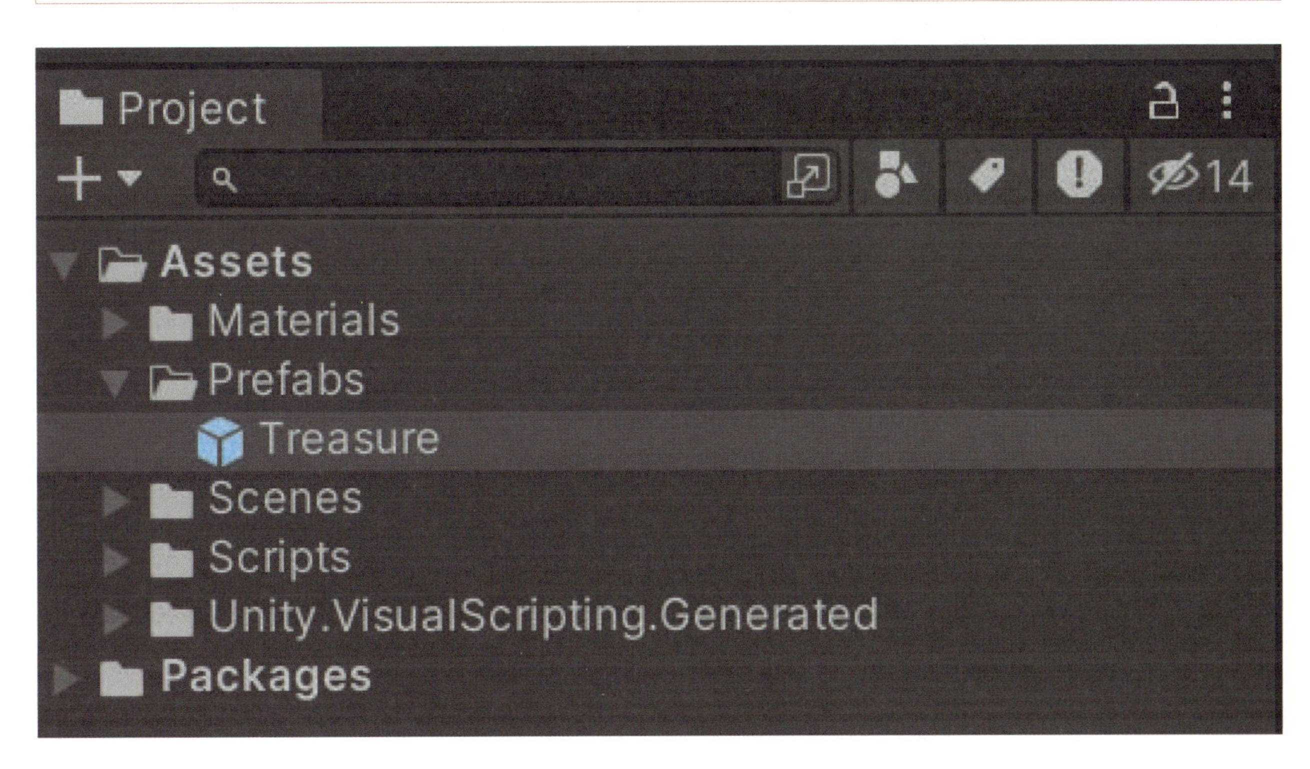

图 3-41　Treasure 预制体

重要知识点

请再次确认宝物的 Capsule Collider 组件上的“Is Trigger”选项被勾选上。这个选项和我们接下来的脚本逻辑有关联。“Is Trigger”表示是否为触发器，勾选上时，物体之间只存在触发事件，而不涉及实际的物理碰撞效果，如图 3-42 所示。

图 3-42　新建脚本图

在脚本图中，删除默认生成的节点，并添加进入触发节点“On Trigger Enter”。进入触发节点表示当宝物触碰到其他碰撞器时，执行绿色箭头所指示的事件，节点上的“Collider”表示触碰到的碰撞器，如图 3-43 所示。

在宝物收集过程中，我们需要判断宝物是否与小球碰撞，也就是判断该Collider是否是小球的碰撞器。这里我们通过设置标签的方式来判断。回到游戏场景，选中小球后，在Inspector窗口中将其“Tag”设置为“Player”，如图3-44所示，随后返回Treasure脚本图。

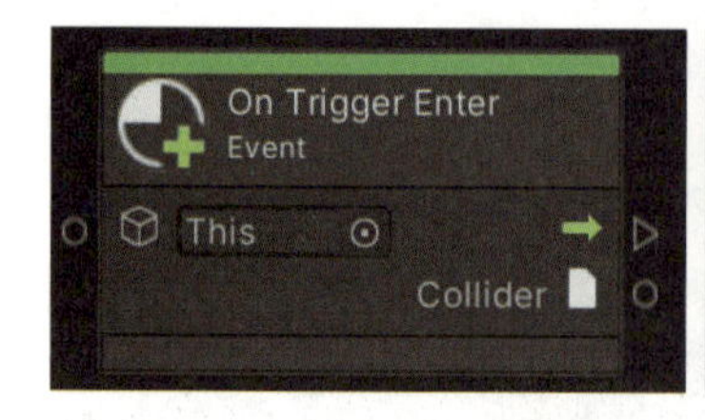

图3-43 进入触发节点

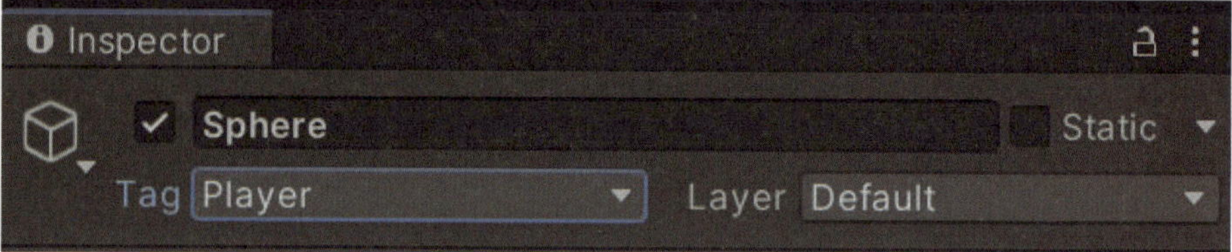

图3-44 设置小球标签

在脚本图中，添加比较标签节点“Compare Tag”，如图3-45所示。该节点将检查输入的物体身上是否有某个标签，如果有的话，则输出结果为真，否则输出结果为假。再添加判断节点“If”，如图3-46所示。该节点根据输入值的真假进入不同的事件。这里我们需要判断宝物触碰到的物体是否具有“Player”标签，因此将三个节点按照图3-47所示方式进行连接。

图3-45 比较标签节点

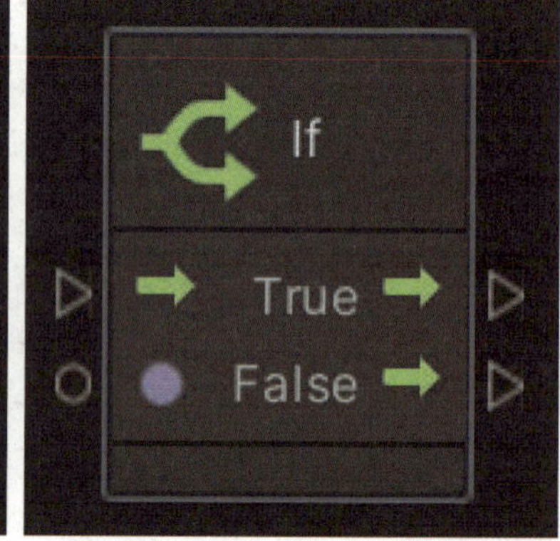

图3-46 判断节点

图3-47 判断物体是否具有“Player”标签

小贴士

想要查看某个脚本图，必须先选中脚本图对应的物体才可以。

宝物在碰到小球之后将触发两个事件：事件一是宝物消失，事件二是收集的宝物数量增加。这里我们先来看事件二。

创建一个 Scene（场景）类型的 collectAmount 变量，值类型为 Integer，默认值设为 0，用来表示收集的宝物数量，如图 3-48 所示。

用鼠标按住该变量左侧的“=”号，将该变量拖入脚本图中；接着按住 Alt 键，再次将该变量拖入脚本图中。我们将得到两个不同的变量节点，如图 3-49 所示。

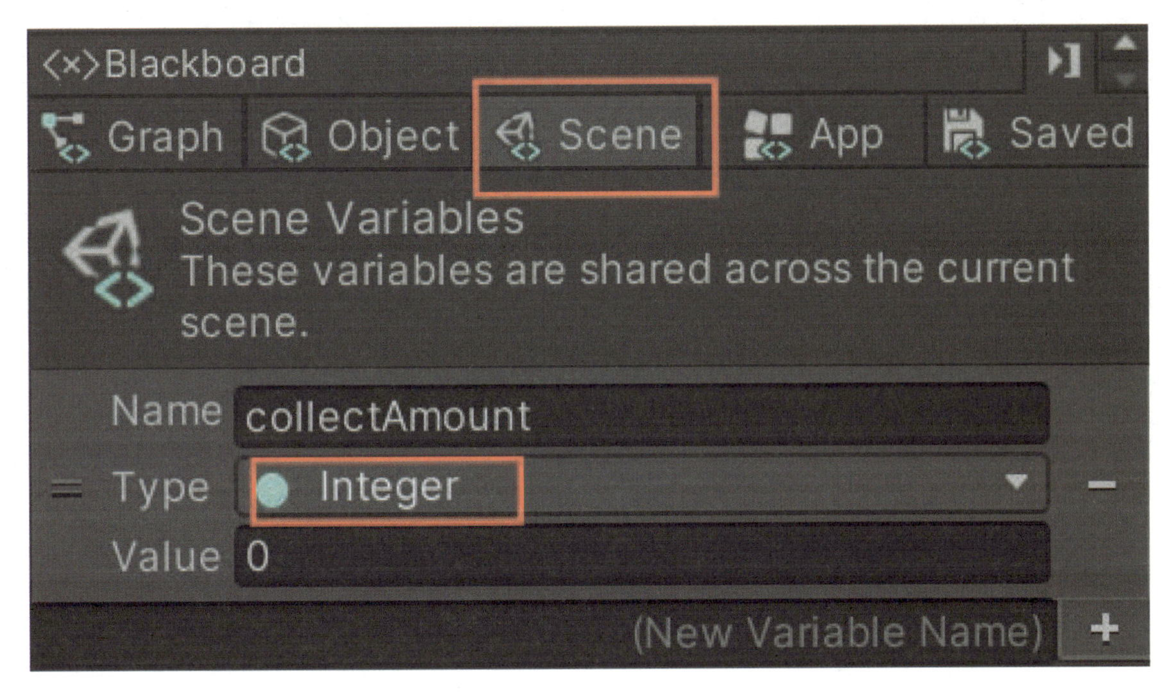

图 3-48　创建变量

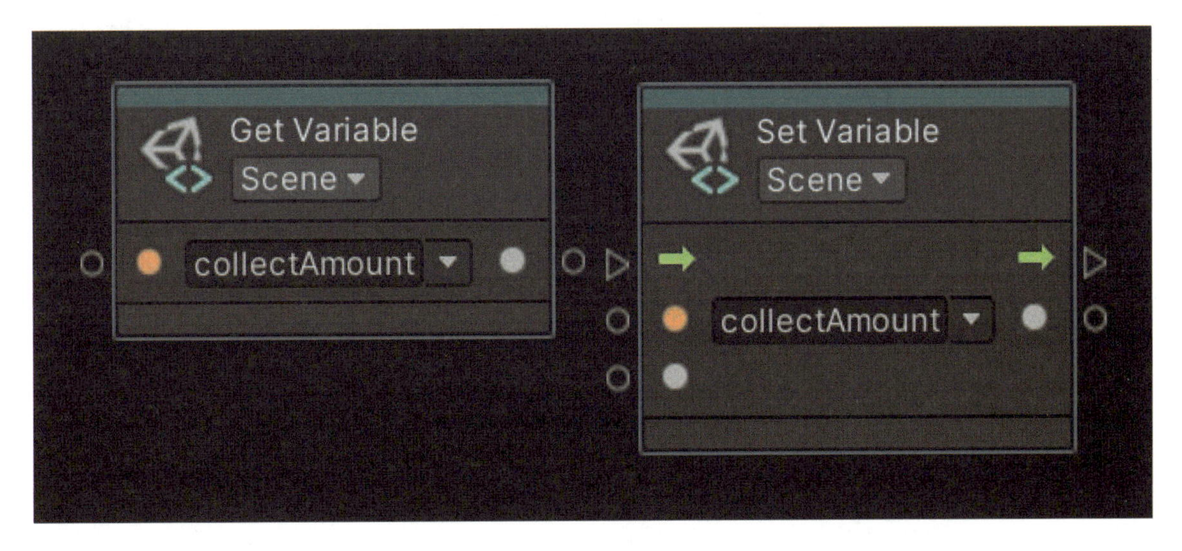

图 3-49　变量的获取和设置

要实现收集的宝物数量增加，我们需要获取当前的 collectAmount 变量，使它增加 1，再将计算的结果传给 collectAmount 变量。因此我们既需要 Get Variable 节点，又需要 Set Variable 节点，并且通过加（Add）节点将它们连接。连接方式如图 3-50 所示。

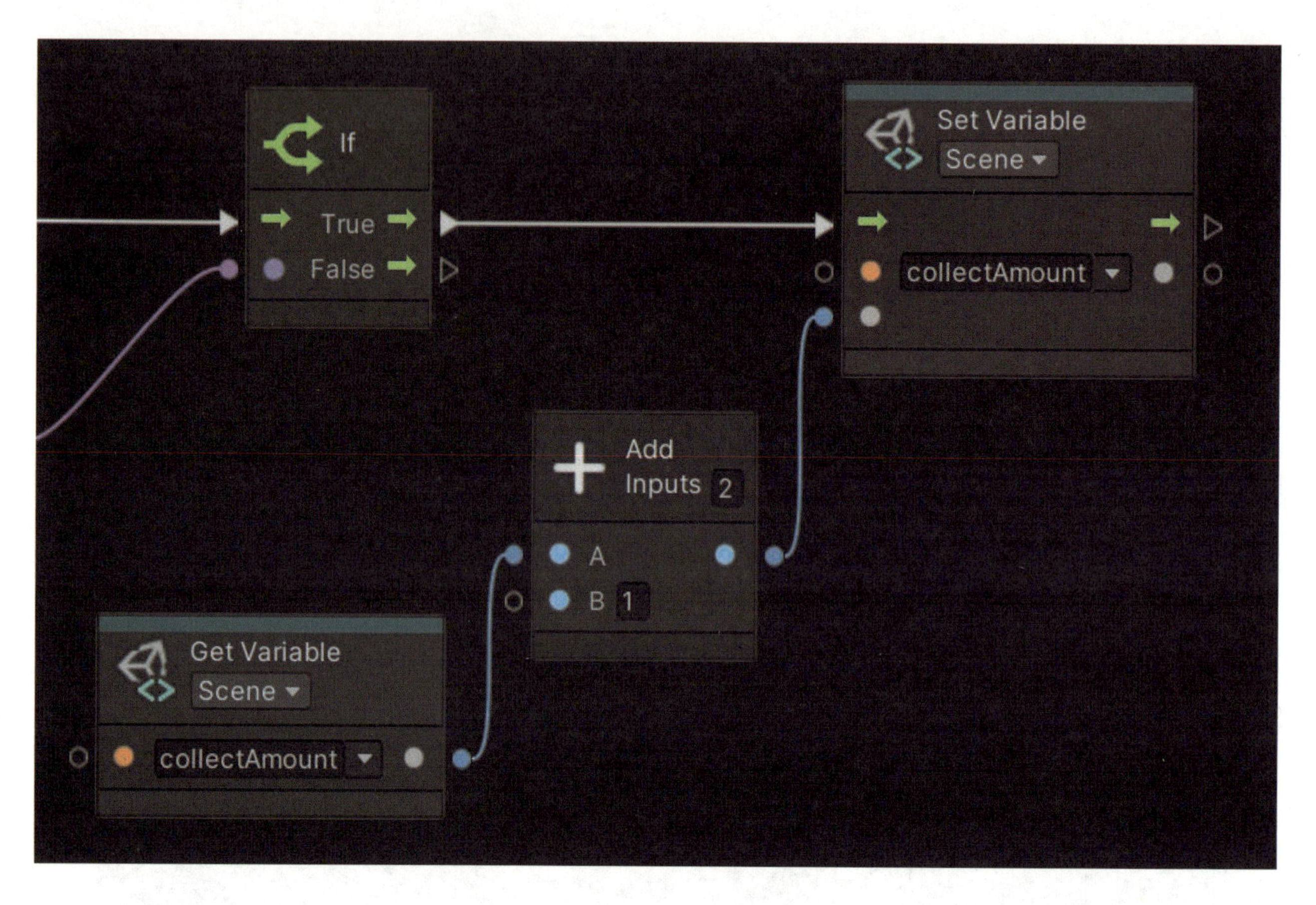

图 3-50　宝物收集数量增加的实现

小贴士

Add 节点选择 in Math/Scalar 类型，可以直接输入数字。在代码编程中，可以使用自加指令快速实现该效果。

需要注意的是，收集的宝物数量并非单个宝物的属性，而是整个场景的一个全局变量，因此它的类型为 Scene 类型。如果我们需要查看这个变量，可以回到场景，选中“VisualScripting SceneVariables”进行查看，如图 3-51 所示。

实现了宝物收集数量增加后，我们需要让收集到的宝物消失。在脚本图中添加销毁节点“Destroy”，该节点表示销毁某物体，将 This 节点传递给它即可。最后连上所有的流程箭头，如图 3-52 所示。

最终回到场景点击运行测试，试着让小球触碰到宝物，并观察宝物收集变量的数量变化。Treasure 脚本图如图 3-53 所示。

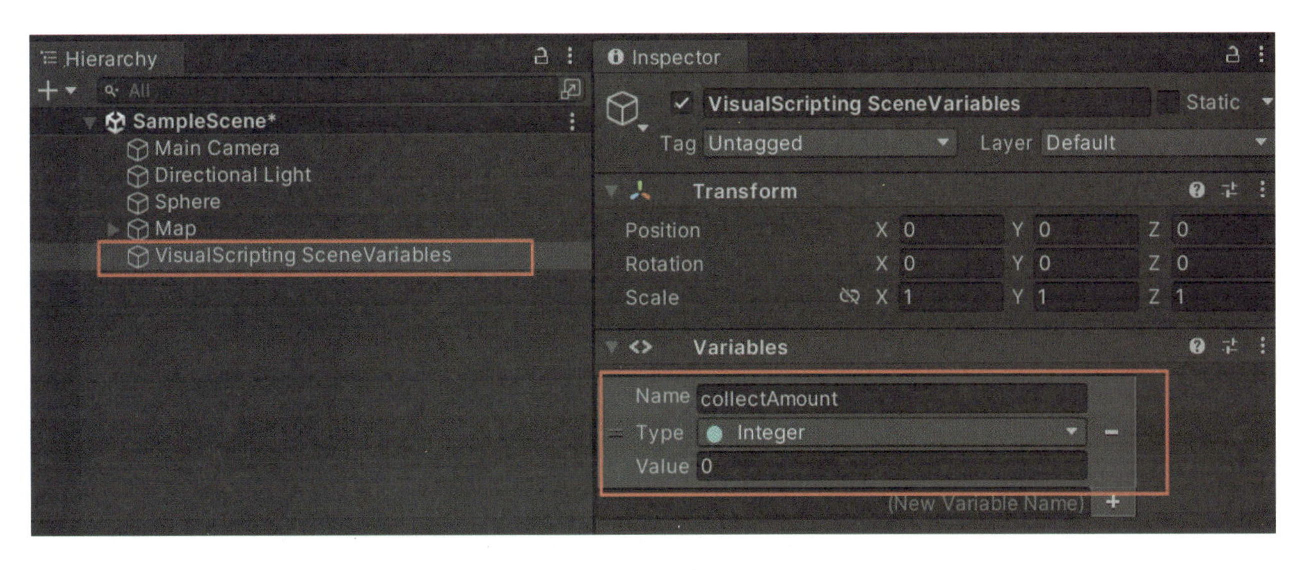

图 3-51　场景变量使用

图 3-52　销毁宝物

重要知识点

Destroy 在 Unity 中表示销毁的意思，当且仅当再也不需要用到该物体或其身上的组件时使用。如果只是暂时关闭物体，请使用 Set Active 的方式来实现。

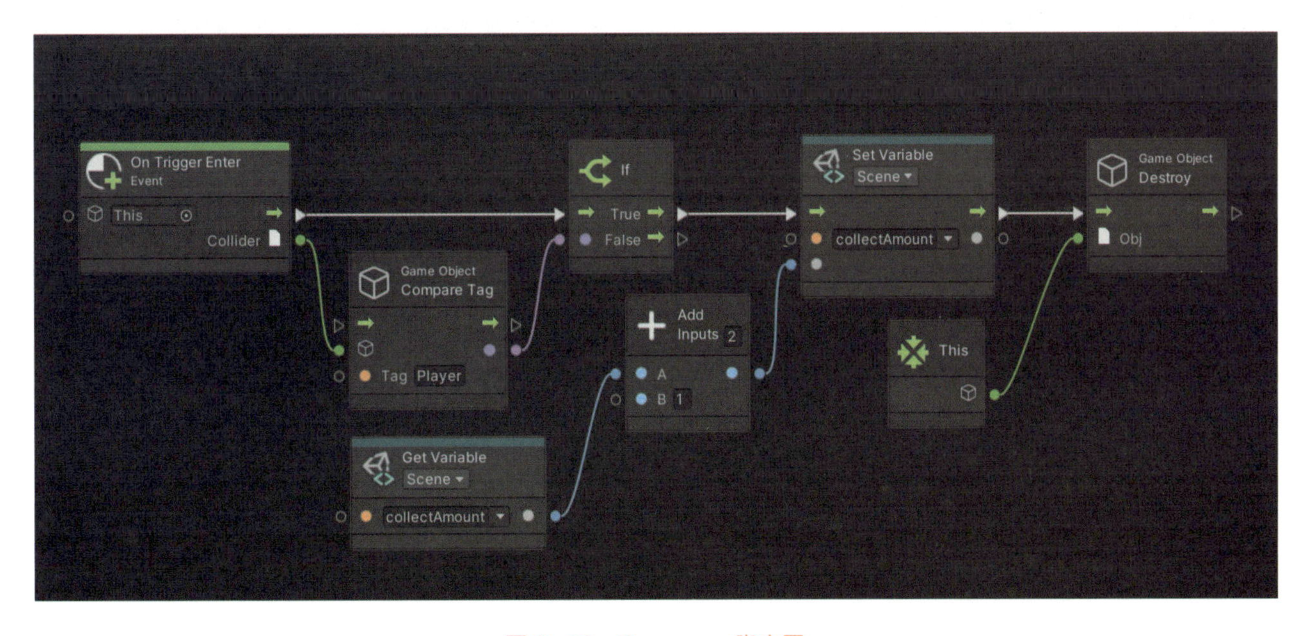

图 3-53　Treasure 脚本图

4. 获胜条件判定

选中“Target”（目的地），为其新建一个脚本图，编辑该脚本图前，要先确认该物体身上的 Collider 组件的“Is Trigger”选项没有被勾选，这是因为我们希望小球与该目的地能产生实际的物理碰撞，如图 3-54 所示。

图 3-54　Target 脚本图

删除默认生成的节点后，添加进入碰撞节点“On Collision Enter”。进入碰撞节点和进入触发节点类似，但多了一些与物理碰撞相关的输出点。我们使用该节点的逻辑仍然是通过设置标签的方式判断目的地是否与小球发生碰撞，因此按照和 Treasure 脚本图类似的方式进行连接，如图 3-55 所示。

图 3-55　判断是否碰撞

接下来我们需要进行是否达到获胜条件的判断，即是否收集完所有宝物。具体来说，需要获得表示宝物收集数量的 collectAmount 变量，看它是否等于场景中宝物的总数量。将相等（Equal）节点添加到脚本图中，将 collectAmount 变量和整数 3（通过 Integer Literal 节点生成）传递给 Equal 节点，再次进行 If 条件判断，二者相等则为真，二者不同则为假，如图 3-56 所示。

游戏中无论是否达到获胜条件都将给出文本提示，这涉及 UI（交互界面）的内容，我们将在学习任务四中实现该功能。现在我们先来继续实现获得胜利 3 秒钟后游戏重新开始的功能。

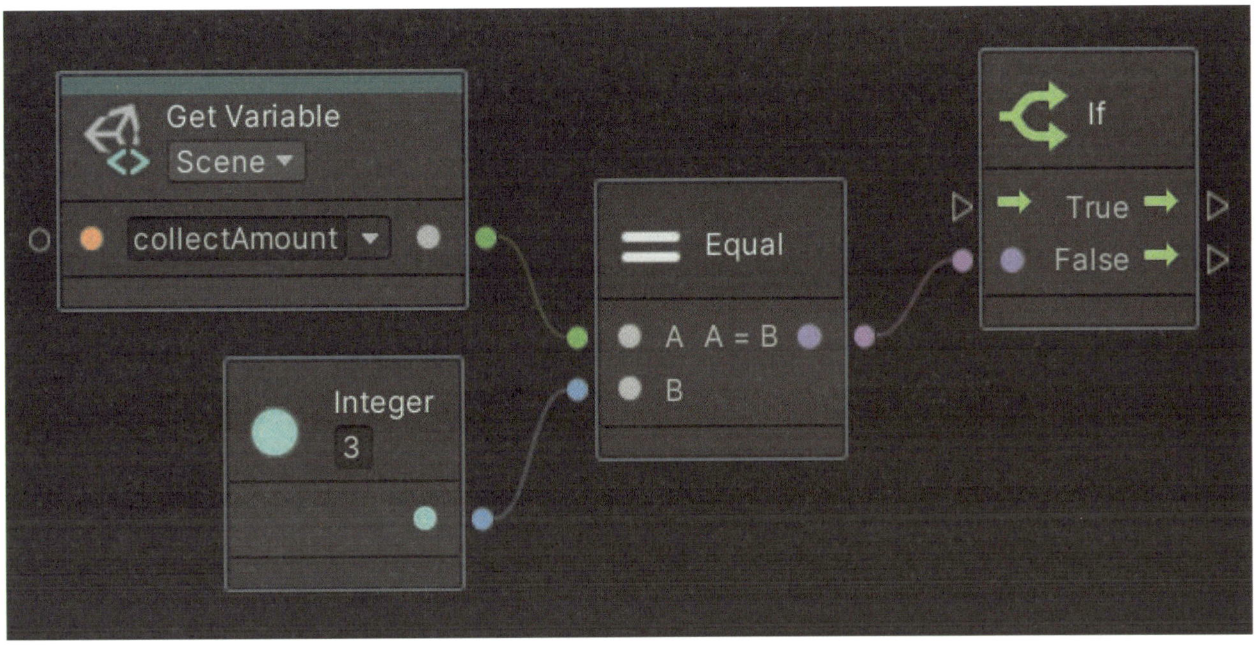

图 3-56　判断是否收集完所有宝物

游戏重新开始，即游戏场景重置。若要实现场景相关的交互效果，我们需要接触一个新类型的节点——“Load Scene”，它表示场景的加载。在不同的加载方式中，选择通过场景名（Scene Name）加载，如图 3-57 所示。

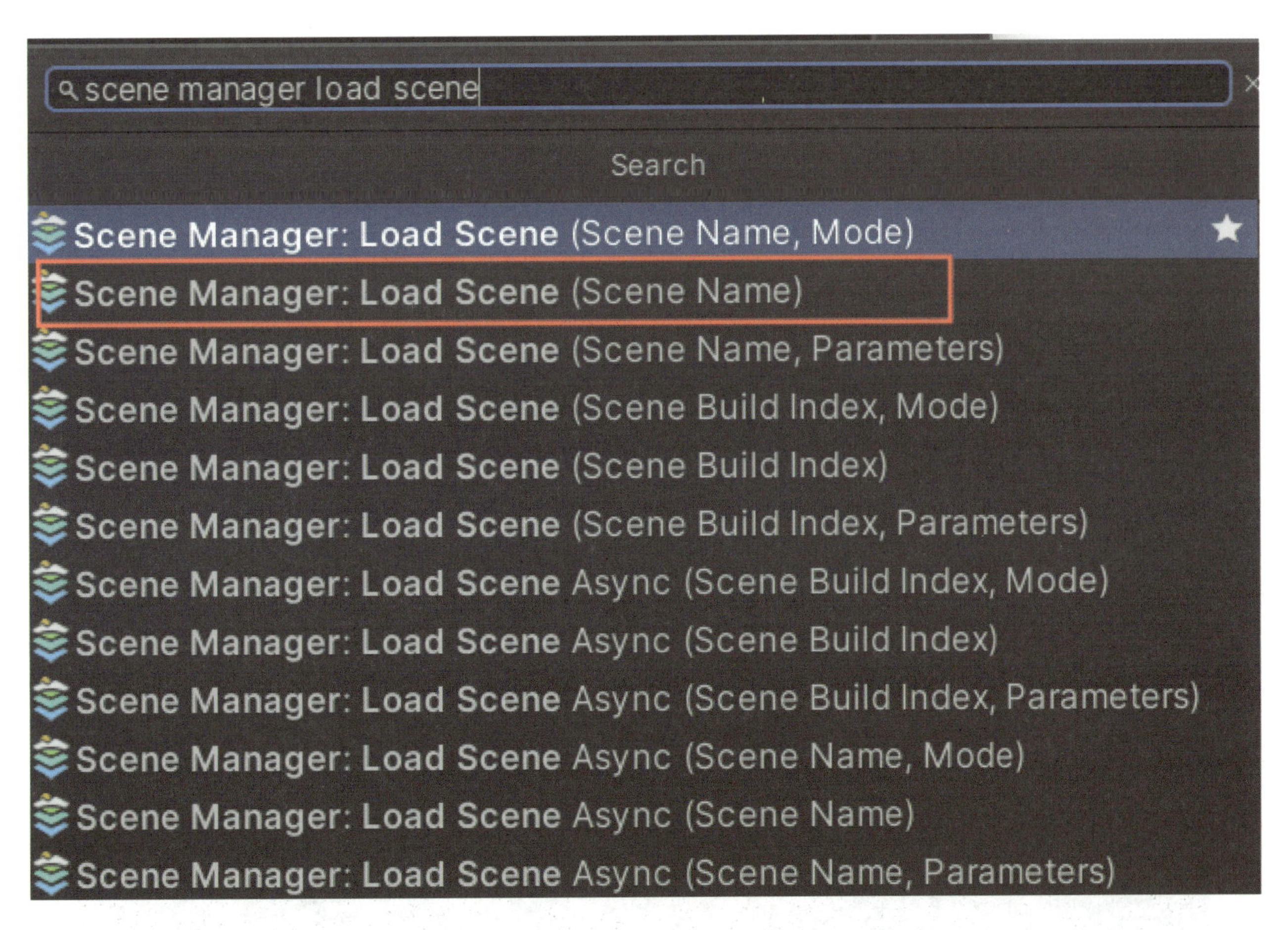

图 3-57　加载场景

随后，我们需要获取当前激活的场景（Get Active Scene），并得到该场景的名称（Get Name），再将三个场景相关的节点连接在一起，这样就实现了当前场景重置，如图 3-58 所示。

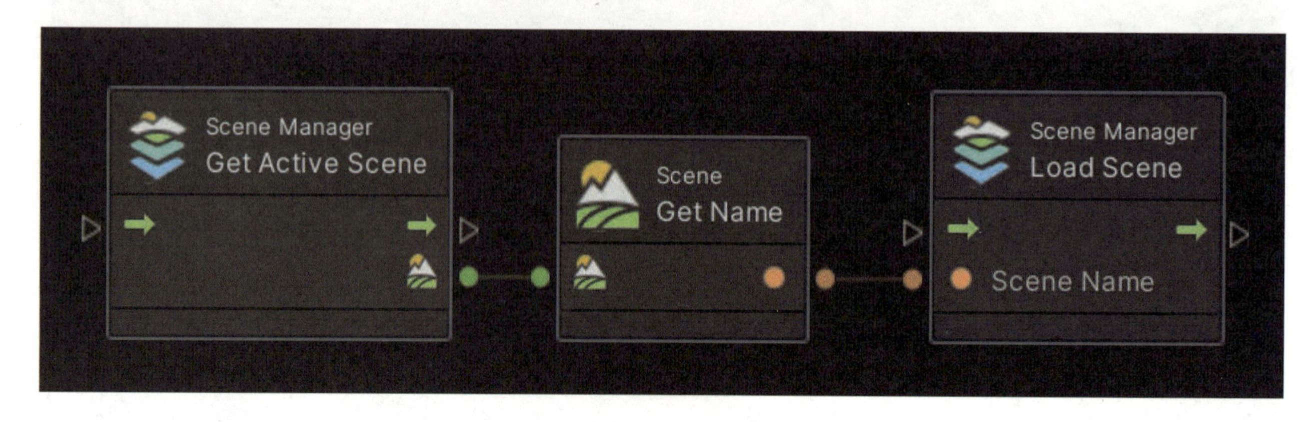

图 3-58　当前场景重置

思考

重新加载场景时，设置的场景变量是否会重置?

如果我们希望变量在场景更新时也不重置，应当将变量设置为什么类型呢?

当然，我们不希望达到获胜条件时场景立即重置，而是间隔一段时间再更新场景，比如 3 秒。因此，需要在脚本图中添加一个计时器（Timer）节点。计时器的连接如图 3-59 所示，Start 流程点表示计时开始，Completed 流程点表示计时结束，Duration 输入点表示间隔时间，可根据自己的需求来调整数值，甚至设置一个新的变量与间隔时间输入点连接。

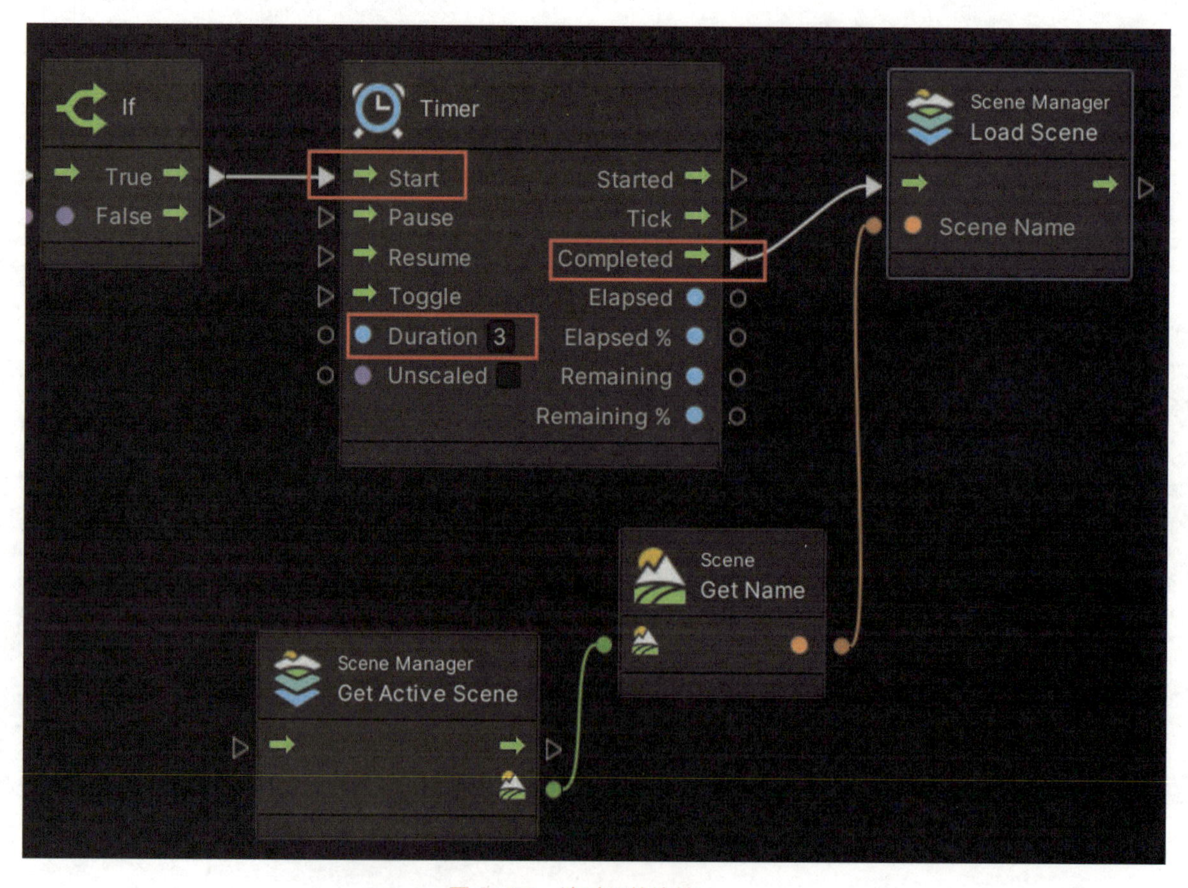

图 3-59　计时器的连接

Target 的脚本图将在下个学习任务中继续完善。在学习任务三中我们还差最后一个任务需要完成，即摄像机的跟随。

5. 摄像机跟随

在实际项目中要实现摄像机的跟随有许多种方式，我们的实战训练项目先从最简单的方式入手。在这个迷宫游戏中，只要让摄像机的位置相对小球的位置始终保持不变即可。

在 Main Camera（主摄像机）上添加一个命名为“Camera Follow”的脚本图。打开编辑脚本图，添加 Set Position 节点，将其与 On Update 节点连接，用于实时更新摄像机的位置，如图 3-60 所示。

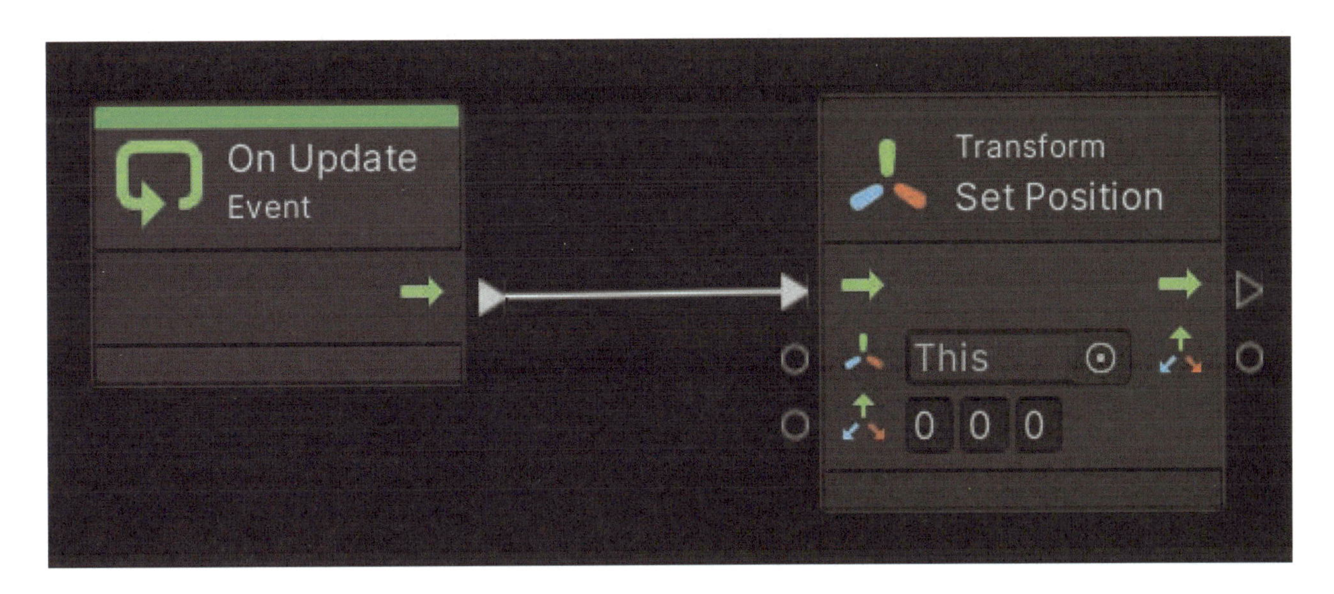

图 3-60 实时更新位置

接下来，我们需要获取小球的实时位置，即添加 Get Position（获取位置）节点。需要注意的是，这里我们需要获取的是小球的位置，而非摄像机的位置，因此需要创建一个变量来表示小球，随后将这个变量传递给获取位置节点。

在脚本图的左侧区域新建一个 Scene（场景）类型的 player 变量，值类型为 Game Object，将小球赋值给这个变量。再将 player 变量拖入脚本图中和获取位置节点连接，这样就得到了小球的位置，如图 3-61、图 3-62 所示。

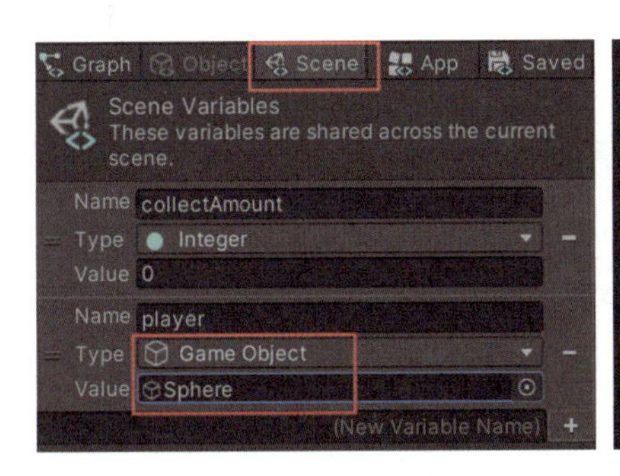

图 3-61 添加 player 变量

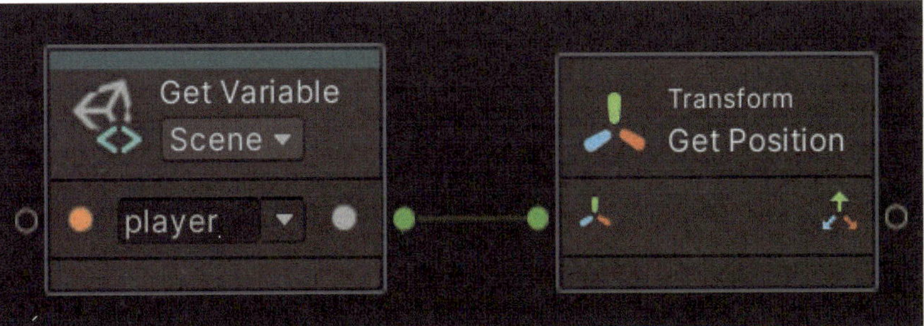

图 3-62 获得小球位置

最后，我们希望摄像机始终位于小球的正上方，因此将表示小球位置的三维向量，通过 Add 节点加上一个合适的高度，如图 3-63 所示。这样，一个简单的摄像机跟随的效果就做好了，现在可以回到游戏场景点击运行。

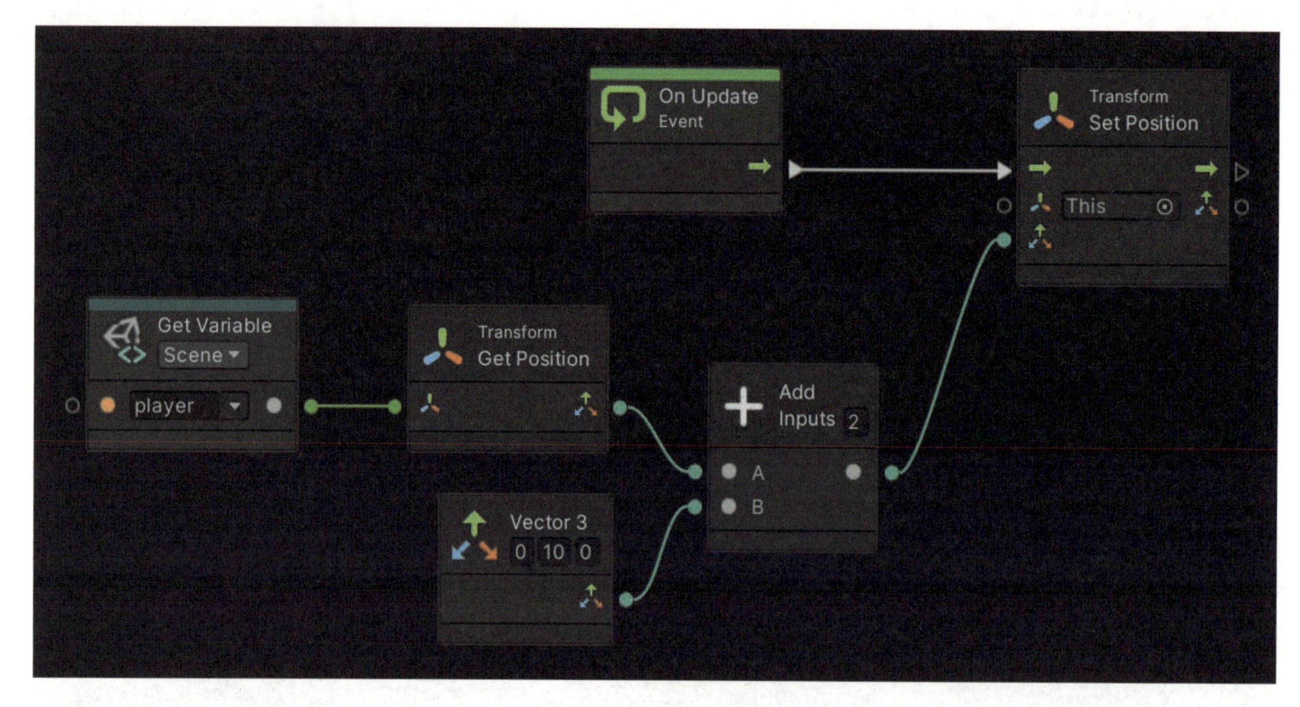

图 3-63 摄像机跟随

思考

如果希望摄像机实现延迟跟随的效果，应当如何用可视化编程的方式实现呢?

三、学习任务小结

在本次学习任务中，我们正式接触了可视化编程的脚本图，利用这些脚本图实现了小球移动、宝物收集、获胜判定和摄像机跟随的功能，并在这个过程中学会了节点的创建和使用、变量的创建和使用、功能实现的基本逻辑。未来同学们可以进一步熟悉这些功能并熟练掌握游戏设计思维。

四、课后作业

尝试按照本次任务教授的内容完成游戏场景的创建和运行。

UI 交互设计

教学目标

（1）专业能力：使学生能理解 UI 交互设计的基本原则和方法，掌握在 Unity 中创建和使用 UI 元素的技能。

（2）社会能力：通过讲解针对游戏的 UI 设计，培养学生的审美观念和用户体验意识，提高学生与用户沟通和理解用户需求的能力。

（3）方法能力：增强学生的创新设计能力和技术实现能力，使学生能够独立完成游戏 UI 设计与交互功能的实现。

学习目标

（1）知识目标：理解 UI 元素在游戏设计中的作用和重要性，掌握 Unity 中 UI 组件的使用方法。

（2）技能目标：能够使用 Unity 创建和操作 UI 元素，如文本、按钮等，并能够通过脚本控制 UI 元素的动态交互。

（3）素质目标：培养细心和耐心的工作习惯，提高解决设计问题的能力，能从用户的角度思考问题。

教学建议

1. 教师活动

（1）讲解 UI 设计的基础知识，包括 UI 的重要性、设计原则和流程；分析优秀的游戏 UI 案例，让学生理解 UI 设计是如何增强游戏的可玩性和用户体验的。

（2）指导学生在 Unity 中创建 UI 元素，并通过脚本实现 UI 的动态交互效果。在教学过程中适时提问，及时检查学生学习情况。

（3）结合 UI 设计，引导学生进行换位思考，增强岗位意识以及责任意识，发扬爱岗敬业的精神，提升学生的职业素养。

2. 学生活动

（1）学习课程内容，并在实际操作中加深对 UI 设计的理解，完成教师布置的设计任务，在操作过程中注意观察和思考，遇到问题及时向同学或老师请教。

（2）积极参与课堂讨论，分享自己的设计理念和学习心得，对自己的设计过程进行反思和总结，思考如何将所学应用到更广泛的游戏开发中。

一、学习问题导入

UI 即用户界面（user interface），通常来讲，游戏屏幕上呈现的文本、按钮、图标等都属于 UI 元素。在迷宫游戏中，目前已创建的所有物体都是游戏场景内的三维物体，而判断是否达到游戏获胜条件时的文本提示则属于 UI 元素的范畴。下面我们将学习文本的创建和使用，以及利用可视化编程实现不同条件下的文本交互效果。

二、学习任务讲解

1. 创建文本

在 Hierarchy 窗口中，右键单击空白区域，或左键单击左上角的“+”号，选择“UI”—“Legacy”—“Text”，在场景中创建一个文本元素，将其命名为“NoteText”。文本被默认创建在“Canvas”（画布）下，同时被默认创建的还有一个 EventSystem 物体，如图 3-64 所示。

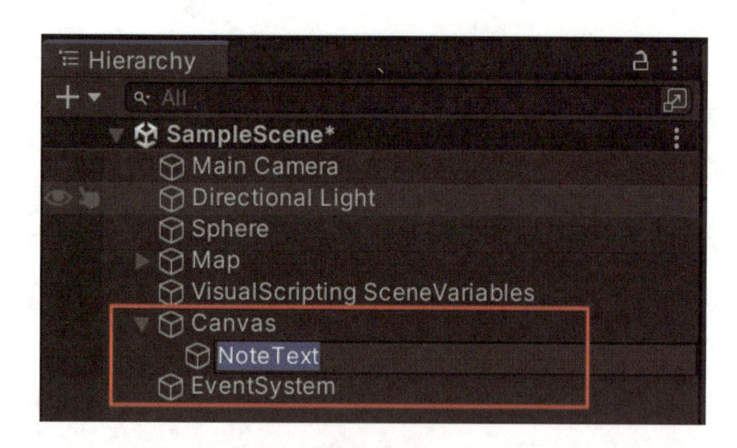

图 3-64　创建文本

重要知识点

所有的 UI 都默认创建在 Canvas 下。当 UI 不在 Canvas 下时，就无法在 Game 视图中正常显示。

在查看文本元素的各个组件之前，我们不妨先在游戏场景中找到文本和画布的位置，并和场景中的主角小球或迷宫地图进行比较，再观察各个物体在 Game 视图下的显示。

不难发现，游戏场景是一个三维空间，而 UI 元素所在的画布则是一个二维平面，它们是组成游戏的两个部分。游戏场景的画面是靠摄像机进行渲染的，而画布则是直接显示。随着游戏引擎学习的逐渐深入，我们将越来越清楚它们之间的区别。

思考

UI 和游戏场景之间到底有什么关系？它们是如何同时显示在屏幕上的呢？

选中 NoteText（文本），查看 Inspector 窗口。Rect Transform 组件是 Transform 的一种特殊形式，适用于 2D 元素，包含矩形的位置（Pos X/Y/Z）、大小（Width/Height）、锚点（Anchors）和轴心（Pivot）等信息，并支持旋转和缩放，如图 3-65 所示。通常情况下，所有的 UI 元素都包含 Rect Transform 组件。调整 NoteText（文本）的 Rect Transform 组件，如图 3-66 所示，使其能够在画布的右上角显示。当然，你也可以根据自己的想法将文本放到合适的位置上。

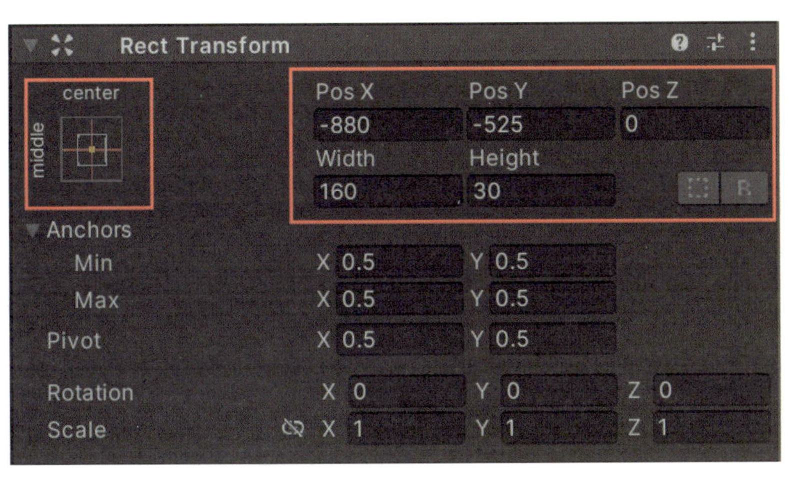

图 3-65　Rect Transform 组件

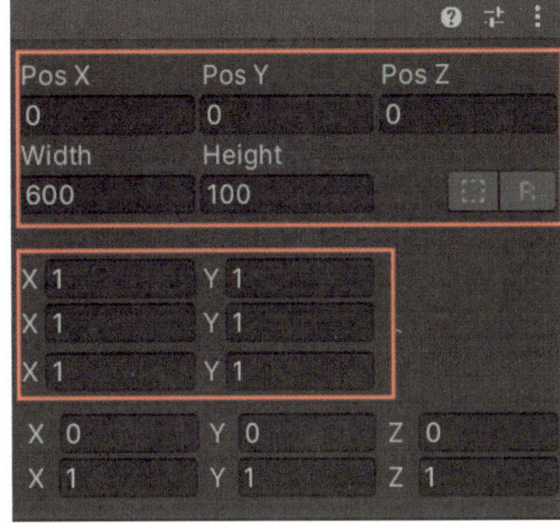

图 3-66　调整数值

思考

锚点和轴心是什么意思？在 UI 设计中有什么作用？

Text 是文本元素的核心组件，可用于提供标题或标签，或显示其他文本内容。利用组件中的各个属性可对文本的内容、格式、颜色、交互效果等进行有效调整。根据图示设置相关参数后，能够在游戏界面中显示效果，如图 3-67、图 3-68 所示。

小贴士

请根据自己喜欢的布局、样式和风格进行创作，文本的内容也可以自行修改，甚至可以在界面中创建多个文本元素。

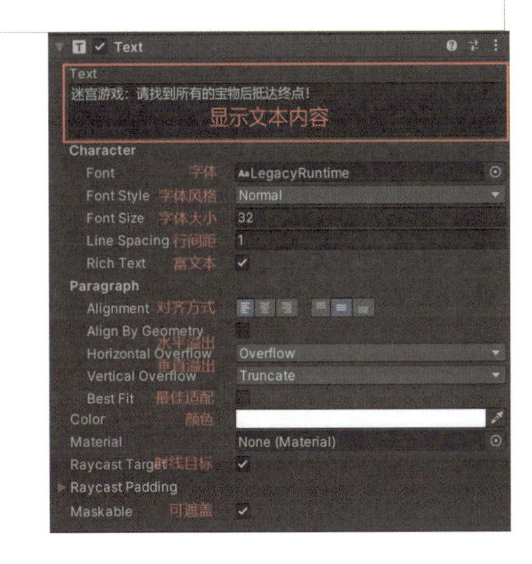

图 3-67　Text 组件

图 3-68　游戏界面显示

将文本颜色设置为白色时，文本和游戏场景中的物体对比效果可能不明显，导致文本内容显示不清。因此，我们再为 NoteText（文本）添加一个新的组件——“Outline”，这样文本内容就有了深色轮廓，确保字体清晰可见，如图 3-69 所示。

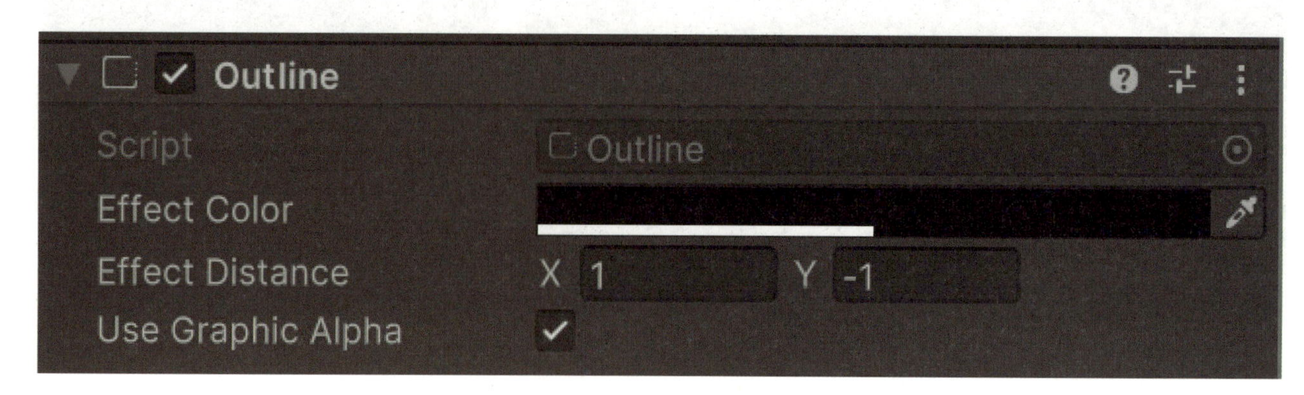

图 3-69　Outline 组件

重要知识点

每个游戏设计开发者都要做到时刻考虑用户 / 玩家体验。

2. 文本交互实现

接下来，我们需要在脚本图中实现对文本内容的动态控制。我们希望在玩家到达目的地时，系统根据获胜条件做出判断：如果获胜，则文本显示为“游戏胜利！恭喜你找到所有宝物！”如果未收集完宝物，则文本显示为“你还有未找到的宝物！请继续寻找！”一段时间后，切换成默认文本内容。

首先，在 Hierarchy 窗口选中“VisualScripting SceneVariables”，创建一个 Scene 类型的 note 变量，值类型通过搜索设置为 Text 类型，并将文本元素赋值给该变量，如图 3-70 所示。

打开 Target 脚本图，添加 Set Text（设置文本）节点，如图 3-71 所示。Set Text 节点的两个输入点分别表示文本对象和文本内容，把两个输入点分别与 Get Variable 节点和 String 节点（通过 String Literal 创建）连接，再将流程箭头与 If 节点和 Timer 节点连上，胜利条件下的文本提示就完成了，如图 3-72 所示。

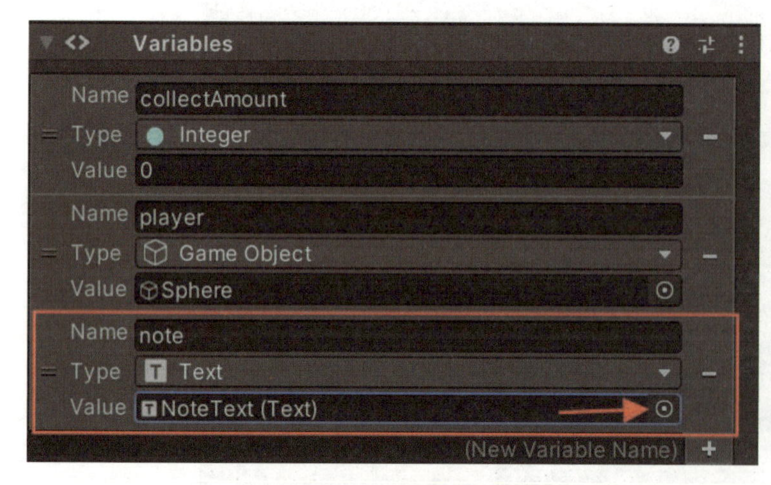

图 3-70　创建文本变量

图 3-71　Set Text 节点

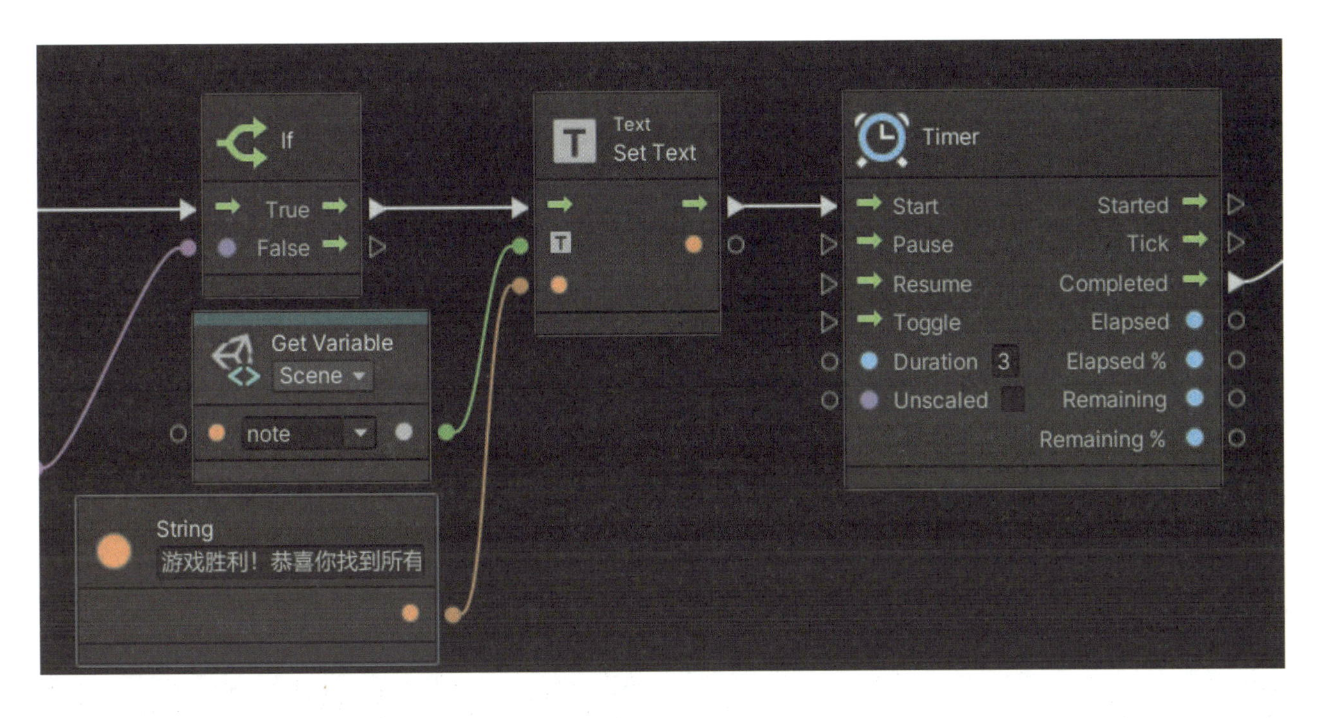

图 3-72 设置胜利文本

与胜利条件下的文本提示类似，当未收集完宝物时，我们只需要利用 Set Text 节点，将 NoteText(文本) 元素设置为“你还有未找到的宝物！请继续寻找！”再利用 Timer 节点设置一段间隔时间，最后将文本元素设置成默认文本内容即可。

为了便于脚本图的模块化管理，按住 Ctrl 键框选多个节点，则可以为这些节点分组。在 Target 脚本图中，我们将其分为三组，具体如图 3-73 至图 3-76 所示。

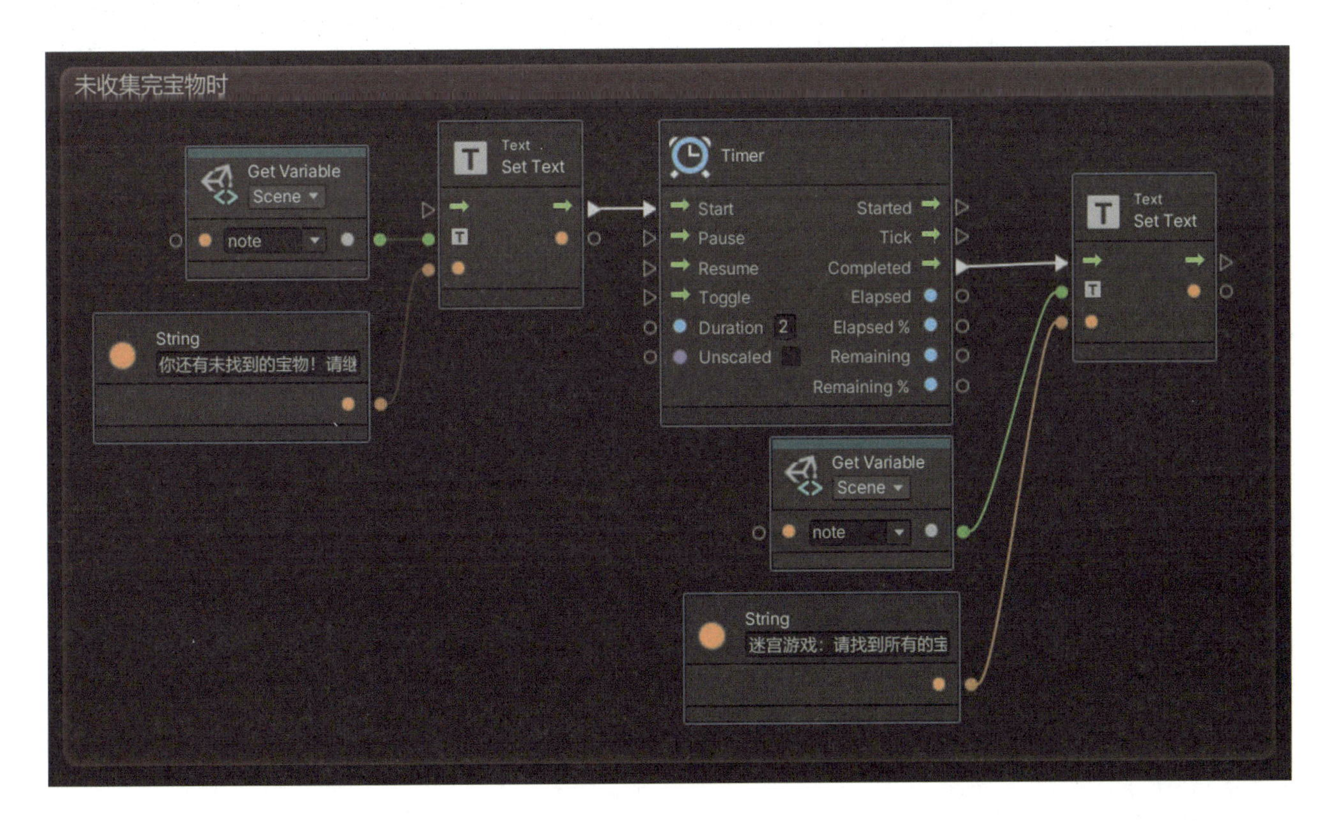

图 3-73 未收集完宝物

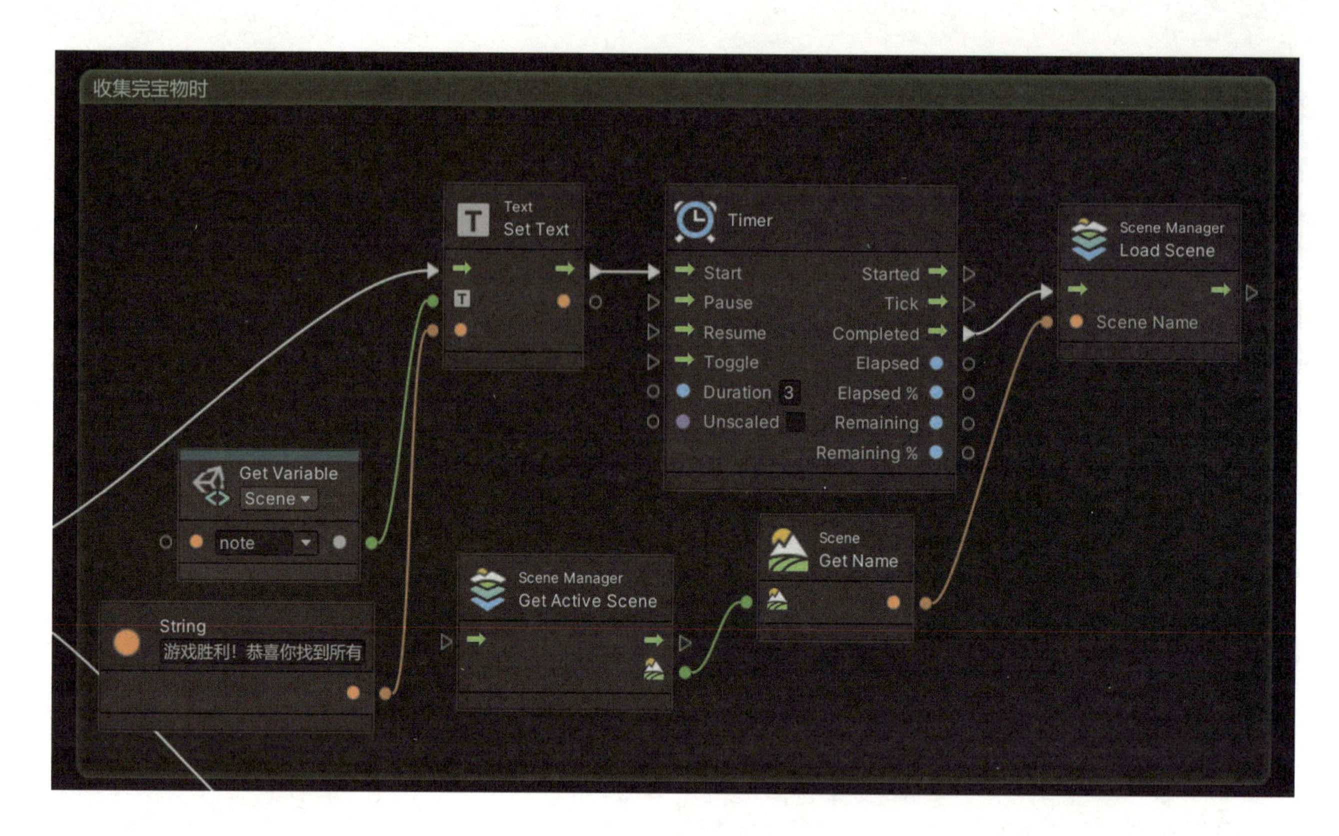

图 3-74　收集完宝物

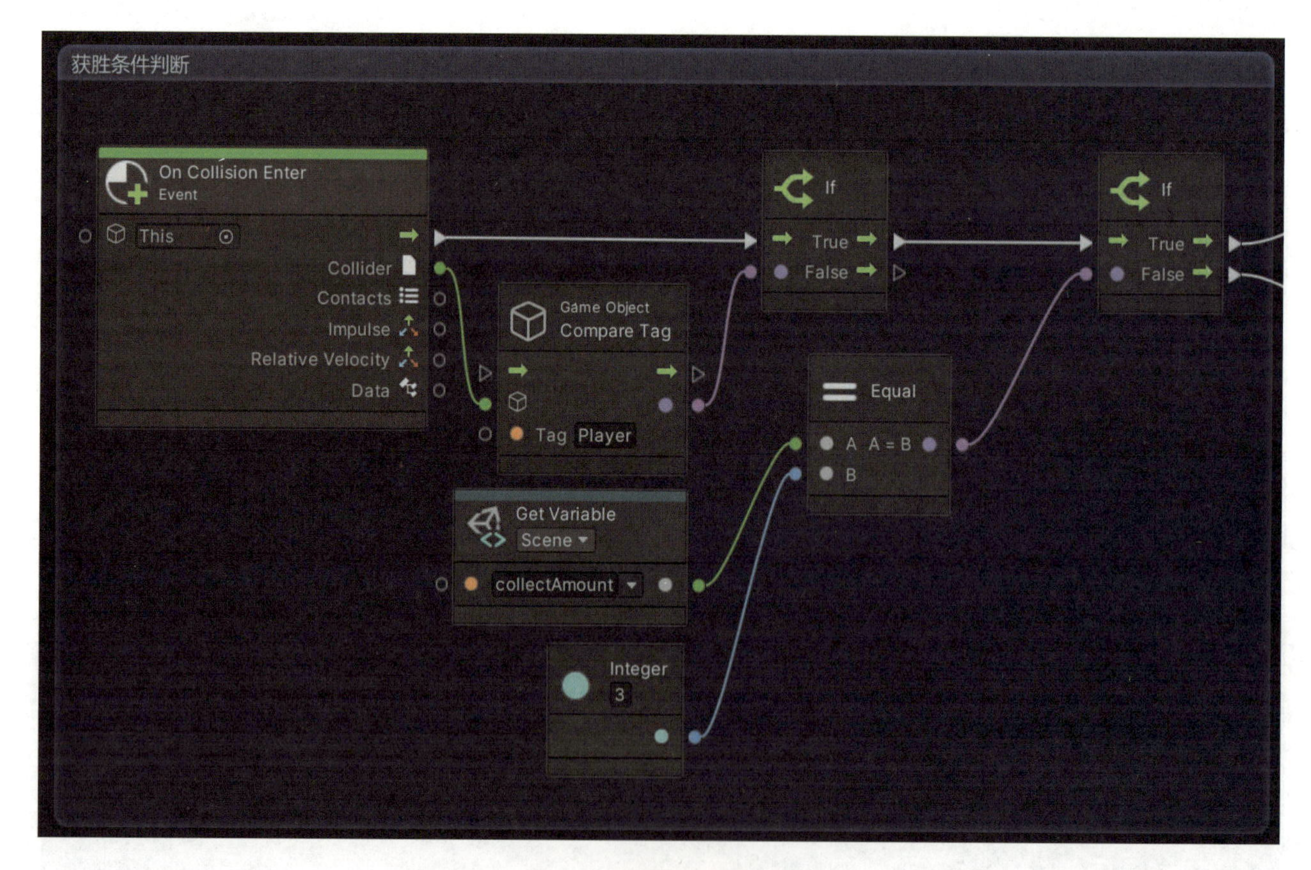

图 3-75　获胜条件判断

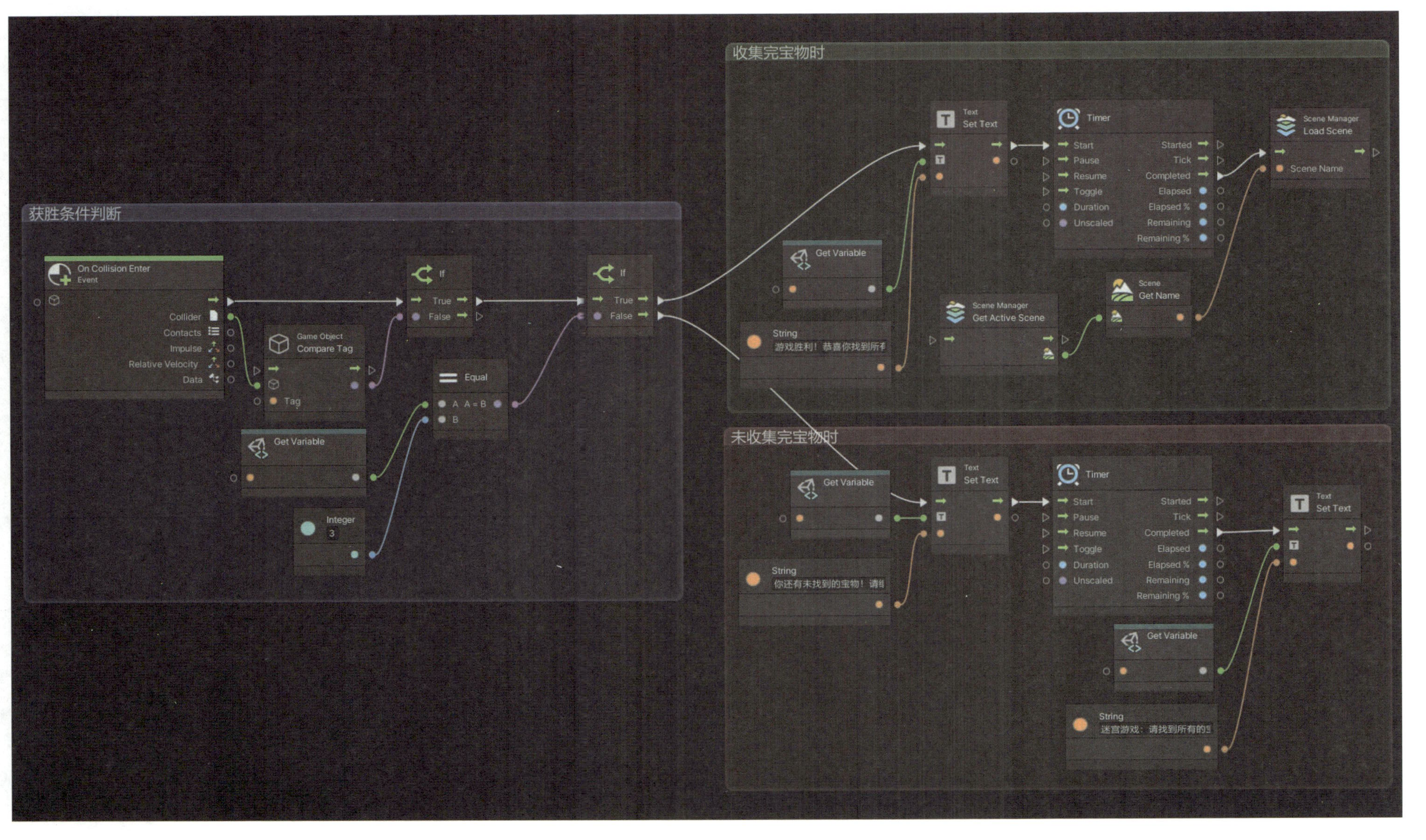

图 3-76　Target 脚本图

思考

脚本图的节点分组应该遵循什么样的原则?

三、学习任务小结

到这里，我们已经完成了一个完整的迷宫游戏的制作。在本次学习任务中，我们接触了UI元素，结合脚本图，实现了根据获胜条件的判断给出不同的文本提示，并在这个过程中学会了UI元素的基本构造、文本的创建与使用、文本的动态控制。

我们还可以试着在自己的游戏里添加其他UI元素，让这个迷宫游戏变得更加丰富好玩。

四、课后作业

尝试按照本次任务教授的内容运用UI元素，创建文本并加以使用。

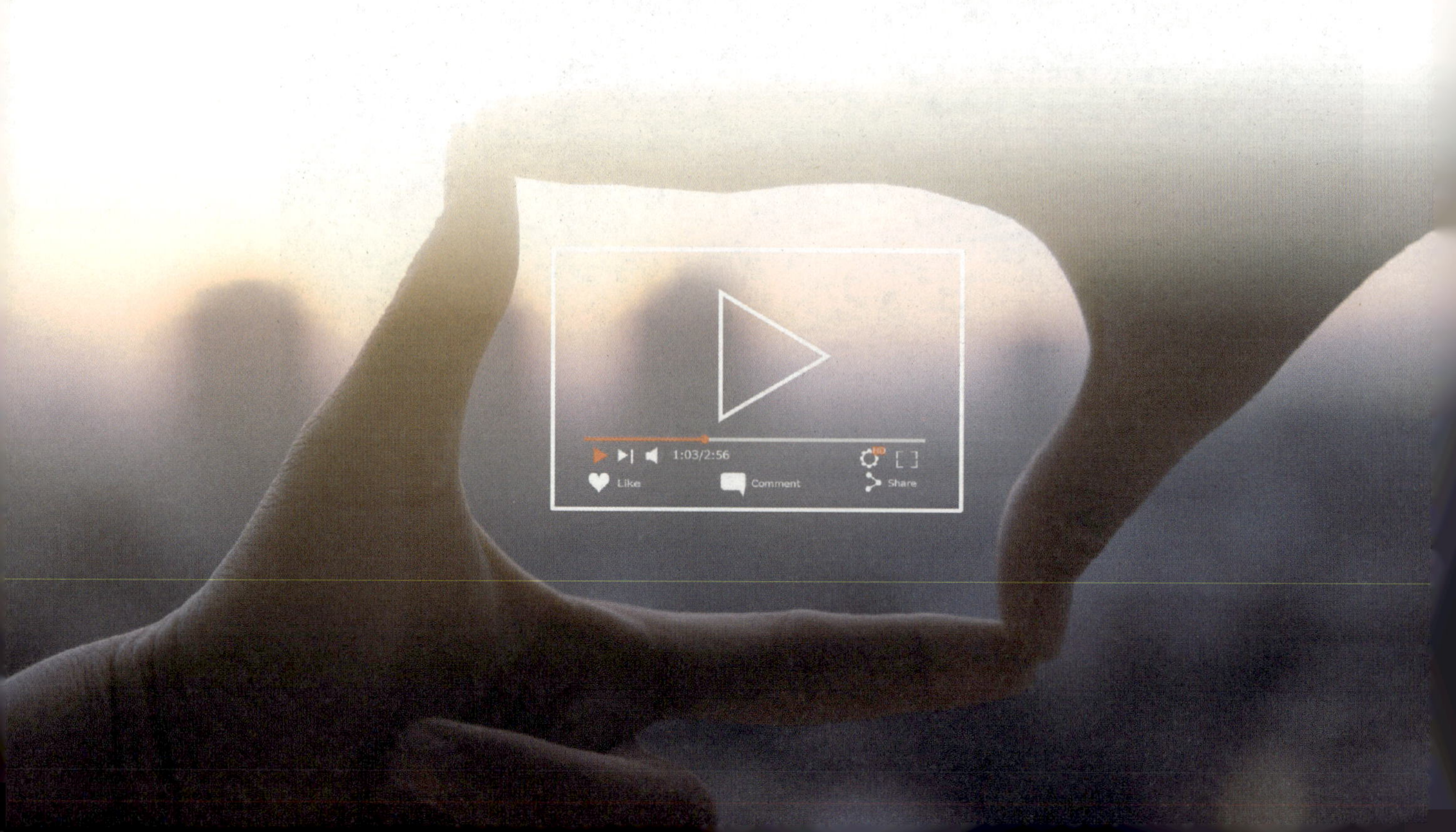

测试与打包

教学目标

（1）专业能力：帮助学生掌握游戏测试的基本流程和方法以及游戏打包的技能，使学生能够独立完成游戏的测试和发布。

（2）社会能力：增强学生对软件发布流程的认识，提升学生的沟通协调能力以及对软件产品质量的责任感。

（3）方法能力：提高学生的问题解决能力，使学生能够在测试过程中发现并修复问题，优化游戏性能和用户体验。

学习目标

（1）知识目标：理解游戏测试的重要性，掌握 Unity 测试工具的使用方法，了解不同平台下游戏打包的要求和流程。

（2）技能目标：能够熟练使用 Unity 进行游戏测试，发现并修复游戏中的问题，能够根据不同平台要求完成游戏的打包和发布。

（3）素质目标：培养观察力和耐心，提高对产品质量的把控能力，以及对用户反馈的敏感度和响应能力。

教学建议

1. 教师活动

（1）向学生详细讲解游戏测试的理论基础，包括测试的目的、原则和常见方法。通过实际操作演示 Unity 测试工具的使用以及游戏打包的详细步骤，确保学生能够理解和掌握。

（2）分析成功案例和失败案例，让学生了解游戏测试和打包过程中可能遇到的问题和解决方案。

（3）引导学生思考如何在游戏中体现社会责任感，通过游戏传播正能量，提高游戏的社会价值，并鼓励学生创作具有民族特色的游戏，提升民族自豪感。

2. 学生活动

（1）通过实际操作来加深对游戏测试和打包流程的理解，完成教师布置的测试和打包任务。

（2）积极参与课堂讨论，分享自己的测试经验和打包过程中遇到的问题；对自己的测试和打包过程进行反思和总结，思考如何优化流程，提高效率。

一、学习问题导入

在本次学习任务中，我们将了解如何进行游戏打包，从而方便把游戏分享给身边的用户试玩。通常来讲，在一个游戏的打包前后都需要进行大量的测试，观察游戏运行过程中是否会出现错误，并在这个过程中修复大量的问题。

二、学习任务讲解

如果在反复测试后游戏可以正常运行，没有出现错误，那么我们可以运用以下界面进行游戏打包，如图3-77所示。

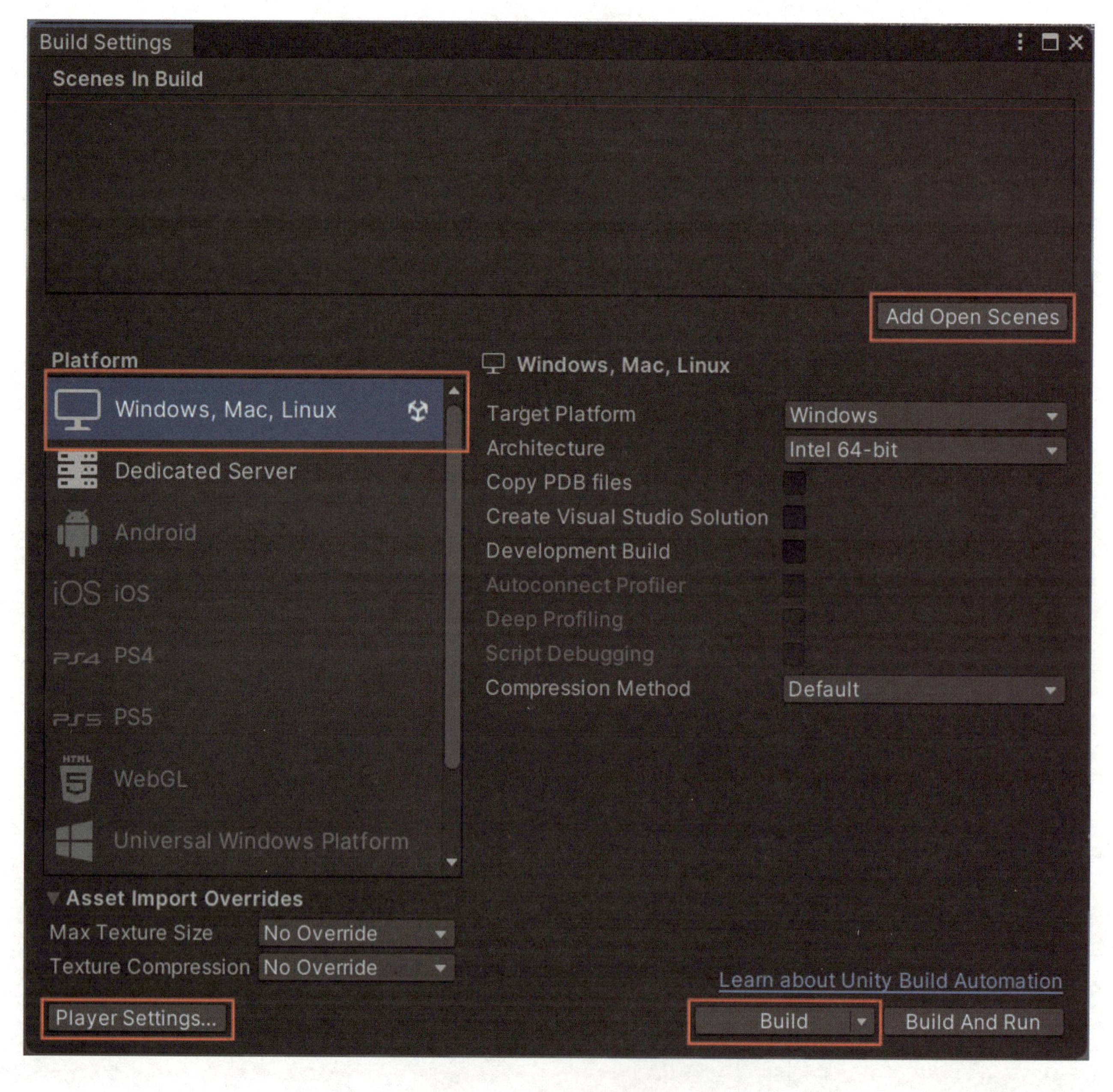

图 3-77 游戏打包主界面

首先点击 Unity 编辑器左上角的“File”—“Build Settings”，如图 3-78 所示。打开 Build Settings 窗口后，首先点击“Add Open Scenes”按钮，如图 3-79 所示，将当前场景加入打包生成。随后，确认发布平台，一般默认为 Windows/Mac/Linux，Unity 会根据电脑默认系统进行打包。我们的迷宫游戏选择在 Windows 平台发布，如果需要发布到其他平台，需要安装对应的平台模块，再进行切换。

接下来，点击“Player Settings”按钮打开 Project Settings 面板，根据自己的需求进行修改，如图 3-80 所示。

最后，点击“Build”按钮，选择打包的位置，确认后开始打包。打包完毕后可以看到 .exe 程序及其他 dll 文件和文件夹，该 exe 文件必须在此目录里执行，不可以随意更改位置，但可将整个文件夹进行转移，如图 3-81 所示。

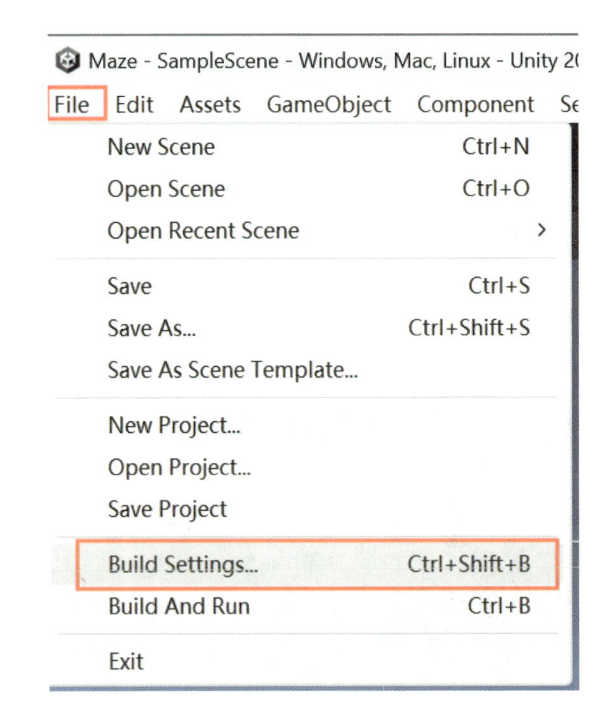

图 3-78 选择打包

图 3-79 添加场景

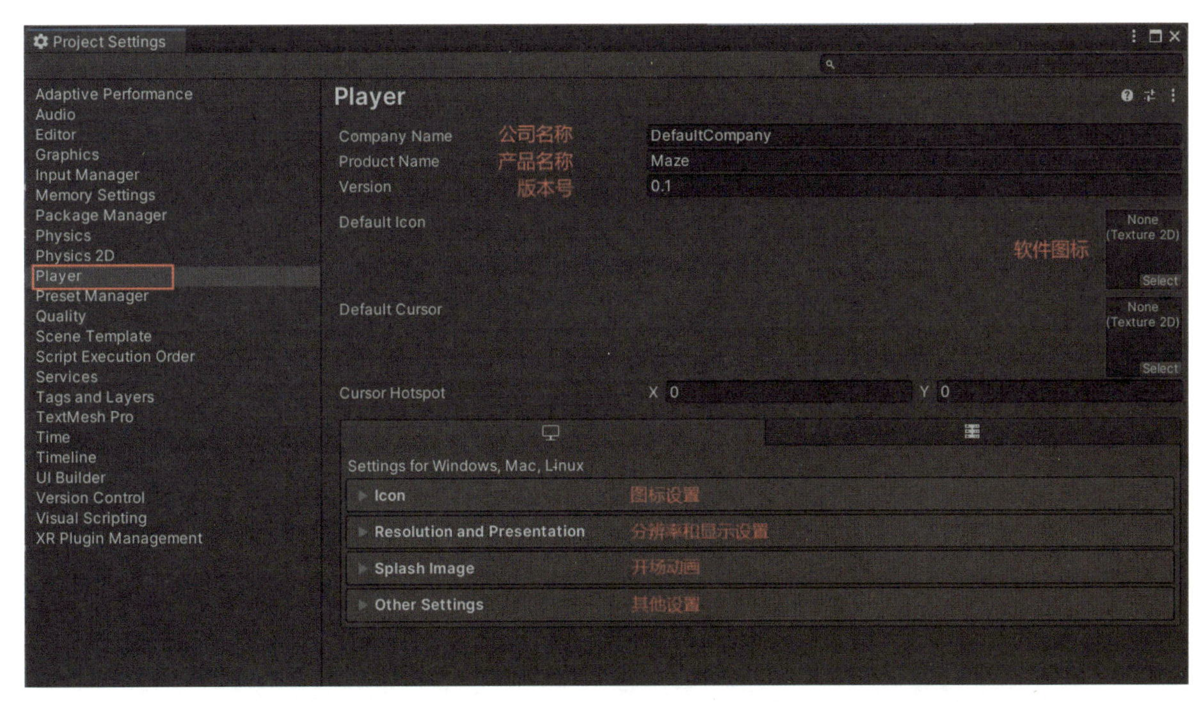

图 3-80 Player Settings 面板

重要知识点

不同平台下，游戏的呈现方式、交互方式都有所不同。一般我们需要在游戏开发的初期就确认好游戏的发布平台。

完成打包任务后可以再次运行游戏，如果没有出现问题，说明整个游戏已经制作成功。那么，游戏结束后该如何退出呢？对于想要添加这一功能的同学，我们给出图 3-82 所示的提示，请大家自行完成。

图 3-81 打包后所显示的文件与文件夹

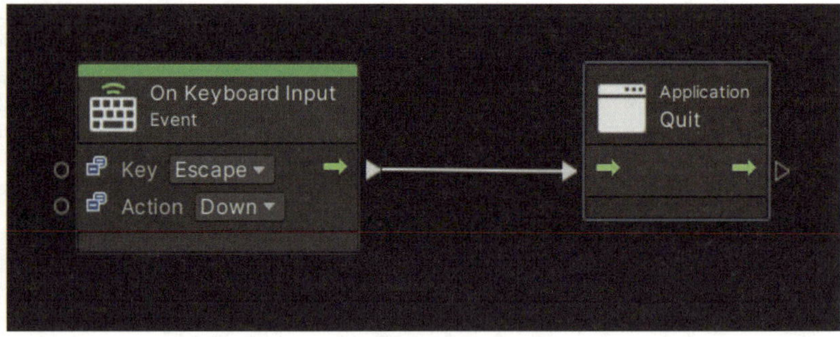

图 3-82 设置退出功能

三、学习任务小结

至此，我们已经学会了包括打包在内的一整套游戏制作流程。在本次学习任务中，我们用 Unity 自带的打包功能将游戏打包并进行发布，在这个过程中，我们对相关界面及最终打包文件的形式和路径有了比较详细的了解，为整个游戏制作流程补上了最后一环。

四、课后作业

尝试按照本次任务教授的内容进行游戏打包。

项目四

游戏开发实战训练之跑酷游戏

学习任务一　需求分析和原型设计
学习任务二　动画准备与实现
学习任务三　场景管理
学习任务四　逻辑控制
学习任务五　UI 布局和交互设计

需求分析和原型设计

教学目标

（1）专业能力：使学生能够理解需求分析和原型设计在游戏开发中的重要性，掌握编写游戏设计文档（GDD）的技能，能够独立完成跑酷游戏的需求分析和原型设计。

（2）社会能力：培养学生的团队合作精神，通过小组讨论和协作来共同完成游戏设计文档的编写，提高沟通和协作能力。

（3）方法能力：增强学生的逻辑思维能力和问题解决能力，使学生能够独立分析游戏需求，设计游戏原型，并进行有效的迭代。

学习目标

（1）知识目标：了解需求分析和原型设计的基本流程和方法，掌握游戏设计文档的编写技巧。

（2）技能目标：能够熟练运用需求分析工具和技术，完成跑酷游戏的需求分析和原型设计。

（3）素质目标：培养创新思维和自主学习能力，在掌握基本操作后，尝试对游戏设计进行创新和优化。

教学建议

1. 教师活动

（1）通过案例分析，向学生展示游戏设计文档的编写过程和要点，确保学生对需求分析和原型设计有清晰的理解。

（2）组织学生进行小组讨论，共同完成游戏设计文档的编写，促进学生之间的交流和合作。

（3）引导学生思考如何在游戏设计中体现创新性，鼓励学生提出独特的游戏设计理念。

2. 学生活动

（1）通过参与课堂讨论和小组合作，深入理解需求分析和原型设计的重要性，并编写游戏设计文档。

（2）在教师的指导下，完成跑酷游戏的需求分析和原型设计，提升实际操作能力。

一、学习问题导入

在本次学习任务中，我们将学习如何编写游戏设计文档，明确游戏的核心玩法、技术要求、美术风格等关键要素，并设计游戏的初步原型，为开发一款 3D 跑酷游戏打下坚实的基础。

二、学习任务讲解

1. 游戏设计文档

游戏设计文档（game design document，GDD）是游戏开发过程中的蓝图，它详细描述了游戏的设计理念、目标、功能和预期效果。在游戏开发的早期阶段，需求分析和原型设计是至关重要的步骤。游戏设计文档能够帮助开发者明确游戏的目标用户、核心玩法和功能需求，为游戏的美术、音频、编程等各个设计领域提供指导和参考，从而确保游戏开发的方向和预期目标一致，并能识别和规避开发过程中潜在的风险和问题。

游戏设计文档通常包含以下内容。

（1）游戏概念：包括游戏的名称、类型、目标用户群体、故事背景和游戏世界设定。

（2）游戏玩法：详细描述游戏的基本规则、玩家如何进行游戏、游戏的目标和胜利条件。

（3）技术要求：包括游戏的运行平台、性能目标、技术限制和创新点。

（4）美术和动画：描述游戏的美术风格、角色设计、环境设计和动画需求。

（5）场景设计：包括游戏场景的布局、关卡设计和环境元素。

（6）界面和交互：用户界面设计，以及玩家如何与游戏界面交互。

（7）声音和音乐：音效设计、背景音乐和声音效果的规划。

（8）测试计划：游戏测试的目标、方法、测试用例和预期结果。

（9）原型设计：原型工具的选择、原型将包含的内容和迭代计划。

（10）项目计划：项目的时间线、资源分配、里程碑和预算。

（11）风险评估：识别潜在风险、评估风险影响和制定应对策略。

（12）预算和成本：游戏开发的预算、资源分配和成本控制计划。

思考

游戏设计文档中的哪些内容需要引擎开发人员重点关注或直接参与？

一份优秀的游戏设计文档应该全面覆盖游戏开发的各个方面，包括游戏概念、游戏玩法、技术要求、美术和动画、场景设计、界面和交互、声音和音乐、测试计划、原型设计、项目计划、风险评估以及预算和成本。这确保了游戏开发团队在项目开始时就有详尽的信息作为参考，减少了在开发过程中出现信息遗漏或误解的可能性。

同时，游戏设计文档的组织结构应该清晰有序，使得信息易于理解和跟踪。文档逻辑清晰有助于团队成员快速找到所需信息，提高工作效率，并减少因误解文档内容而导致的错误。

此外，游戏设计文档应该包含创新的想法和独特的设计，这些是使游戏脱颖而出的关键因素。创新性不仅体现在游戏玩法上，也体现在技术实现、美术风格或声音设计上。创新性是吸引玩家和市场的关键，它能够为游戏带来独特的卖点和竞争优势。

最后，游戏设计文档应该能够为实际的游戏开发提供有效的指导。它不仅是一个规划文档，还应该包含可操作的指导和建议，帮助团队在开发过程中做出决策。游戏设计文档应成为一个能够真正指导实践、推动项目前进的实用工具。

综上所述，游戏设计文档应该具有完整性、结构性、创新性和实用性的特征。

2. 跑酷游戏示例

跑酷游戏示例如图 4-1 所示。

图 4-1　跑酷游戏示例

在需求分析和原型设计部分，我们重点关注跑酷游戏的玩法、场景设计和界面交互这 3 个与 Unity 实战开发密切相关的内容。

（1）游戏玩法。

跑酷游戏的基本规则是，玩家通过键盘方向键控制一个角色在无尽的城市街道上奔跑、跳跃、滑行，以避开障碍物并收集金币，玩家碰到障碍物时游戏结束。游戏目标是尽可能跑得更远，同时收集更多的金币。

（2）场景设计。

游戏场景中的主要物体包括主角、摄像机、环境物体（天空、道路、建筑等）、交互物体（金币、障碍物等），如表 4-1 所示。这部分内容将在本项目学习任务二到学习任务四中实现。

（3）界面交互。

在对游戏场景设计建立了一定认识后，界面交互部分就比较容易理解了。跑酷游戏的界面主要分为两部分：一是游戏主菜单，主要包括游戏标题、开始按钮、退出按钮等；二是游戏主场景，主要包括实时积分和状态面板，其中状态面板包括游戏暂停面板和游戏结束面板。这部分内容将在本项目学习任务五中实现。

表 4-1　游戏场景设计表

物体		交互效果	开发实现
主角		在游戏开始后，玩家可通过键盘方向键控制主角左右切换跑道、跳跃和滑行，从而收集金币，并躲避障碍物。如碰到障碍物，则主角死亡、游戏结束。	当目标按键输入或遇到相应事件时，能够实现主角相应的物理变化，如移动、缩放等；同时进行动画切换，包括跑步、跳跃、滑行、准备和死亡等
摄像机		—	摄像机始终跟随主角
环境物体	天空	—	天空背景始终保持在摄像机远方
	道路	—	无尽道路的生成
	建筑	—	无尽建筑的简单随机生成
交互物体	金币	玩家拾取金币时，积分增加，并最终记录最高得分	主角碰到金币时，触发金币收集事件，积分增加，并通过 UI 反馈；金币的生成位置管理
	障碍物	玩家碰到障碍物时，主角死亡、游戏结束	主角碰到障碍物时，触发游戏结束事件，包括主角死亡、UI 提示等；障碍物的生成位置管理

三、学习任务小结

通过本次学习任务，我们已经掌握了需求分析和原型设计的基础知识和技能。通过编写游戏设计文档，我们对跑酷游戏的设计理念、目标、功能和预期效果有了清晰的认识。这为后续的游戏开发工作奠定了坚实的基础。

四、课后作业

根据课堂上学到的知识，独立完成跑酷游戏的游戏设计文档，包括游戏概念、玩法、技术要求等关键部分；利用原型工具（如 Unity）设计跑酷游戏的初步原型，包括游戏的基本玩法和界面交互，并进行测试和迭代，再收集反馈信息，最后小组讨论如何改进游戏设计。

动画准备与实现

教学目标

（1）专业能力：使学生能够理解并掌握游戏角色动画的准备和实现过程，包括动画素材的导入、动画控制器的设置以及动画状态的切换逻辑。

（2）社会能力：培养学生的团队合作精神，通过小组讨论和协作来共同完成角色动画的实现，提高沟通和协作能力。

（3）方法能力：增强学生的逻辑思维能力和问题解决能力，使学生能够独立分析动画需求，设计并实现动画效果。

学习目标

（1）知识目标：了解游戏角色动画的基本概念和工作流程，掌握 Unity 中动画导入、查看、添加和编辑的技巧。

（2）技能目标：能够熟练使用 Unity 动画工具，完成角色动画的导入、预览、控制器设置和状态切换。

（3）素质目标：培养耐心和细心，提高解决动画实现中遇到的问题的能力，能够从用户的角度思考问题。

教学建议

1. 教师活动

（1）通过实际操作演示 Unity 中动画导入和控制器设置的详细步骤，确保学生能够理解和掌握。

（2）组织学生进行小组讨论，共同分析动画实现中可能遇到的问题和解决方案。

（3）引导学生思考如何优化动画效果，提升游戏的流畅性和玩家体验。

2. 学生活动

（1）通过参与课堂讨论和小组合作，深入理解动画实现的重要性，并进行动画导入和控制器设置实践。

（2）在教师的指导下，完成角色动画的导入、预览和控制器设置，提升实际操作能力。

一、学习问题导入

在本次学习任务中，我们将专注于跑酷游戏中的角色动画，学习如何导入角色动画素材，设置动画控制器，并实现角色在不同状态下的动画切换，包括跑步、跳跃、滑行、死亡和准备动画。

二、学习任务讲解

1. 导入角色素材

（1）将“学习任务二－角色”的资源包拖入 Project（项目）窗口中，该资源包含有主角小猫的模型、贴图、材质、动画等美术素材，如图 4-2 所示。

（2）在 Project 窗口中的“Assets”—“Cat”—“Models”目录文件下，选中“Cat”的预制体，如图 4-3 所示，将其拖入 Hierarchy 窗口中，即可在 Scene 窗口中看到主角小猫。

图 4-2　导入角色素材

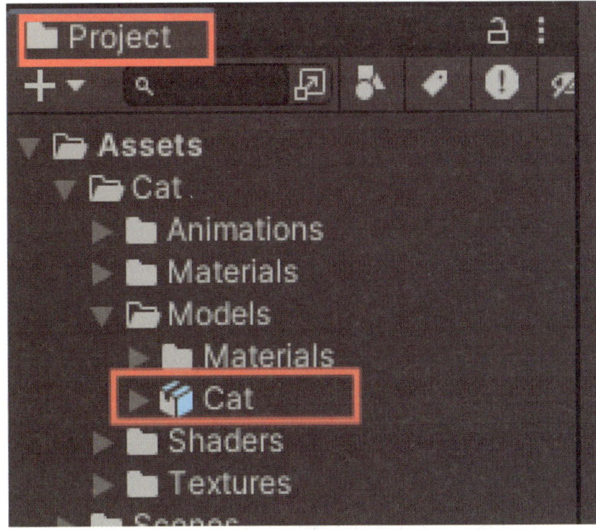

图 4-3　角色素材目录

（3）在 Hierarchy 窗口中选中“Cat”，点击▶，查看主角小猫的子物体。其中“CatMesh”表示角色的身体部分，其他三项表示角色的不同皮肤。根据自己的需求和喜好，在 Inspector 窗口中保留一套皮肤的显示状态，隐藏另外两套皮肤，如图 4-4 所示。

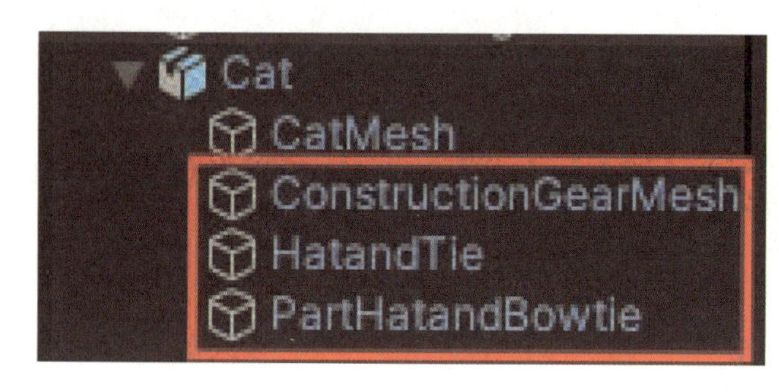

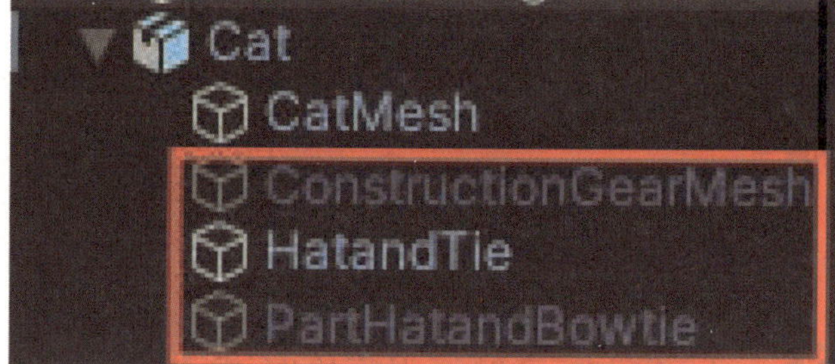

图 4-4　角色模型的结构

2. 查看角色动画

（1）在 Project 窗口中的“Assets”—“Cat”—“Animations”目录文件下有本项目所需的角色动画，包括跑步、跳跃、滑行、准备、死亡和空闲的动画片段（Animation Clip），如图 4-5 所示。

（2）这里以跑步动画为例，选中“Cat_Run”角色动画后，在 Inspector 窗口的下方点击图 4-6 所示位置，从而打开动画预览窗口，如图 4-7 所示。该窗口提示导入角色模型，将 Hierarchy 窗口中的“Cat”物体拖入预览窗口，点击开始按钮，即可成功预览角色动画，如图 4-8 所示。

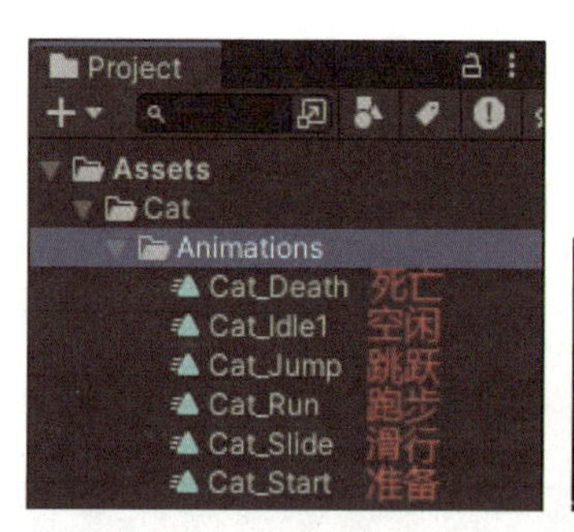

图 4-5　角色动画

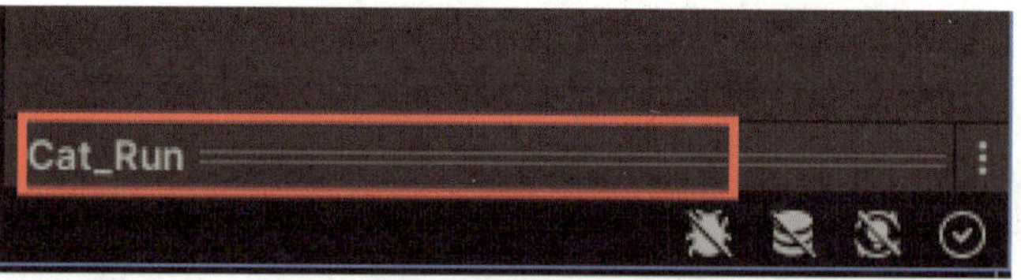

图 4-6　Inspector 窗口下方

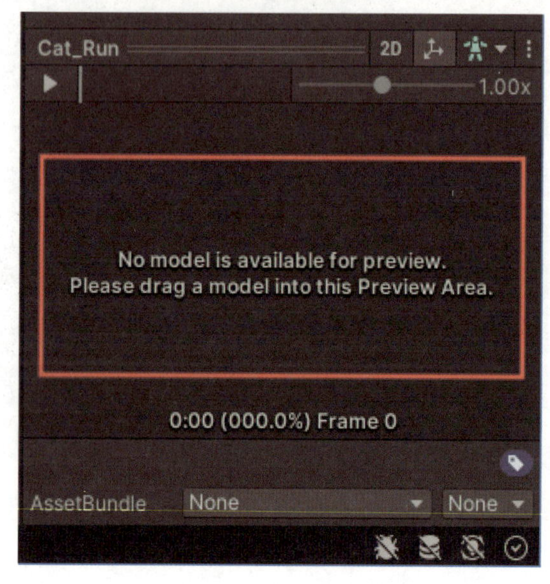

图 4-7　打开动画预览窗口

图 4-8　动画预览

小贴士

动画预览窗口中的鼠标操作方式和 Scene 窗口中的基本一致。按住鼠标滚轮或鼠标左键即可平移拖动视角，按住鼠标右键即可旋转拖动视角。

（3）动画片段属性。

选中角色动画后，查看 Inspector 窗口中的动画片段时长、是否循环等属性，如图 4-9 所示。不同动画的长度和循环设置不同，在后期处理角色动画切换的逻辑时，需要根据相关属性进行设置。

思考

为什么有些动画设置了循环属性，有些动画没有设置？

3. 添加角色动画控制器

（1）在Project窗口中的“Assets”—“Cat”—“Animations”目录文件下，点击鼠标右键选择“Create”—“Animator Controller”，添加角色的动画控制器“CatAnimator”，如图 4-10 所示。

图 4-9　角色动画片段属性

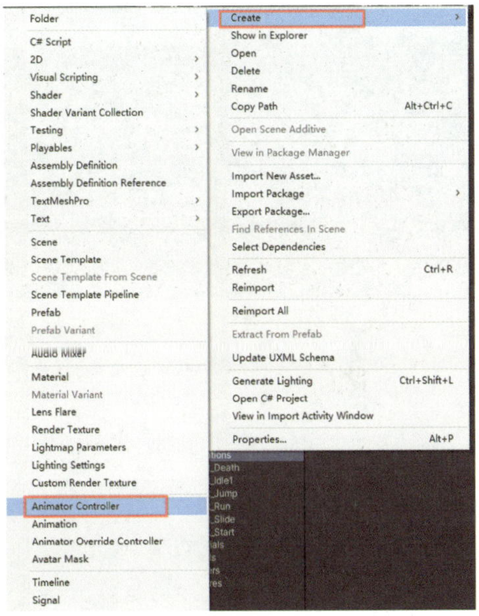

图 4-10　创建角色动画控制器

（2）在 Hierarchy 窗口中选中“Cat”，查看其 Inspector 窗口。角色物体身上包含 Animator 组件，将刚刚创建的角色动画控制器“CatAnimator”拖到“Controller”中，如图 4-11 所示。之后就可以通过调整动画控制器来进行主角的动画切换。

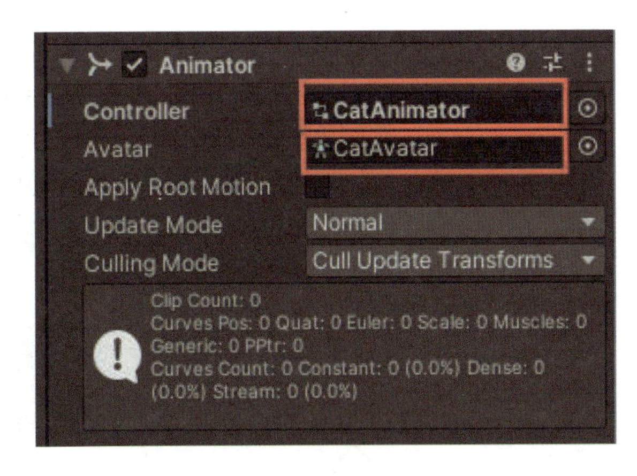

图 4-11　在角色物体的 Animator 组件上添加动画控制器

重要知识点

导入的角色模型默认包含了 Animator 组件，如果没有包含，则需要手动添加该组件，并为其添加对应的参数。

4. 编辑角色动画控制器

（1）动画控制器窗口。

双击角色动画控制器“CatAnimator”，打开 Animator（动画控制器）窗口，如图 4-12 所示。我们将在该窗口中实现角色动画的切换。

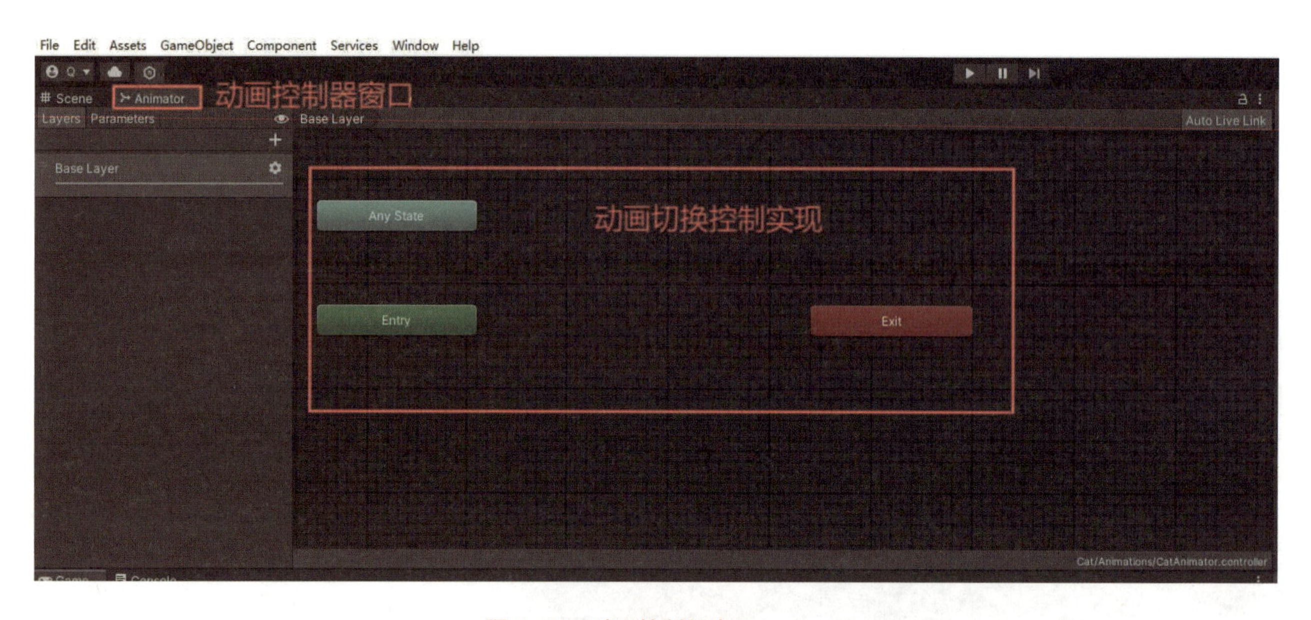

图 4-12　动画控制器窗口

在 Animator 窗口的动画状态面板中预设 3 个节点。Any State 表示从任意状态切换，Entry 表示从进入状态切换，Exit 表示切换至退出状态。

（2）实现角色跑步动画。

跑酷游戏中，主角一般保持跑步状态，因此我们首先实现角色的跑步动画。将 Project 窗口中的“Assets”—“Cat”—“Animations”目录文件下的跑步动画“Cat_Run”拖入动画状态面板后，默认直接从进入状态切换为跑步动画状态，如图 4-13 所示。

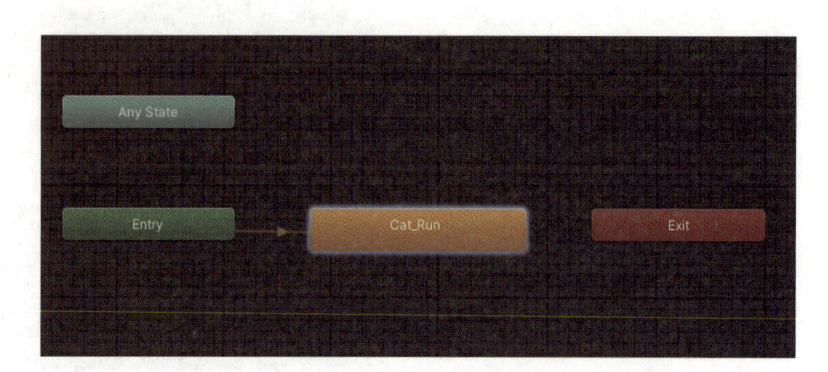

图 4-13　角色跑步动画状态

此时点击运行场景，我们将在 Game 窗口中看到主角小猫一直在原地跑步，在 Animator 窗口中可以观察到 Cat_Run 动画片段正在循环播放。

重要知识点

1. 默认进入的动画状态显示为黄色，此时再添加其他动画状态，则显示为灰色。若需要将其他动画状态设为默认进入动画状态，选中该动画状态后点击鼠标右键选择“Set as Layer Default State”，则会发现 Entry 的箭头直接指向该动画状态。

2. 如果添加了不需要的动画片段，也可以点击“Delete”删除该动画状态，如图 4-14 所示。

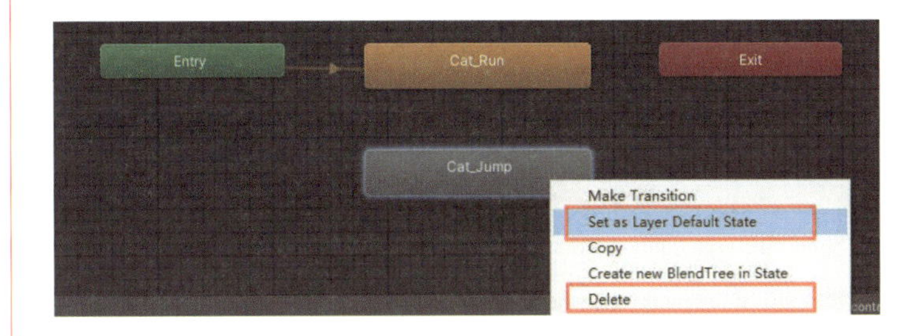

图 4-14　切换默认进入动画状态

（3）实现角色跳跃动画。

将角色动画“Cat_Jump”拖入动画状态面板。我们希望在跑酷游戏中能够实现从跑步动画到跳跃动画的切换，但此时点击运行场景，角色并不会有任何变化，这是因为没有设置动画之间的切换。设置动画切换主要包括两个步骤，分别为设置切换连接和设置切换参数。

首先，设置切换连接。选中“Cat_Run”动画状态，点击鼠标右键选择“Make Transition”，如图 4-15 所示，随即出现一个箭头，再点击“Cat_Jump”动画状态，则会在两个动画状态之间建立如图 4-16 所示的箭头连接。

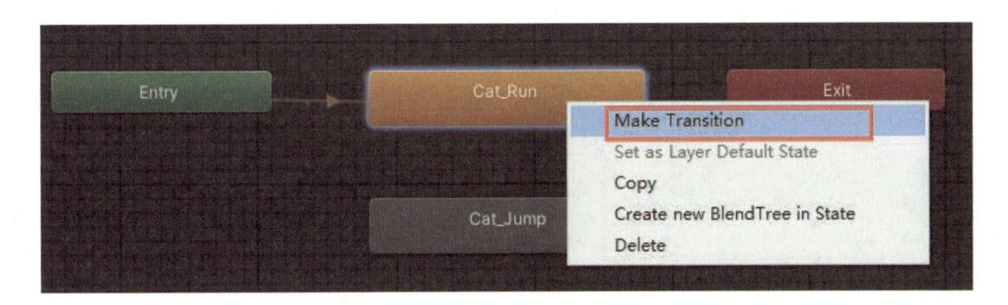

图 4-15　设置切换连接

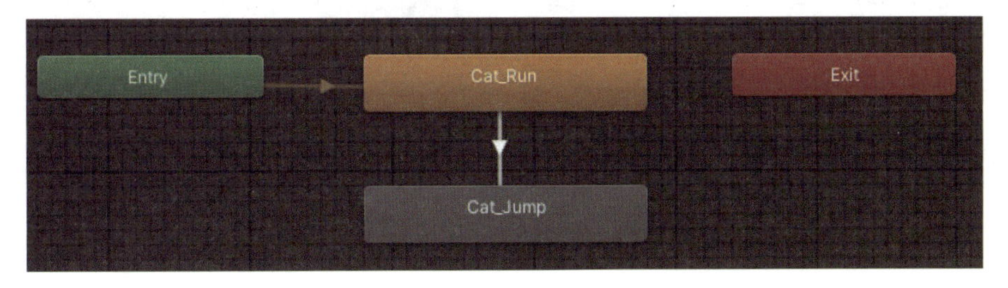

图 4-16　建立连接

选中切换箭头，在 Inspector 窗口中设置动画切换属性。由于本项目不涉及动画切换的前后摇问题，因此将该部分动画切换参数全部归零，如图 4-17 所示。

重要知识点

必须选中切换箭头，Inspector 窗口中才会出现动画切换属性。

采取同样的步骤，设置“Cat_Jump”到“Cat_Run”的动画状态。

重要知识点

注意动画切换中箭头所指的方向。大部分情况下，动画状态切换是双向的。

接下来，设置切换参数。在游戏过程中，跑步动画和跳跃动画的切换将由动画参数控制。在 Animator 窗口中打开参数面板“Parameters”，点击“+”号，添加 Bool 类型的参数，如图 4-18 所示。将参数名称设置为“isJump”，表示是否跳跃，在参数旁边有一个框，勾选时表示跳跃动画状态，未勾选时表示非跳跃动画状态，如图 4-19 所示。

图 4-17　设置动画切换属性

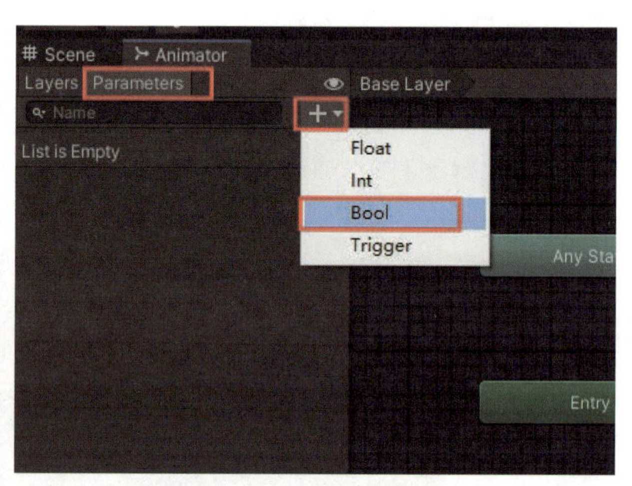

图 4-18　添加切换参数

图 4-19　跳跃切换参数

重要知识点

Bool 类型的参数（变量）表示“是”或“否”的状态，通常用来做状态切换。

添加完参数后，点击选中“Cat_Run”到“Cat_Jump”切换箭头，在 Inspector 窗口中的 Conditions 部分点击“+”号为其添加切换条件，如图 4-20 所示。

图 4-20　添加状态切换条件

在 Conditions 部分选择 isJump 参数，将其设置为 true（是），表示角色从跑步向跳跃动画状态切换。同理，点击选中“Cat_Jump”到“Cat_Run”切换箭头，添加 isJump 参数为 false（否）的切换条件，表示角色从跳跃向跑步动画状态切换，如图 4-21 和图 4-22 所示。

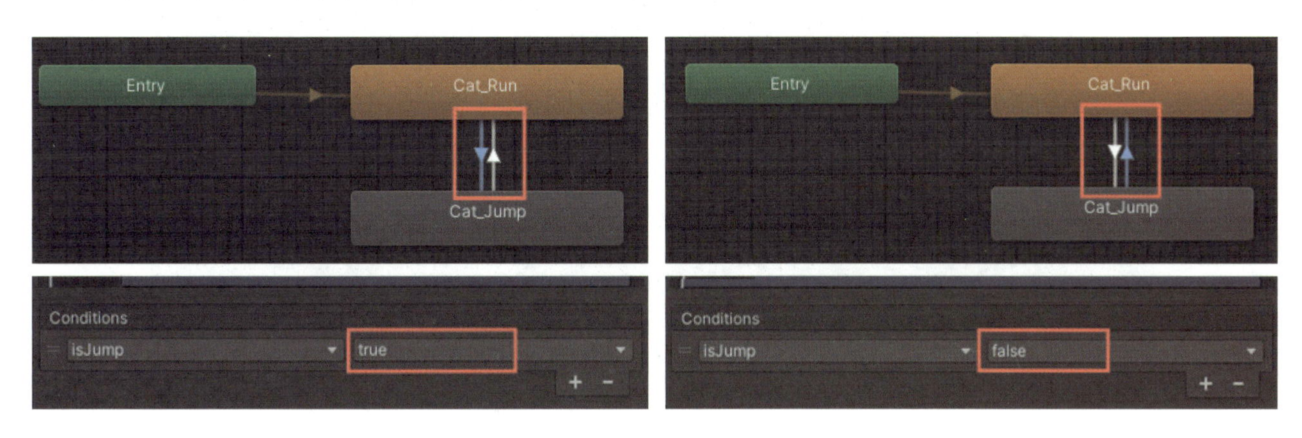

图 4-21　设置状态切换条件 1

图 4-22　设置状态切换条件 2

点击运行场景，我们将在 Game 窗口中看到主角小猫在原地跑步，当我们在 Animator 窗口中的参数面板“Parameters”下勾选“isJump”时，即可看到主角小猫跳跃；取消勾选，则可看到主角小猫回到跑步状态。

思考

为什么动画切换时主角的跑步状态是持续的，但跳跃仅有一次？

（4）实现角色滑行动画。

实现角色滑行动画和实现跳跃动画的流程完全一致。先将角色动画“Cat_Slide”拖入动画状态面板，接下来设置切换连接，并将动画切换参数全部归零。然后设置切换参数，添加 Bool 类型的参数，名称设置为“isSlide”，表示是否滑行，并为状态切换添加条件，如图 4-23 所示，点击运行场景，即可观察滑行动画切换是否正常。

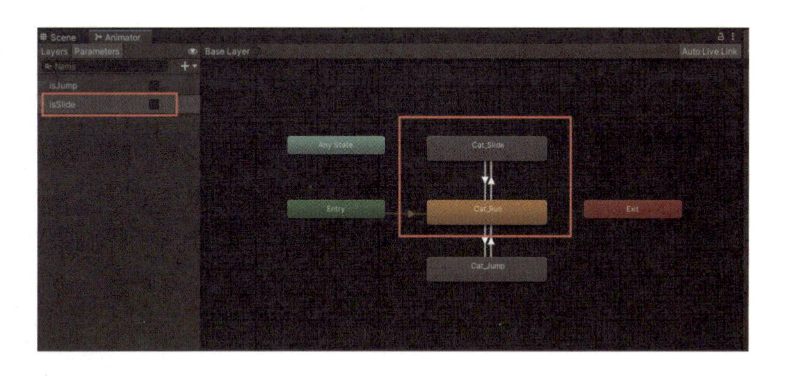

图 4-23　设置滑行动画状态切换

小贴士

主角从跑步动画切换至跳跃或滑行动画后，会保持在该动画最后一帧的状态，直到手动切回跑步动画。在之后的学习任务中，我们将通过可视化编程的方式让该操作自动进行。

（5）实现角色死亡动画。

实现角色死亡动画的方式和跳跃及滑行动画稍有不同。从逻辑上来看，主角小猫在任意状态下碰到障碍物时都会死亡，之后游戏结束，不需要再切换回跑步状态。

将角色动画“Cat_Death”拖入动画状态面板，并与“Any State”状态建立连接。添加 Bool 类型的参数，名称设置为“isDead”，表示是否死亡，默认条件下不开启，如图 4-24 所示。

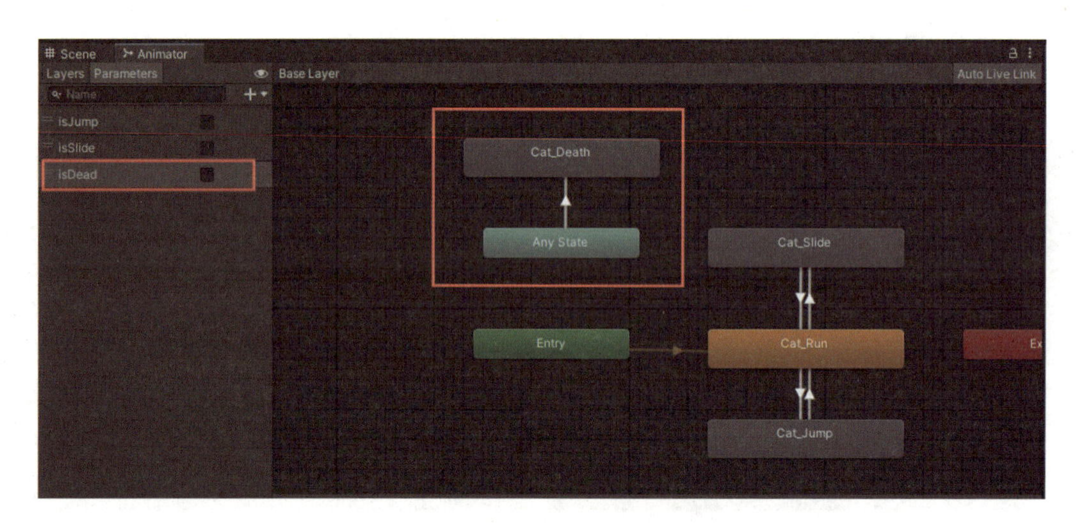

图 4-24　设置死亡动画状态切换

选中动画切换箭头，调整动画切换属性，添加动画切换条件。需要注意的是，“Can Transition To Self”必须取消勾选，否则死亡动画无法正常进行，如图 4-25 所示。

（6）实现角色准备动画。

在进入游戏时角色默认为准备状态，一段时间后进入跑步状态。下面，我们将实现最后一个游戏主场景中的重要动画。

将角色动画“Cat_Start”拖入动画状态面板，选中该动画状态后点击鼠标右键选择“Set as Layer Default State”，将其设置为默认状态，并通过箭头连接到“Cat_Run”状态。添加 Bool 类型的参数，名称设置为“isStart”，表示是否开始，默认条件下不开启，如图 4-26 所示。选中切换箭头后，设置动画切换属性和条件，如图 4-27 所示。

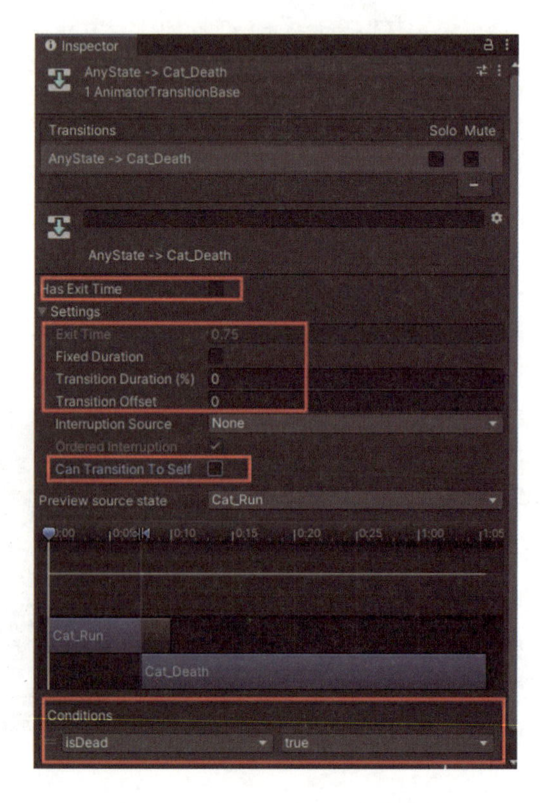

图 4-25　设置死亡动画切换属性

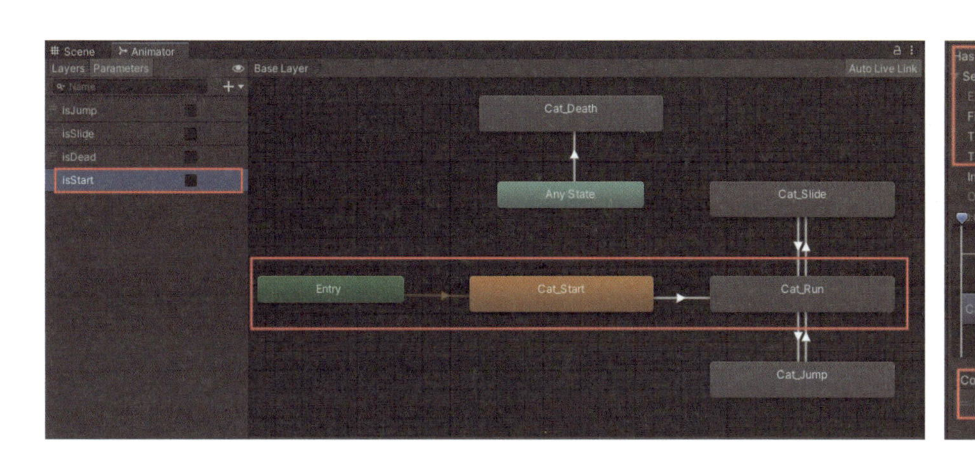

图 4-26 设置准备动画状态切换

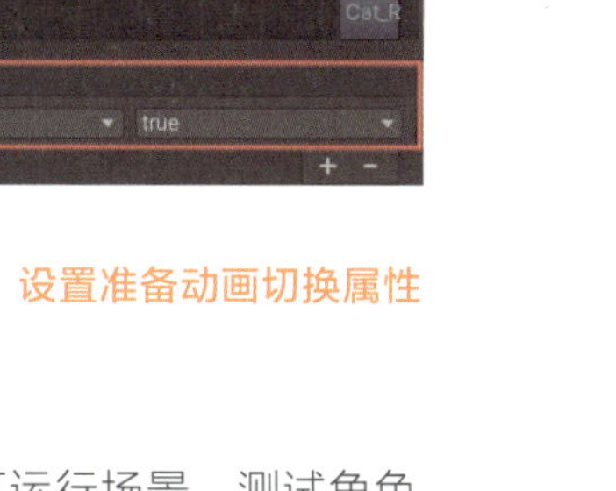

图 4-27 设置准备动画切换属性

到这里，跑酷游戏中角色的跑步、跳跃、滑行、死亡和准备动画状态都已经实现。可运行场景，测试角色能否正常进行动画切换。

三、学习任务小结

通过本次学习任务，我们已经掌握了游戏角色动画的准备和实现技能。通过实际操作，我们学会了如何导入和预览动画素材，设置动画控制器，并实现角色在不同游戏状态下的动画切换。这些技能对于提升游戏的视觉效果和玩家体验至关重要。

四、课后作业

请同学们完成上述游戏场景中角色动画的实现并确保游戏能够正常运行。

场景管理

教学目标

（1）专业能力：使学生能够掌握游戏场景管理的基本概念和技巧，包括场景资源的导入、街区单元的搭建、动态加载地图的方法。

（2）社会能力：培养学生的团队合作精神，通过小组讨论和协作来共同完成场景的搭建和管理，提高沟通和协作能力。

（3）方法能力：增强学生的逻辑思维能力和问题解决能力，使学生能够独立分析场景需求，设计并实现场景管理方案。

学习目标

（1）知识目标：了解游戏场景管理的重要性，掌握 Unity 中场景资源导入、街区单元搭建和场景动态加载的方法。

（2）技能目标：能够熟练使用 Unity 进行场景资源的导入和预览，完成街区单元的搭建，实现场景的动态加载。

（3）素质目标：培养耐心和细心，提高解决场景搭建和管理中的问题的能力，能够从用户的角度思考问题。

教学建议

1. 教师活动

（1）通过实际操作演示 Unity 中场景资源导入和街区单元搭建的详细步骤，确保学生能够理解和掌握。

（2）组织学生进行小组讨论，共同分析场景搭建和管理中可能遇到的问题和解决方案。

（3）引导学生思考如何优化场景设计，提升游戏的视觉效果和玩家体验。

2. 学生活动

（1）通过参与课堂讨论和小组合作，深入理解场景管理的重要性，并进行场景资源导入和街区单元搭建实践。

（2）在教师的指导下，完成场景的动态加载，提升实际操作能力。

一、学习问题导入

在本次学习任务中，我们将专注于跑酷游戏的场景管理，学习如何导入场景资源、搭建街区单元，并实现场景的动态加载，为游戏的地图设计打下坚实的基础。

二、学习任务讲解

1. 导入素材资源

将“学习任务三－场景”资源包拖入Project(项目)窗口中。该资源包含有天空、道路、环境建筑等相关物体模型，如图 4-28 所示。选中相应模型后可预览该资源。

小贴士

一般情况下，我们会将各种游戏资源拖入游戏场景中进行测试，以更好地了解它们的相对大小和预设位置，为之后的场景搭建做准备。

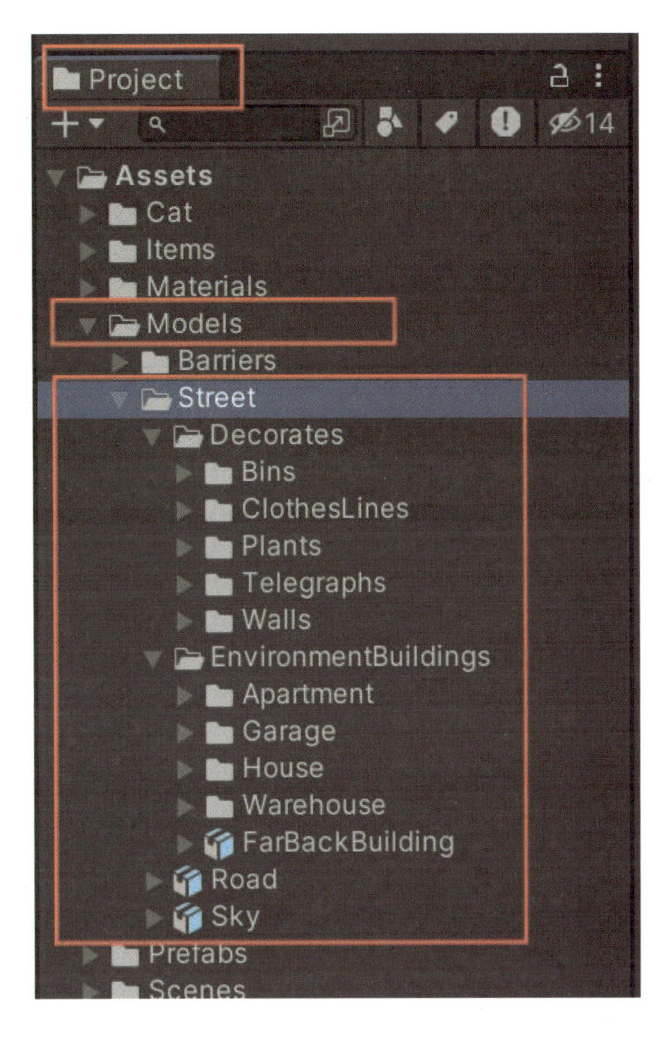

图 4-28　导入的场景资源

2. 搭建街区单元

（1）概述。

跑酷游戏最终呈现为一个无尽地图式的游戏，这也就意味着场景中的地图是动态生成的而非预先创建的。我们仅需要根据游戏本身的设计需求，搭建出一个或多个地图单元，随后在游戏运行时不断加载这些地图单元即可。

重要知识点

搭建多个地图单元后，在游戏运行过程中随机动态加载，能够增加游戏的多样性和趣味性，从而给玩家带来更好的游戏体验。

如图 4-29 所示，在 Hierarchy 窗口中，右键点选“Create Empty”新建一个空物体，用来专门管理地图的创建和生成，将其命名为“MapSpawner”，并将它的Transform组件重置归零；随后选中“MapSpawner”物体，在它身上创建一个空的子物体，命名为“StreetUnit”，并将该子物体的 Transform 组件重置归零。StreetUnit 即表示一个街区单元，我们将在该物体下搭建一个完整的街区单元，并在本项目的学习任务四中实现其动态加载。

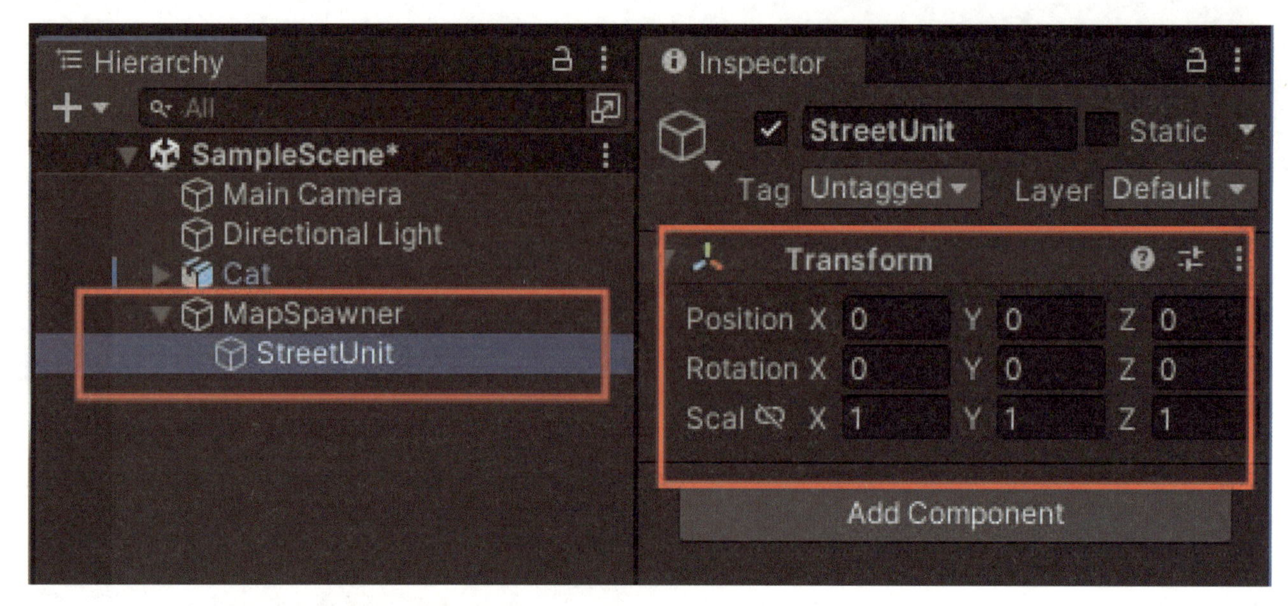

图 4-29　创建地图管理物体“MapSpawner”和街区单元物体“StreetUnit”

小贴士

清晰的场景物体层级结构能够帮助我们更好地管理整个项目的游戏场景。我们往往通过创建一个 Transform 组件归零的空物体，并在其身上挂载管理脚本或为其添加实际的场景物体的方式，来实现有效的场景管理，便于游戏开发或设计模式的优化。

（2）地面。

在 Project 窗口中找到“Road”模型，该模型是一个前后长度为 9、左右（路面）宽度为 3 的道路模型，显然在一个街区单元中，我们需要创建多个道路模型。

重要知识点

资源较多的情况下，可在搜索窗口根据资源名称进行查找，需要注意检查搜索到的资源格式或名称是否正确。

因此，在“StreetUnit”下创建一个空物体“Ground”表示地面，并将“Road”模型拖到“Ground”的下方作为它的子物体，并复制 9 份。调整这 10 个“Road”物体的 Transform 组件中位置（Position）的 Z 值，分别为 0、9、18、27、36、45、54、63、72、81，其他保持不变。这样，一个街区单元的地面就铺设好了，如图 4-30 所示。

思考

你找到这些“Road”物体的 Z 坐标值的变化规律了吗？为什么会有这样的规律呢？

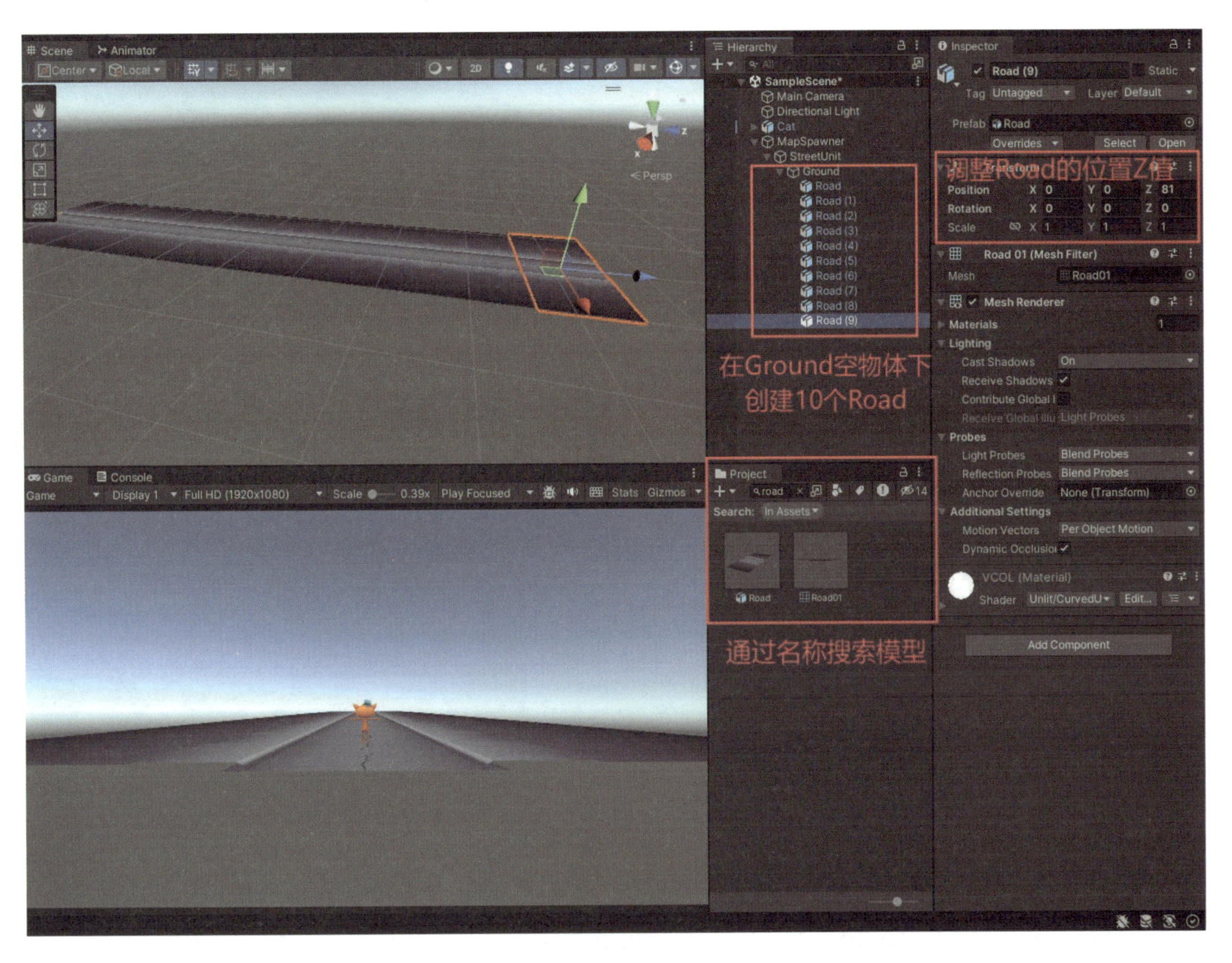

图 4-30　创建街区单元的地面

（3）环境建筑。

在“StreetUnit”下创建一个空物体“EnvironmentBuilding”表示环境建筑。在 Project 窗口中找到“House”文件夹，它包含了三个不同颜色的“House”（房子）模型和一个“WoodFence”（围栏）模型。房子模型的前后宽度为 18，围栏模型的前后长度为 9，且默认状态下，它们都是左侧建筑。

小贴士

选中物体后，按下键盘的“Ctrl+D”键能够快速复制该物体。

因此，在“EnvironmentBuilding”下继续创建一个子物体“LeftBuilding”表示左侧建筑。在“LeftBuilding”物体下，根据自己的喜好拖入 5 个“House”模型，调整它们的 Transform 组件中位置的 Z 值，分别为 0、18、36、54、72，其他保持不变；拖入 10 个“WoodFence”模型，调整它们的 Transform 组件中位置的 Z 值，分别为 0、9、18、27、36、45、54、63、72、81，其他保持不变。左侧建筑搭建完成，如图 4-31 所示。

右侧建筑可以通过一种巧妙的方式进行搭建。将“LeftBuilding”复制一份，并重命名为“RightBuilding”，将“RightBuilding”的 Transform 组件中缩放（Scale）的 X 值改为 -1，街区两侧的环境建筑就都创建好了，如图 4-32 所示。

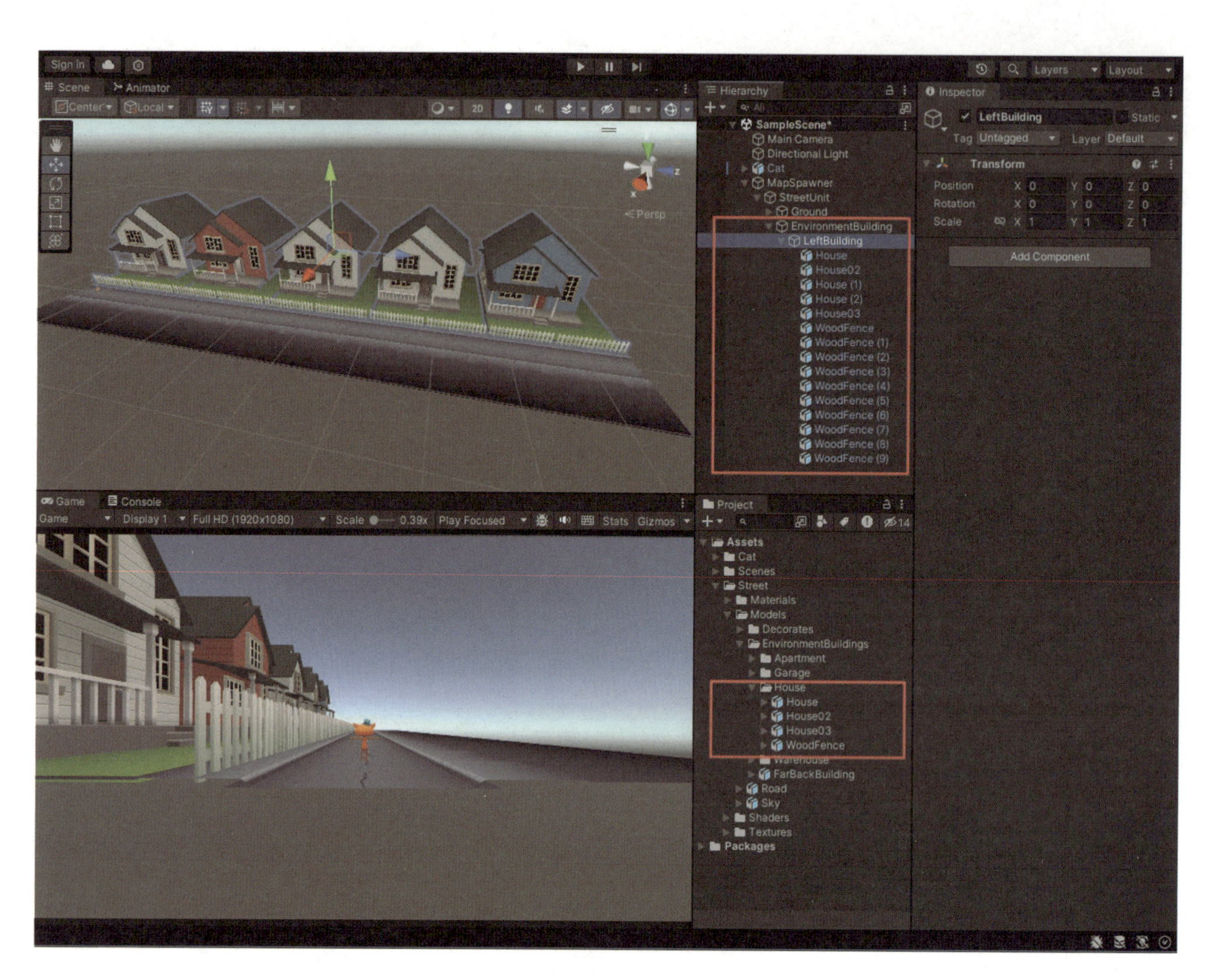

图 4-31　创建街区单元的左侧建筑

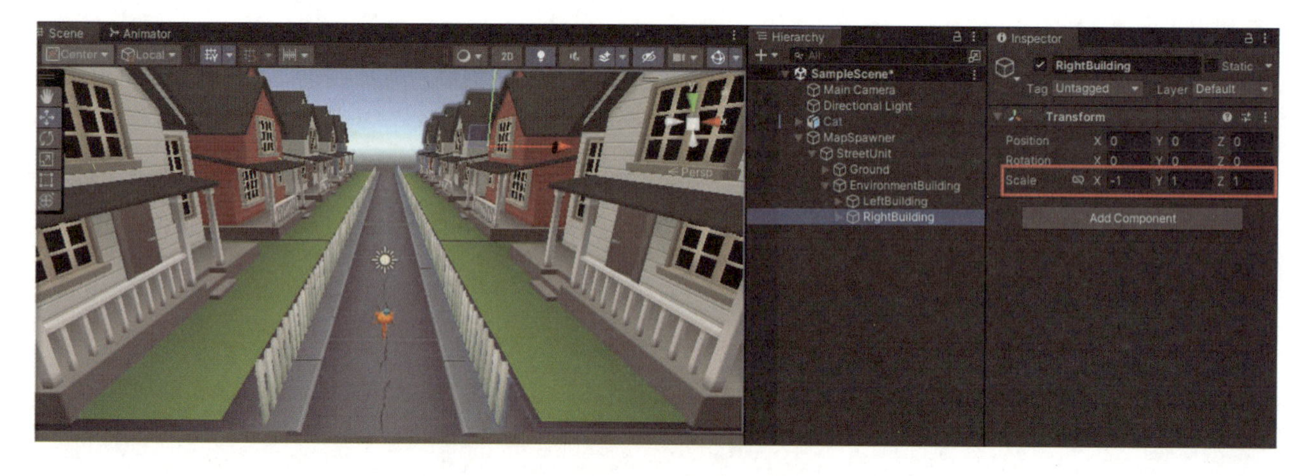

图 4-32　创建街区单元的右侧建筑

思考

为什么改变缩放的值可以得到物体的镜像呢？这里可否通过旋转来实现对应的功能？

最后，还可根据自身的需求，在“EnvironmentBuilding”下添加一些远景建筑（FarBackBuilding），虽然它们本身不易引起玩家的注意，但能增加游戏场景的层次性。

（4）其他物体。

除了地面和环境建筑以外，场景资源中还有更多的模型，如路灯、电线杆、树木、草地等，它们都可被添加到场景中，从而极大地丰富玩家的游戏体验。请充分发挥你的创意，在“StreetUnit”下创建一个空物体“Other”，专门用来放置这些环境物体。

重要知识点

为了不影响玩家的游戏体验，场景中的环境物体（即不与玩家产生交互的物体）都尽量放置在非交互区域，即道路的两侧。

3. 搭建更多的街区单元

我们已经完成了一个街区单元的搭建，它可以作为我们无限生成地图时的模板，因此，我们可以将该街区单元做成预制体。

在 Project 窗口的“Assets”目录下，创建一个“Prefabs”文件夹，专门用于存放游戏中由我们创建且需要加载的各种预制体，并在该文件夹下继续创建“StreetUnit”文件夹，用以存放各种不同款式的街区单元。

将 Hierarchy 窗口中的“StreetUnit”物体直接拖到 Project 窗口中的“StreetUnit”文件夹下，并将其重命名为“StreetUnit01”。

接下来，你可以根据自己的需求和喜好，充分利用软件提供的场景资源，继续搭建新的街区单元并做成更多预制体，如图 4-33 所示。需要注意的是，为了确保后续地图能够正确地随机生成，需要将每个街区单元的总长度保持在 90（10 个道路长度）。

小贴士

交换场景中的建筑位置，形成不同的排列组合，能够带来不一样的视觉体验。

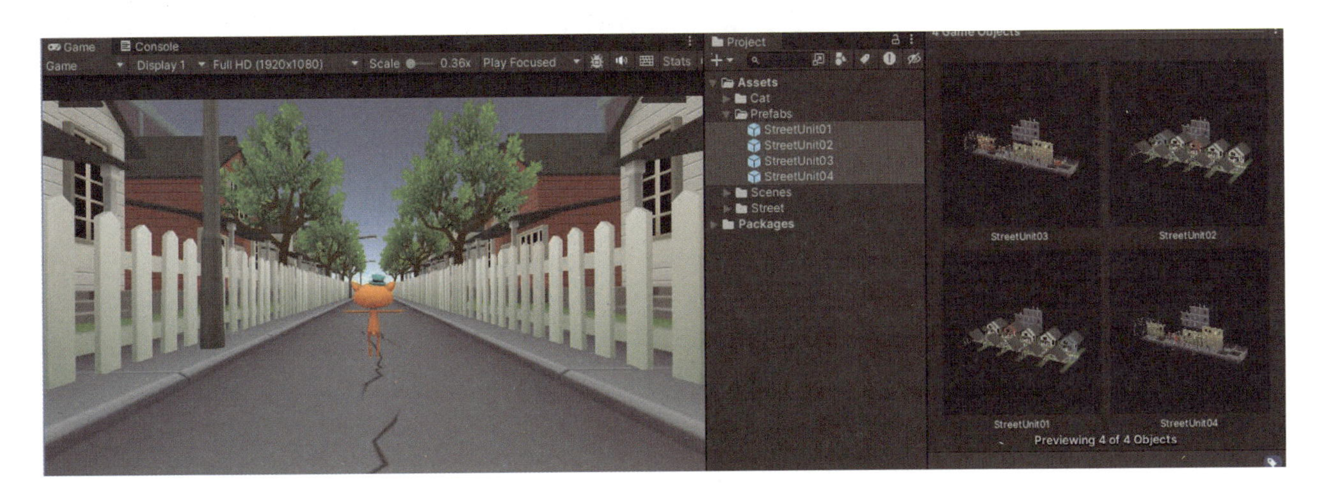

图 4-33　不同街区效果

4. 设置天空背景

在 Project 窗口中找到“Sky”模型，它是一个半圆形的面。将其放在场景主摄像机（Main Camera）下，并将其 Transform 组件的值按图 4-34 所示数据进行设置。此时，在场景中移动摄像机，会发现作为子物体的天空背景始终在摄像机前，并和摄像机保持了一定距离。

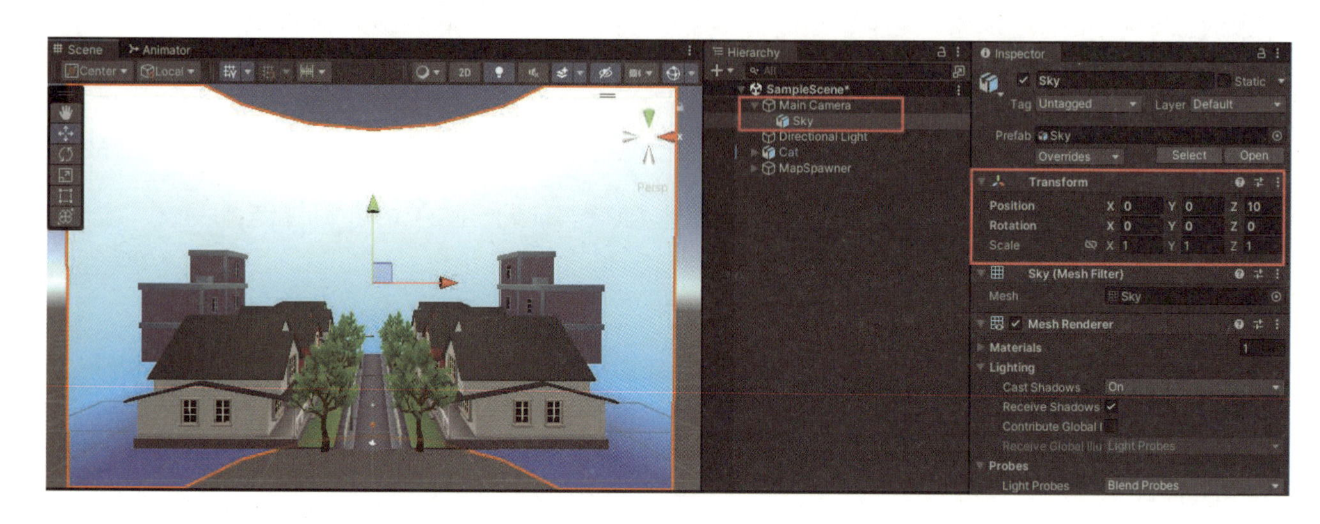

图 4-34　设置天空背景

思考

如果希望摄像机能够拍摄到更远的物体，应该如何调整“Sky”物体的相对位置呢？

5. 设置摄像机

在场景管理的最后一部分，我们来设置游戏场景的摄像机。在跑酷游戏中，我们只需要实现摄像机始终跟随主角前进即可。

（1）选中“Main Camera”物体，为其添加可视化脚本图组件“Script Machine”，命名为“CameraController”，并放置在“Assets”—“Scripts”目录下，如图 4-35 所示。

（2）在 Hierarchy 窗口中的“VisualScripting SceneVariables”物体上，创建一个名为“Player”的场景变量，使游戏中的物体能够获取主角相关的数据。该变量的类型为“Game Object”，值为场景中的“Cat”物体，如图 4-36 所示。

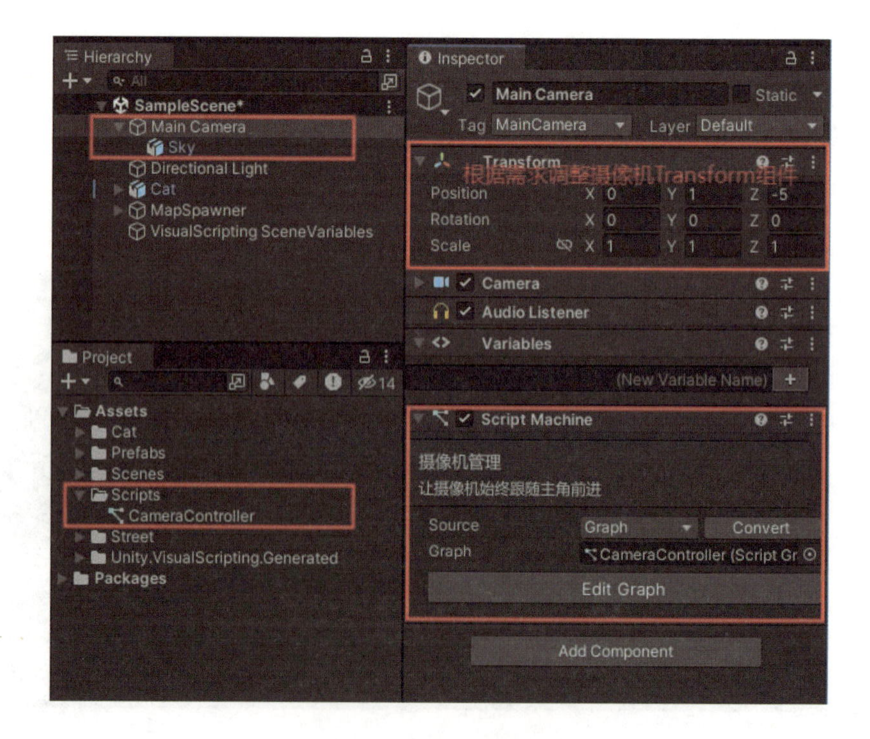

图 4-35　创建摄像机管理脚本图

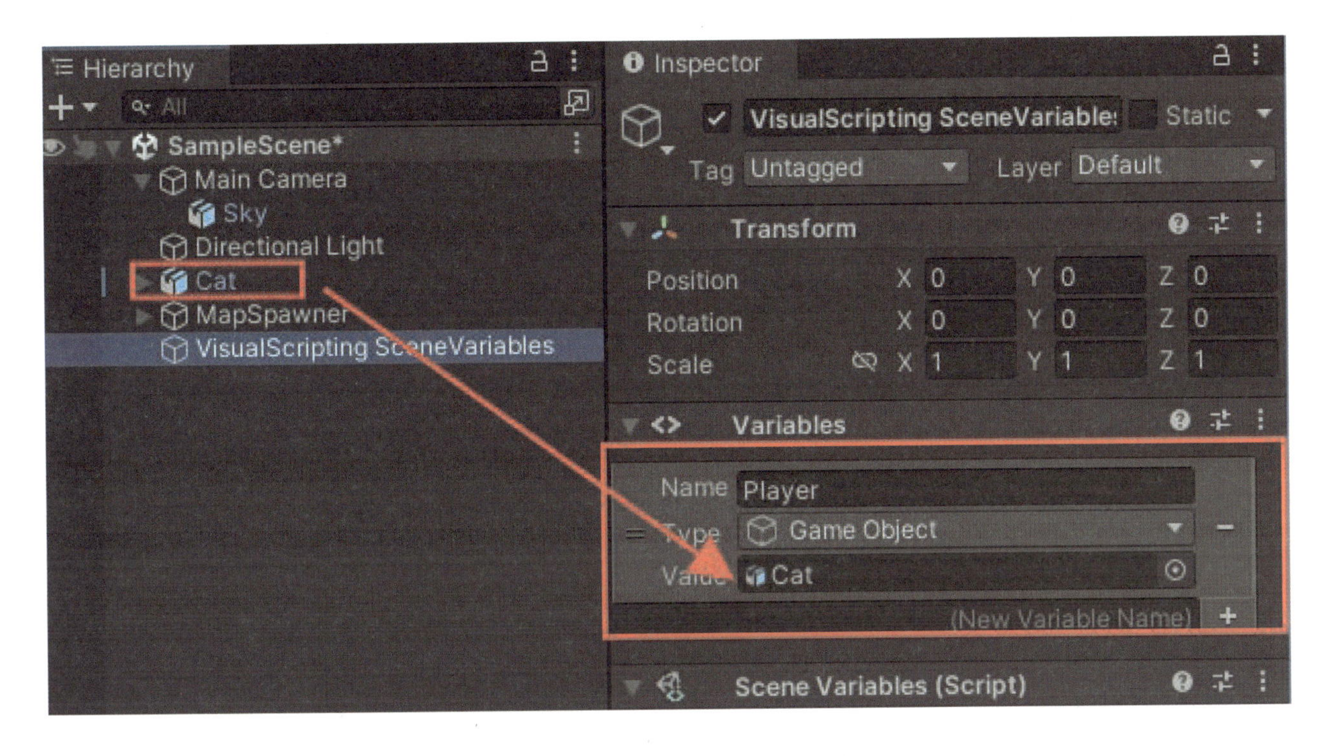

图 4-36　创建场景变量“Player”

（3）打开并编辑脚本图。创建一个物体（Object）变量“camOffset”表示摄像机和主角之间的位置（Z 值）差异，类型为“Float”，值默认为 -5，如图 4-37 所示。

（4）创建摄像机管理脚本图。

我们需要让摄像机位置的 Z 值（前进方向）始终和主角保持一致，其他值则不随主角的变化而变化，同时还要尽量保持摄像机平滑移动，因此，这里需要用到一个新的脚本节点“Lerp”。

首先，获取摄像机的位置节点，得到其 Z 坐标值；获取主角 Player 的位置节点，得到其坐标值并加上 camOffset 变量值；随后将两个结果分别传入“Lerp”节点的 A、B 输入点。接着，创建一个“Get Delta Time”节点，表示获取时间间隔，并将其传入“Lerp”节点的 T 输入点。最后，将“Lerp”的输出点与摄像机位置节点的 Z 值连接，摄像机位置节点的 X 和 Y 值保持不变，这样就实现了摄像机跟随主角平滑移动的功能。摄像机管理脚本图如图 4-38 所示。

图 4-37　创建物体变量“camOffset”

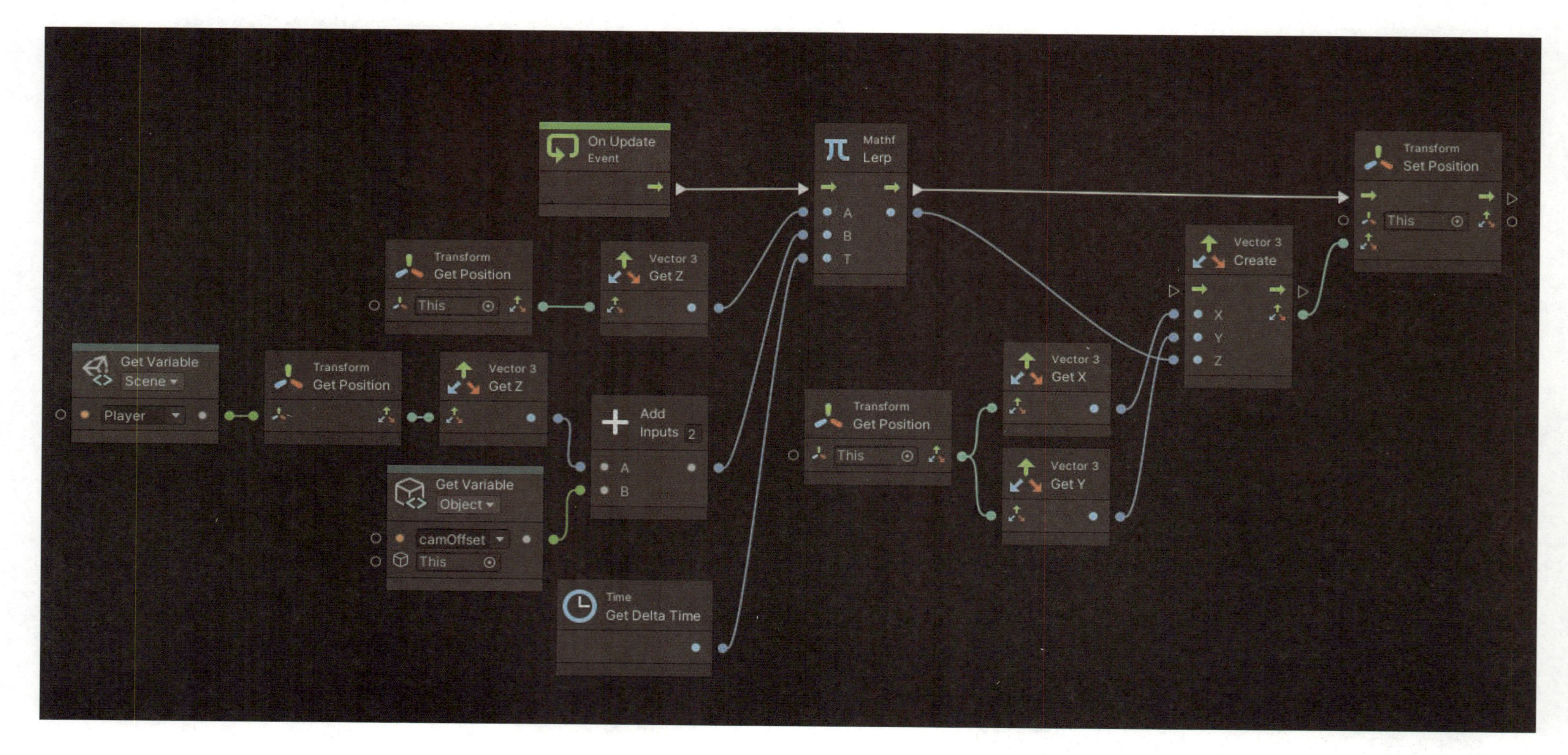

图 4-38　摄像机管理脚本图

三、学习任务小结

通过本次学习任务，我们已经掌握了游戏场景管理的基本技能。通过实际操作，我们学会了如何导入场景资源、搭建街区单元，并实现场景的动态加载。这些技能对于提升游戏的视觉效果和玩家体验至关重要。

四、课后作业

请同学们完成上述游戏中的场景搭建和摄像机跟随，确保游戏正常运行。

逻辑控制

教学目标

（1）专业能力：使学生能够掌握游戏逻辑控制的基本概念和实现方法，包括角色移动、动画切换、碰撞检测和游戏得分等。

（2）社会能力：培养学生的团队合作精神，通过小组讨论和协作来共同完成游戏逻辑的设计和实现，提高沟通和协作能力。

（3）方法能力：增强学生的逻辑思维能力和问题解决能力，使学生能够独立分析游戏逻辑需求，设计并实现游戏逻辑。

学习目标

（1）知识目标：了解游戏逻辑控制的重要性，掌握 Unity 中逻辑控制的实现技巧，包括脚本图的编写和事件触发机制。

（2）技能目标：能够熟练使用 Unity 逻辑控制工具，完成角色移动控制、动画状态切换、碰撞检测和游戏得分逻辑的实现。

（3）素质目标：培养耐心和细心，提高解决逻辑控制问题的能力，能够从用户体验的角度思考问题。

教学建议

1. 教师活动

（1）通过实际操作演示 Unity 中逻辑控制的详细步骤，确保学生能够理解和掌握。

（2）组织学生进行小组讨论，共同分析逻辑控制中可能遇到的问题和解决方案。

（3）引导学生思考如何优化游戏逻辑，提升游戏的可玩性和玩家体验。

2. 学生活动

（1）通过参与课堂讨论和小组合作，深入理解游戏逻辑控制的重要性，并完成逻辑控制的实践。

（2）在教师的指导下，完成游戏逻辑的编写和测试，提升实际操作能力。

一、学习问题导入

在本次学习任务中，我们将专注于跑酷游戏的逻辑控制，学习如何实现角色的移动和动画切换、障碍物的生成和碰撞检测，以及游戏得分的逻辑。这些逻辑控制是游戏交互的核心，直接影响玩家的游戏体验。

二、学习任务讲解

1. 主角的移动和动画切换

（1）向前移动。

为主角“Cat”添加“Capsule Collider”和“Rigidbody”组件，它们的设置如图 4-39 所示。Capsule Collider 表示主角的胶囊型碰撞体，用于进行主角和其他可交互物体的碰撞检测；Rigidbody 表示主角的刚体，用于进行主角物理行为的相关计算。

为主角添加可视化脚本图组件“Script Machine”，并命名为“PlayerMovement”，放置在“Assets”—“Scripts”目录下，如图 4-40 所示。这个脚本图将用于实现所有和主角移动相关的逻辑，包括主角的向前移动、左右换道、向上跳跃和向下滑行。

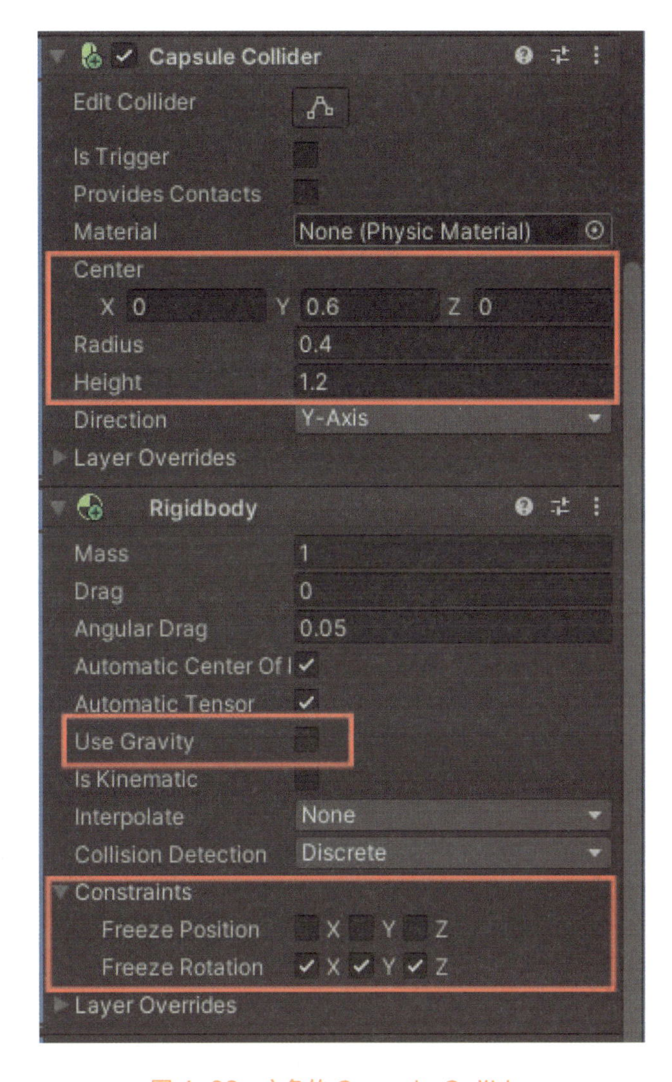

图 4-39　主角的 Capsule Collider 和 Rigidbody 组件设置

思考

如果对 Rigidbody 组件的属性进行限制，那么会发生什么呢？

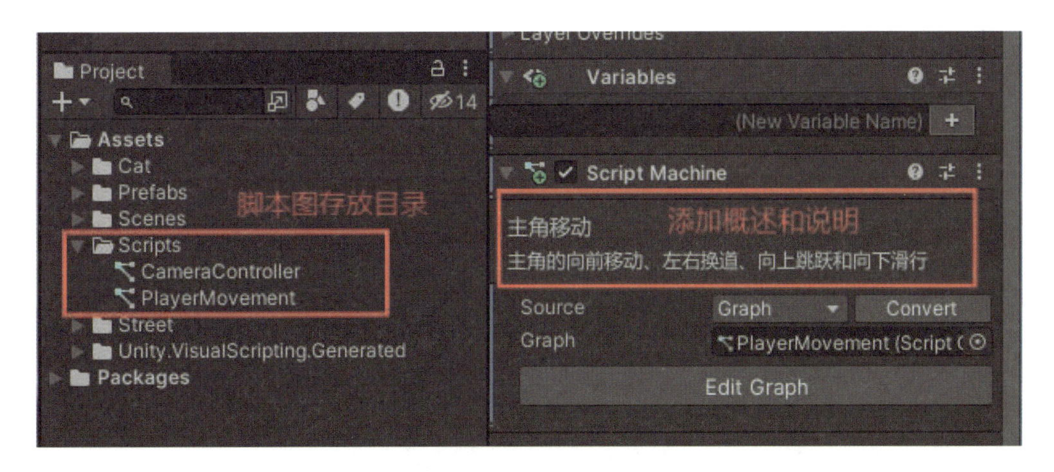

图 4-40　新建管理主角移动的 PlayerMovement 脚本图

打开并编辑脚本图，首先实现主角的向前移动。为主角创建一个表示前进速度的 Float 类型物体（Object）变量“moveSpeed”，默认值设为 5，如图 4-41 所示。

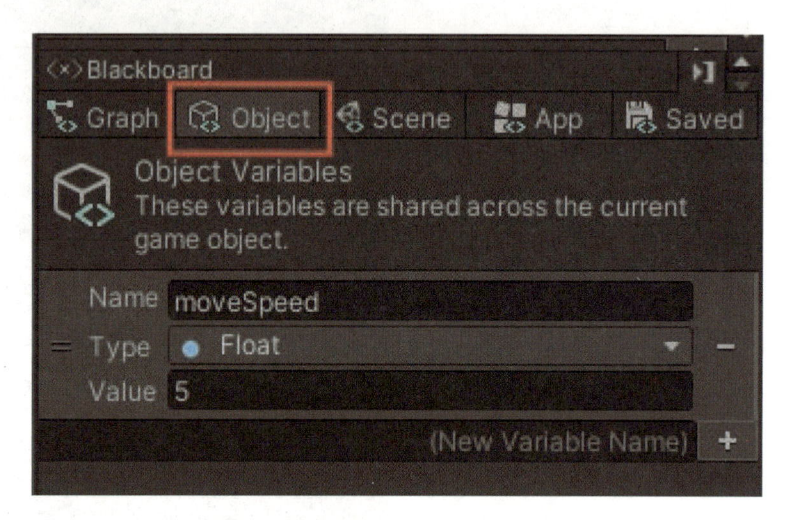

图 4-41　创建主角的前进速度变量

重要知识点

涉及物体的物理运动时，通常都利用 On Fixed Update 进行固定帧率的刷新。

接着构建脚本图，由于主角的前进方向为 Z 轴方向，且其速度始终保持不变，暂时不考虑之后的逻辑变化，直接在固定更新（On Fixed Update）时为其设置 Z 轴方向的刚体速度（Rigidbody Set Velocity），同时保持 X、Y 轴方向的速度不变，即可实现主角向前移动的功能，如图 4-42 所示。点击运行测试，观察主角是否能够正常向前移动。

小贴士

如果主角始终保持在准备动画状态，请检查动画控制器 Animator 中的“isStart”参数是否已被勾选，因为只有在非准备状态下才能进入跑步动画。

（2）左右换道。

实现主角的横向移动，需要创建一个整数（Int）类型的物体变量“moveLane”，它的可取值为 -1、0、1，分别表示主角所在的左、中、右三个跑道的位置，默认情况下为 0，如图 4-43 所示。

小贴士

测试时如果感觉跑道不够长，可以暂时先在场景中多放置一些地图物体，摆成足够长的跑道。

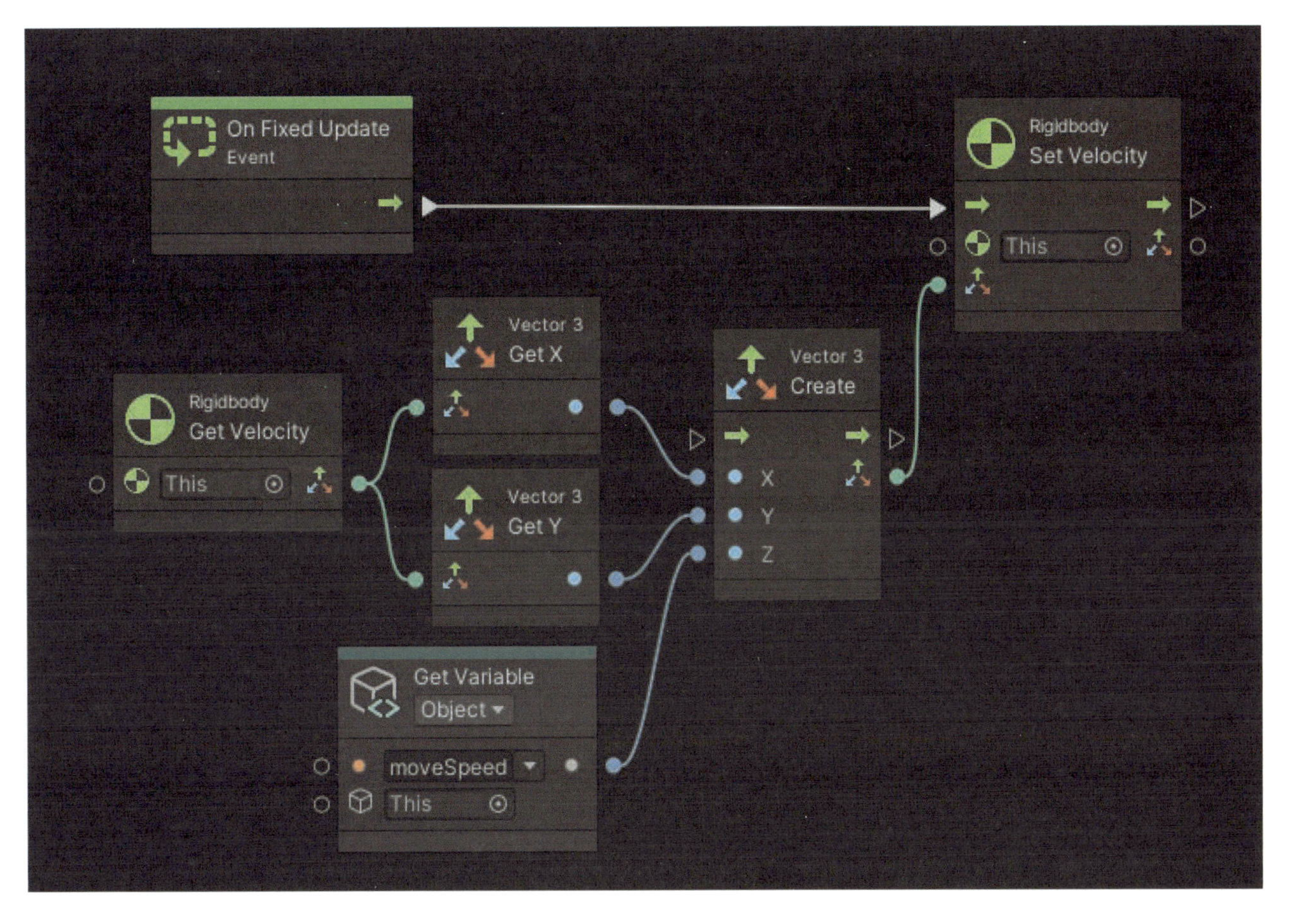

图 4-42　主角向前移动的脚本逻辑图

当玩家按下键盘方向键“←”时，moveLane 的值应该在自身基础上减 1，此时主角会向左移动 1 个单位；当玩家按下键盘方向键“→”时，moveLane 的值应该在自身基础上加 1，此时主角会向右移动 1 个单位。因此，这里我们将利用“On Keyboard Input”节点记录玩家的键盘输入，通过“Select On Flow”节点进行赋值并与 moveLane 自身相加。需要注意的是，moveLane 变量的范围始终在 -1 到 1 之间，因此还需要添加“Clamp”节点来限制变量的取值范围，最终才得到 moveLane 变量的结果，如图 4-44 所示。这里不妨点击运行测试，看看按下对应按键后，moveLane 变量的值是否发生变化。

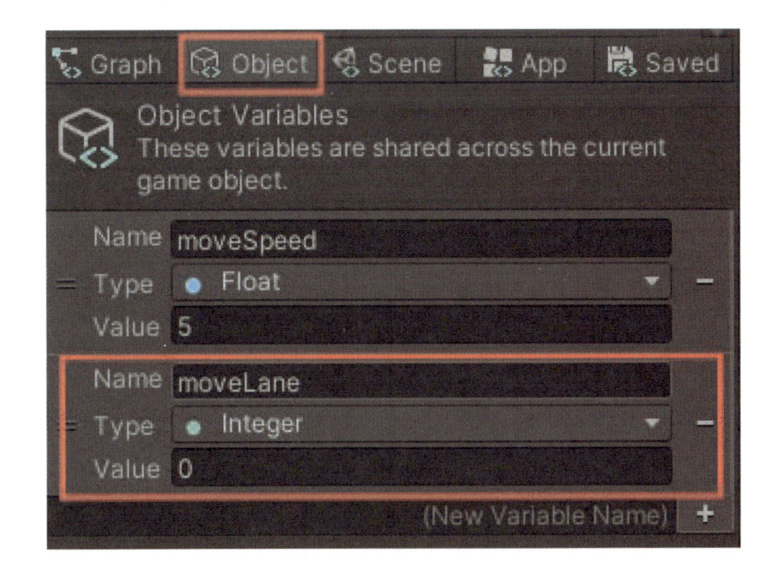

图 4-43　创建主角的跑道变量“moveLane”

思考

为什么 moveLane 变量需要在自身基础上进行加减操作呢？

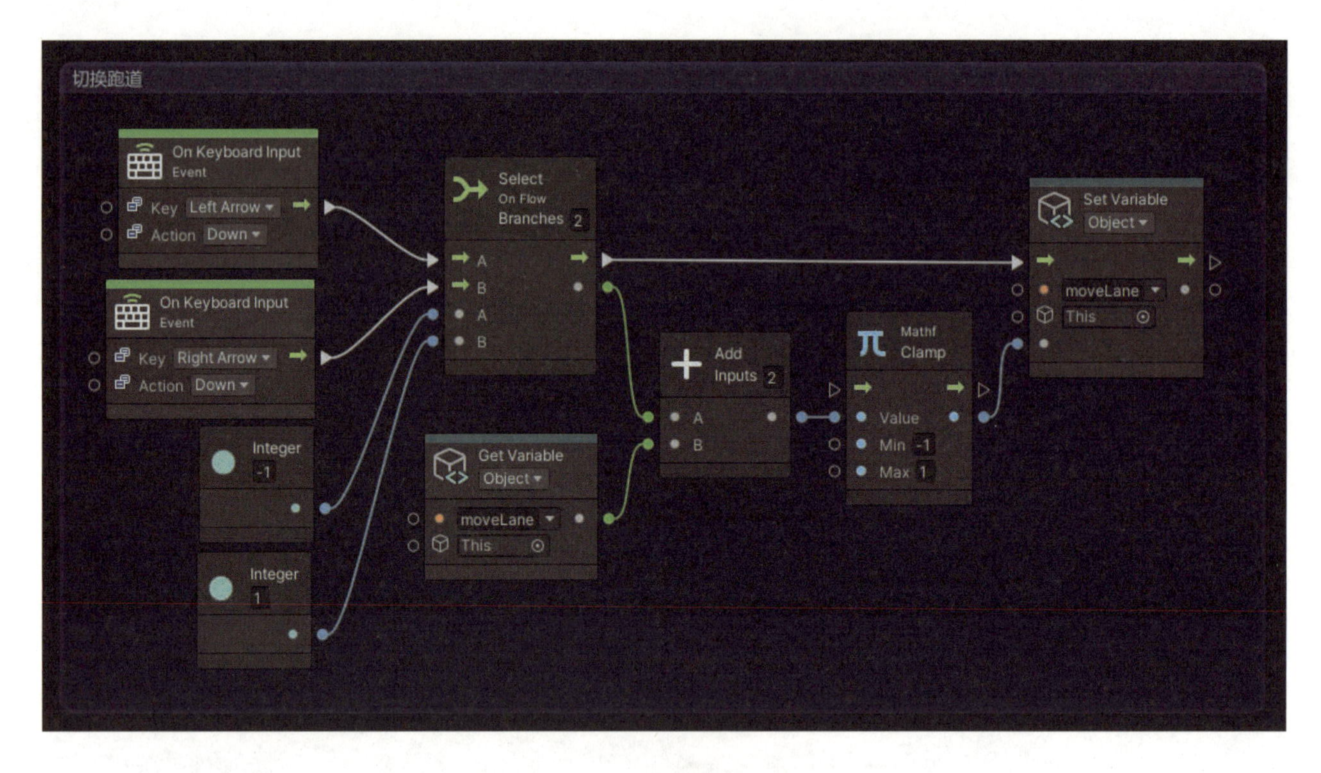

图 4-44　左右换道的脚本逻辑图

尽管按下按键时，moveLane 变量已经发生了变化，但场景中的主角“Cat”并未发生位置上的改变，这是因为我们还未将 moveLane 的变化应用到主角的移动上。这里我们需要利用“Move Position”节点，将表示主角所在跑道位置的“moveLane”变量赋给主角在 X 轴方向上的位置，主角 Y、Z 轴方向上的位置保持不变，如图 4-45 所示。这样就可以通过键盘方向键来控制场景中的主角“Cat”左右换道了。

重要知识点

请不要忘记利用“Ctrl 键 + 鼠标左键”框选节点进行分组。当游戏功能越来越复杂、节点越来越庞杂时，它是保证逻辑清晰的有效方式。

（3）地面检测和跳跃。

首先，选中主角“Cat”并确保其 Rigidbody 组件中的“Use Gravity”已经被勾选，它表示该物体将受到重力作用，如图 4-46 所示。

重要知识点

如果制作了多个街区单元预制体，则不要忘记为每个街区单元都添加地面碰撞体。

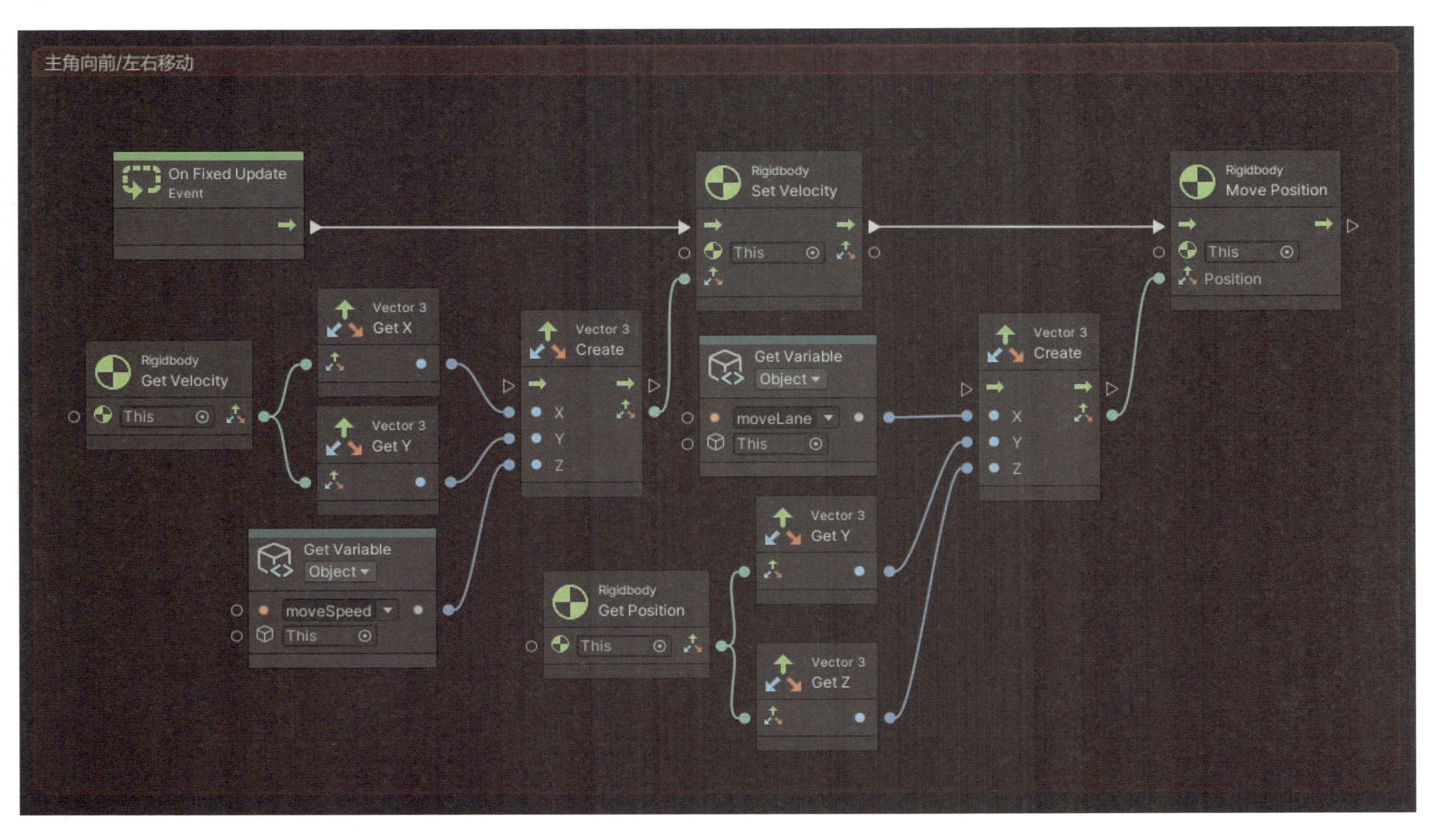

图 4-45　主角左右和向前移动的脚本逻辑图

其次，我们将为之前创建的所有街区单元（StreetUnit）的预制体添加地面碰撞体，以实现地面检测的功能。在Project窗口的“Assets”—“Prefabs”中双击选中“StreetUnit01”后，点击“Ground”，为其添加“Box Collider”组件，并调整相应的参数，如图4-47所示。随后，我们需要为“Ground”物体添加“Ground”标签（Tag），点击添加后更改物体的标签，如图4-48所示。

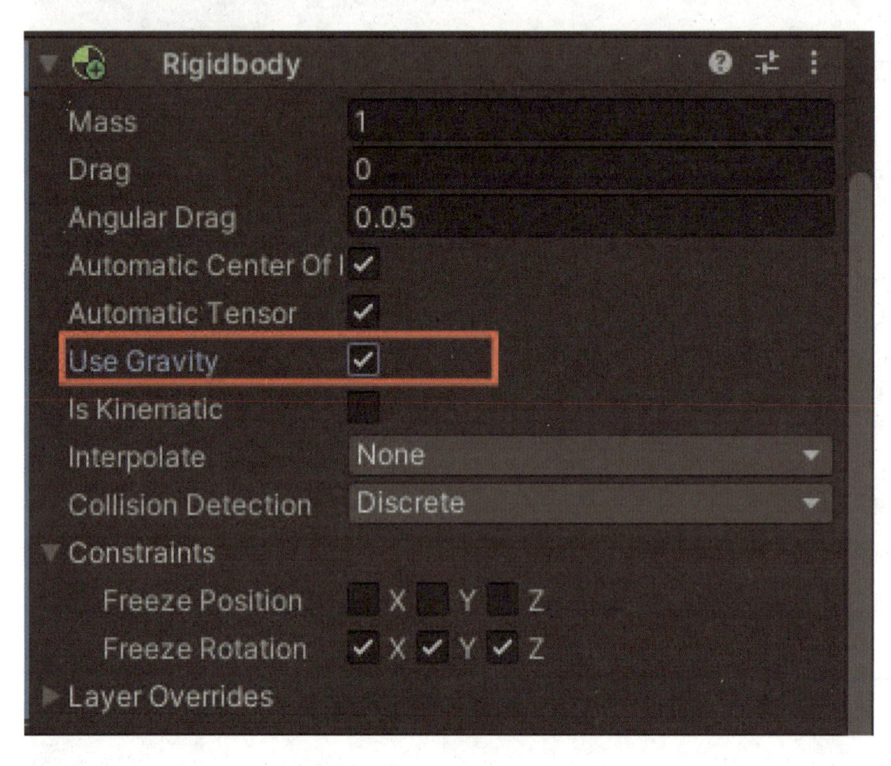

图4-46　设置主角受重力因素影响

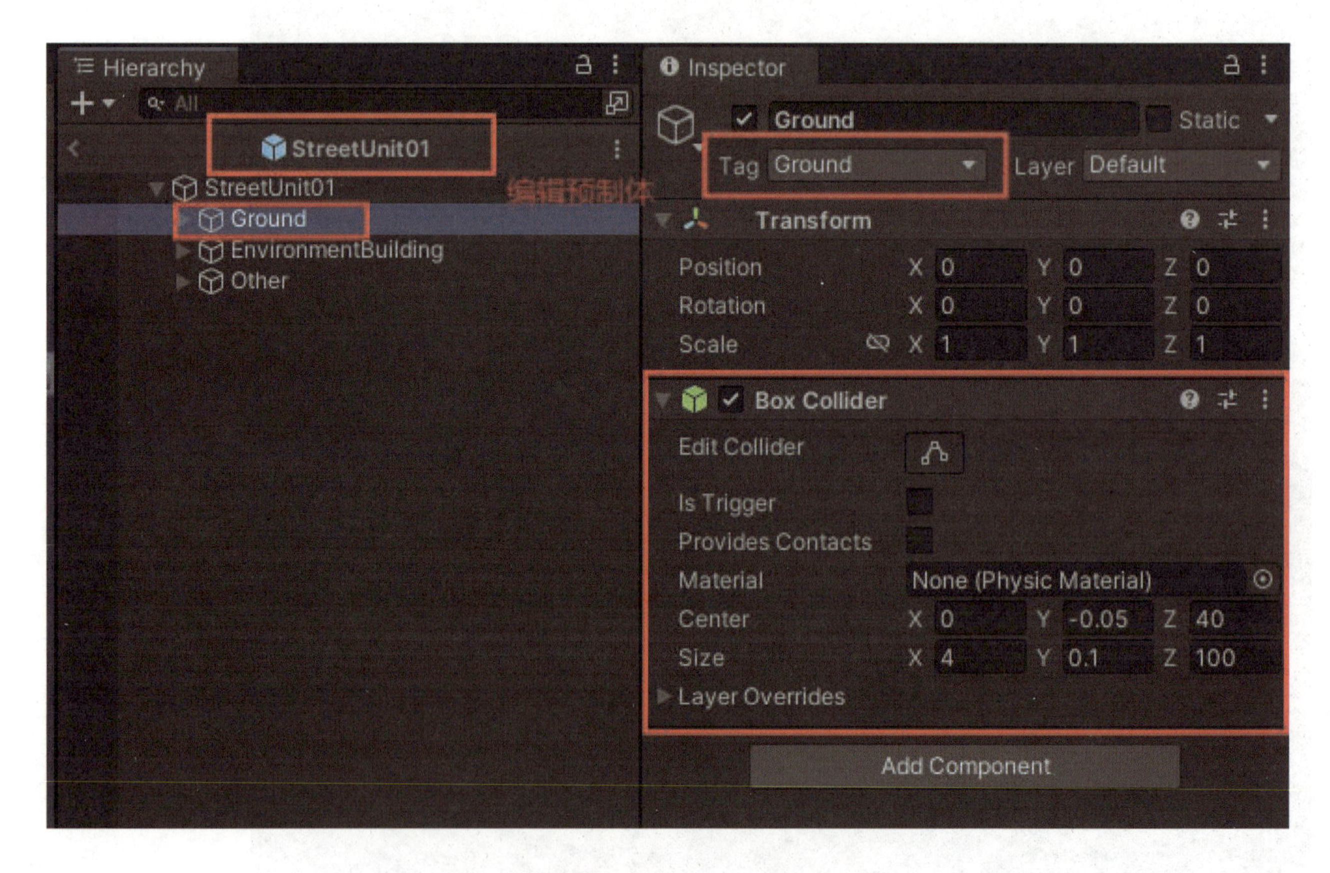

图4-47　设置地面的Box Collider组件

重要知识点

添加标签后忘记为物体更改标签是新手最常出现的问题，请务必检查标签是否添加成功。

图 4-48　设置地面的标签

接下来，我们开始实现主角的跳跃逻辑。实现主角跳跃逻辑的条件有二：①玩家按下键盘方向键“↑”；②主角自身在地面上。达成主角的跳跃效果则可通过改变某一瞬间主角在 Y 轴方向的速度来实现。因此，创建一个 Bool 类型的物体变量“isOnGround”，用于表示主角是否在地面上；创建一个 Float 类型的物体变量“jumpForce”，用于表示主角的向上跳跃力，默认为 5，如图 4-49 所示。通过“On Keyboard Input”节点记录玩家的键盘输入，通过“If”节点判断主角是否在地面上，并通过“Get Velocity”“Set Velocity”节点设置主角在 Y 轴方向的瞬时速度，从而实现按下按键时主角的向上跳跃功能，如图 4-50 所示。

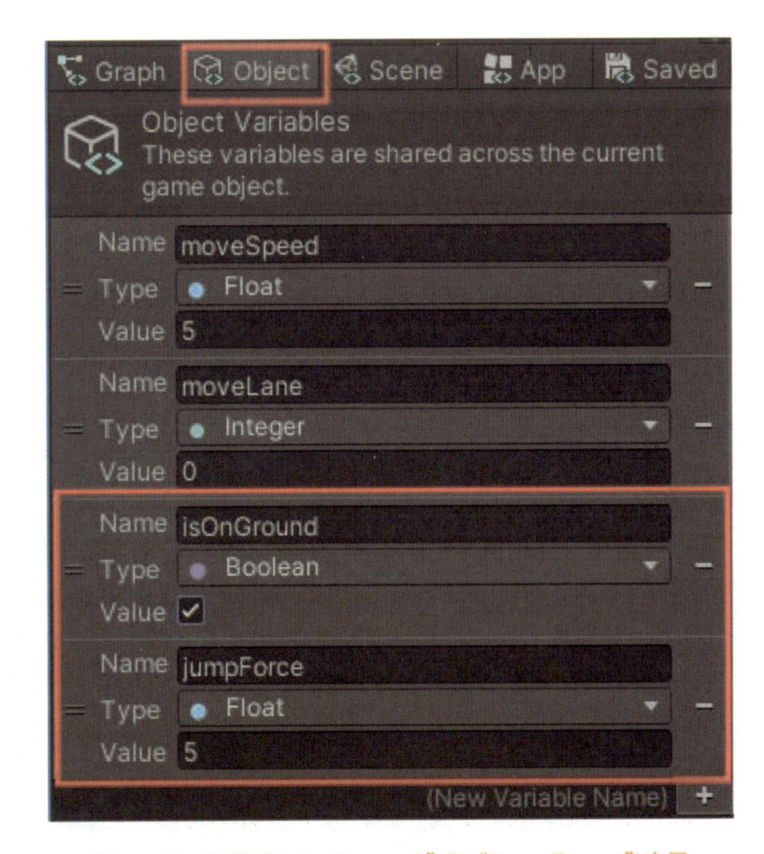

图 4-49　设置“isOnGround”和“jumpForce”变量

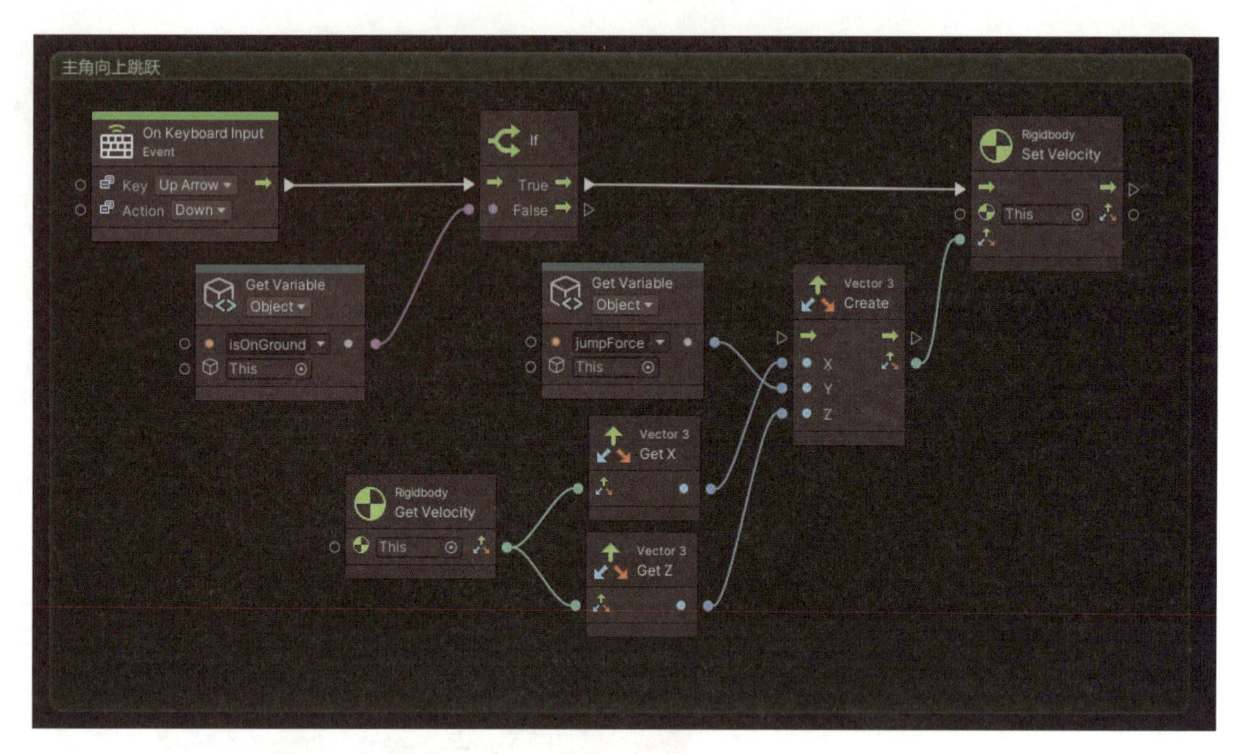

图 4-50 主角向上跳跃的脚本逻辑图

思考

如果不进行地面检测，只有按键反应的话，主角的跳跃会是什么结果呢?

当然,我们希望主角的地面检测是程序自动实现的。因此,我们通过碰撞检测(“On Collision Stay”和“On Collision Exit”)来判断是否存在地面标签,从而判断主角是否在地面上。实现地面检测的节点如图4-51所示。

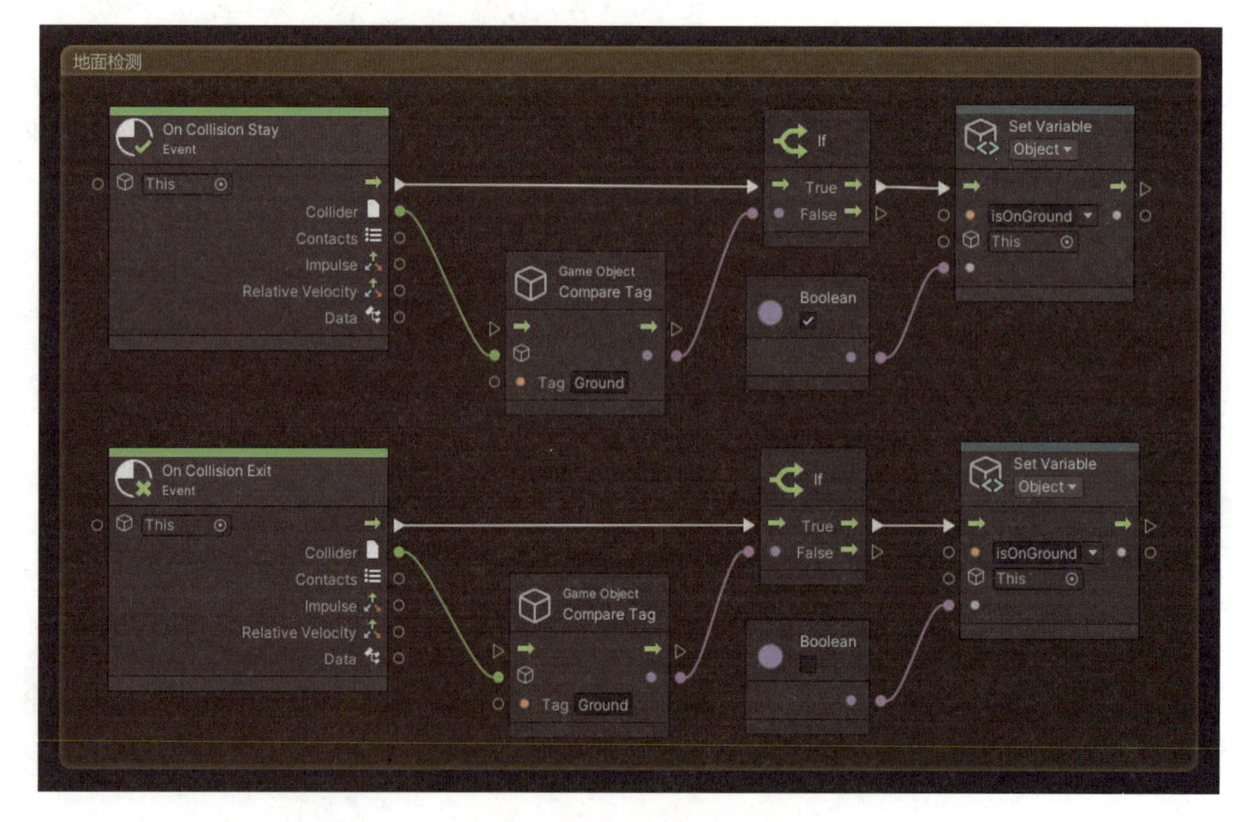

图 4-51 地面检测的脚本逻辑图

最后，我们还希望主角在跳跃时能够实现跳跃的动画效果。在主角“Cat”上新建一个可视化脚本图，用于实现主角的动画切换逻辑，命名为“PlayerAnimation”，放置在“Assets”—“Scripts”目录下，如图 4-52 所示。我们只需要实时利用“Set Bool”节点，根据 isOnGround 的取值来判断主角是否跳跃，从而调整该节点的 isJump 参数即可，如图 4-53 所示。

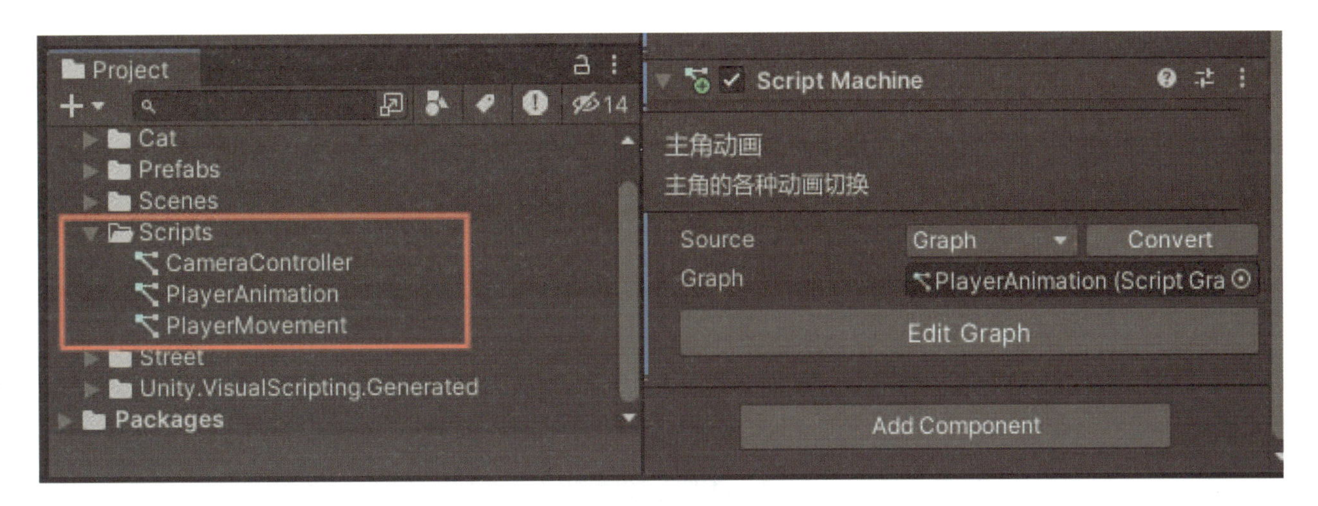

图 4-52　新建管理主角动画切换的 PlayerAnimation 脚本图

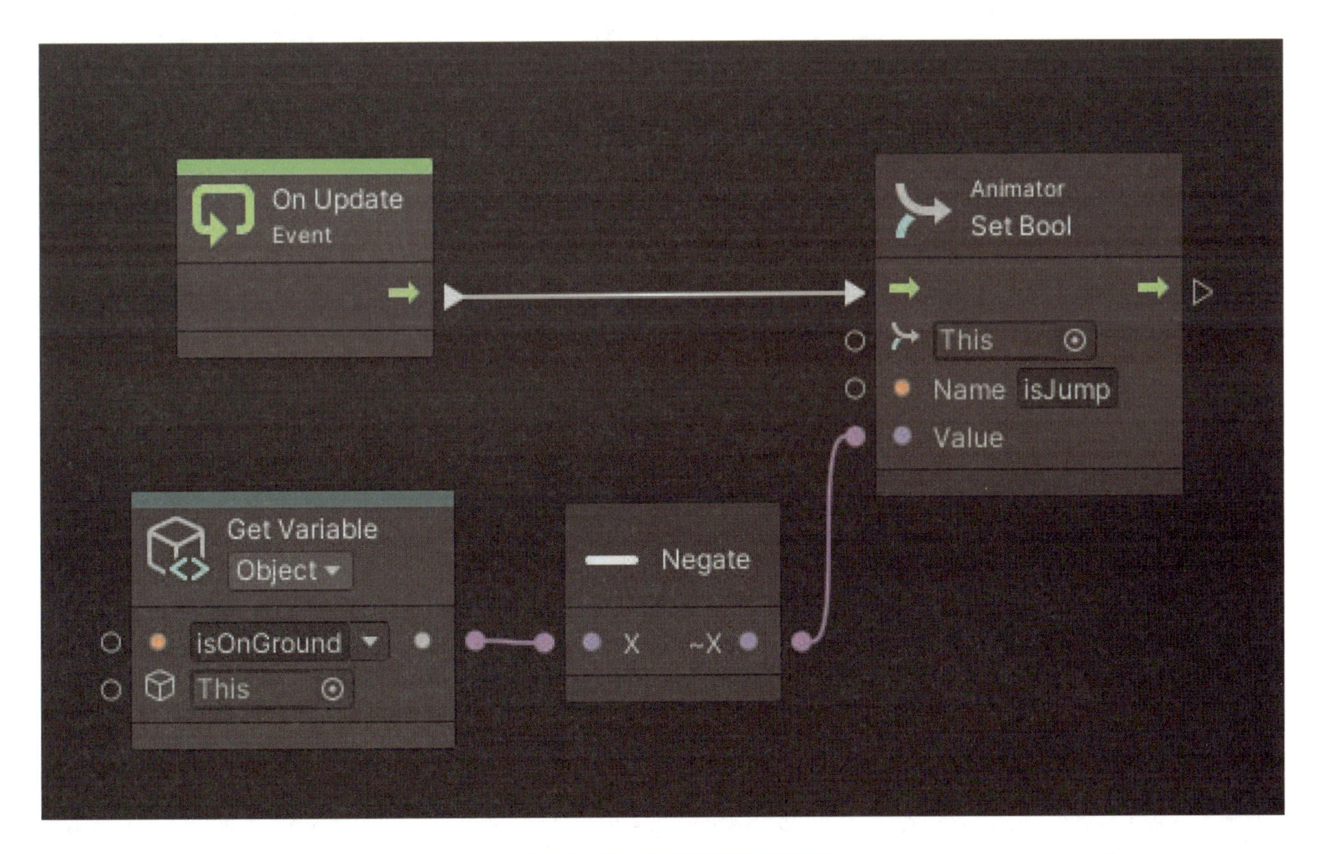

图 4-53　设置跳跃动画切换

重要知识点

请务必确保 Set Bool 的参数名称正确，否则不会实现对应的动画效果。

（4）碰撞体形变和滑行。

在主角“Cat”身上创建一个 Bool 类型的物体变量“isSlide”，用于表示主角是否在滑行。在本项目学习任务二中我们已经知道滑行动画不是循环动画，因此，我们在“PlayerAnimation”脚本图中，通过 isSlide 变量的取值来判断主角是否处于滑行状态，从而调整 Set Bool 的 isSlide 参数，如图 4-54 所示。

切回主角身上的“PlayerMovement”脚本图。实现主角滑行逻辑的条件包括：①按下键盘方向键“↓”；②主角自身未处于滑行状态。实现主角的滑行效果则是在一段时间内播放主角滑行的动画，同时改变主角身上碰撞体的大小和位置，随后切换回非滑行状态，碰撞体也随之回到初始状态，如图 4-55 所示。

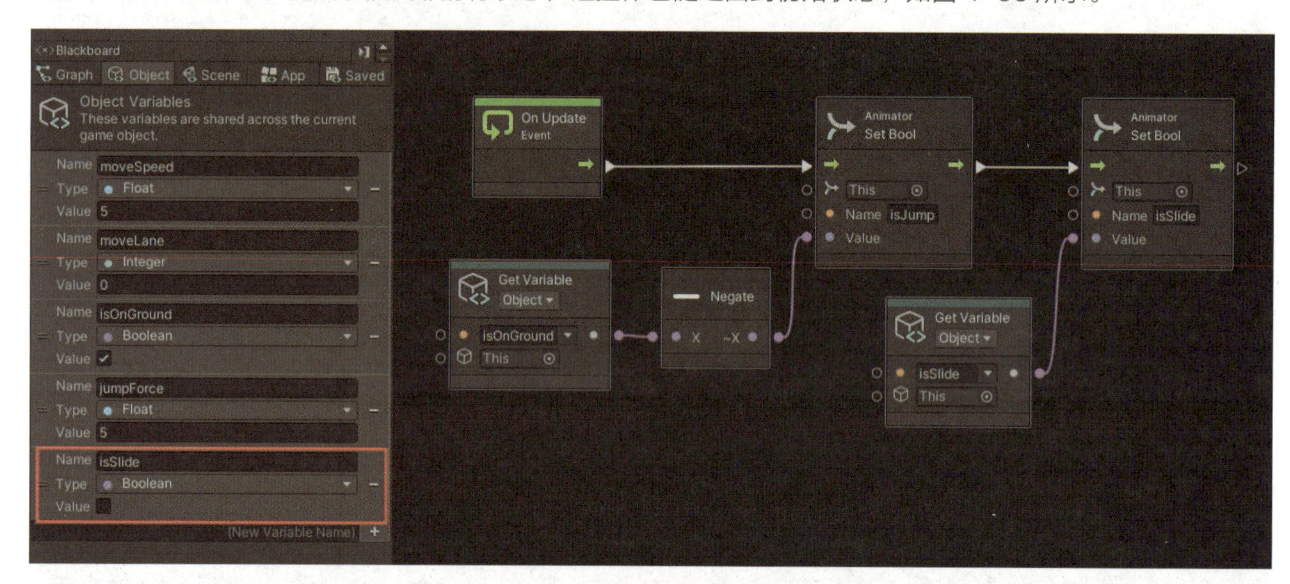

图 4-54　设置滑行动画切换

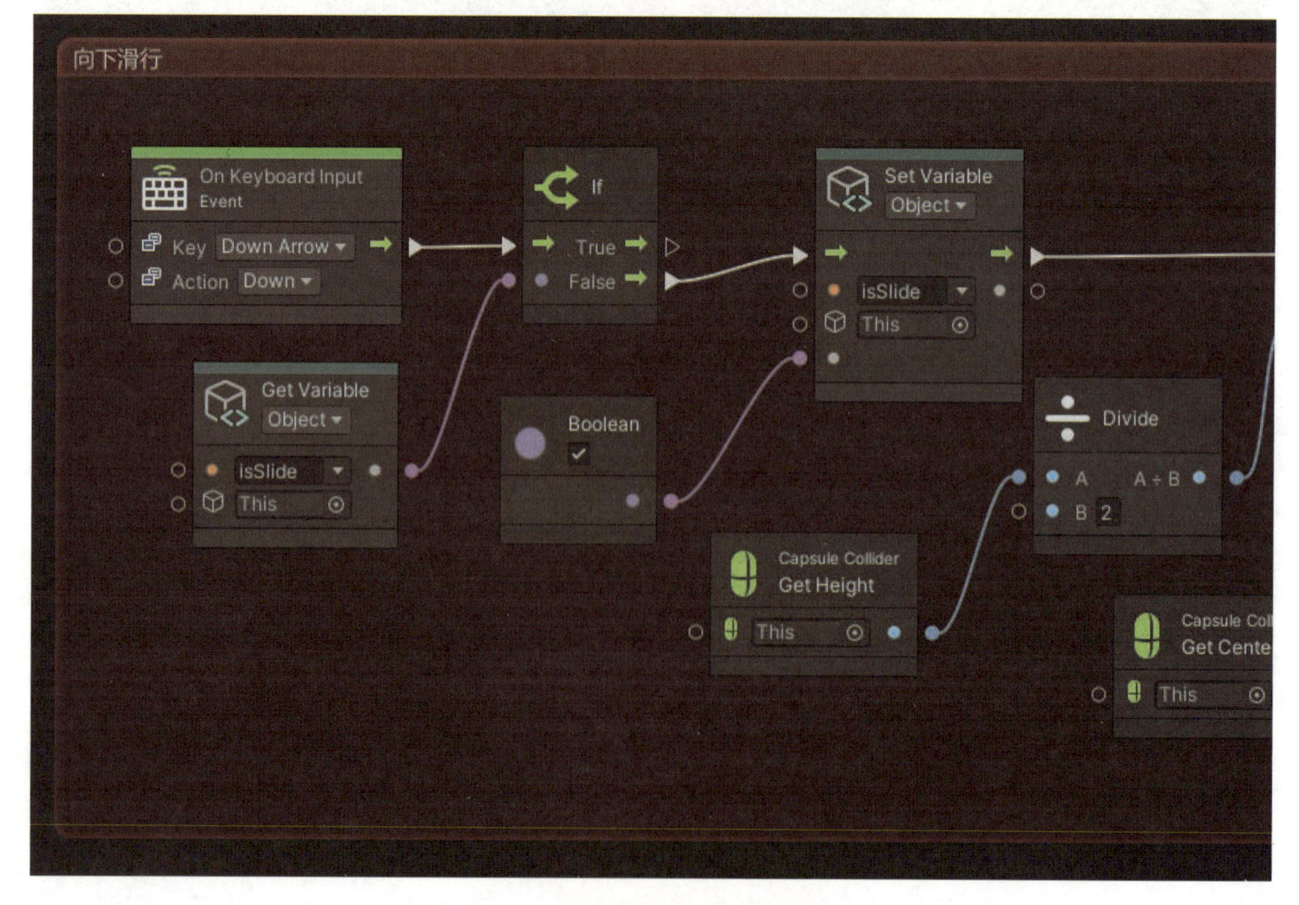

图 4-55　主角向下滑行的脚本逻辑图

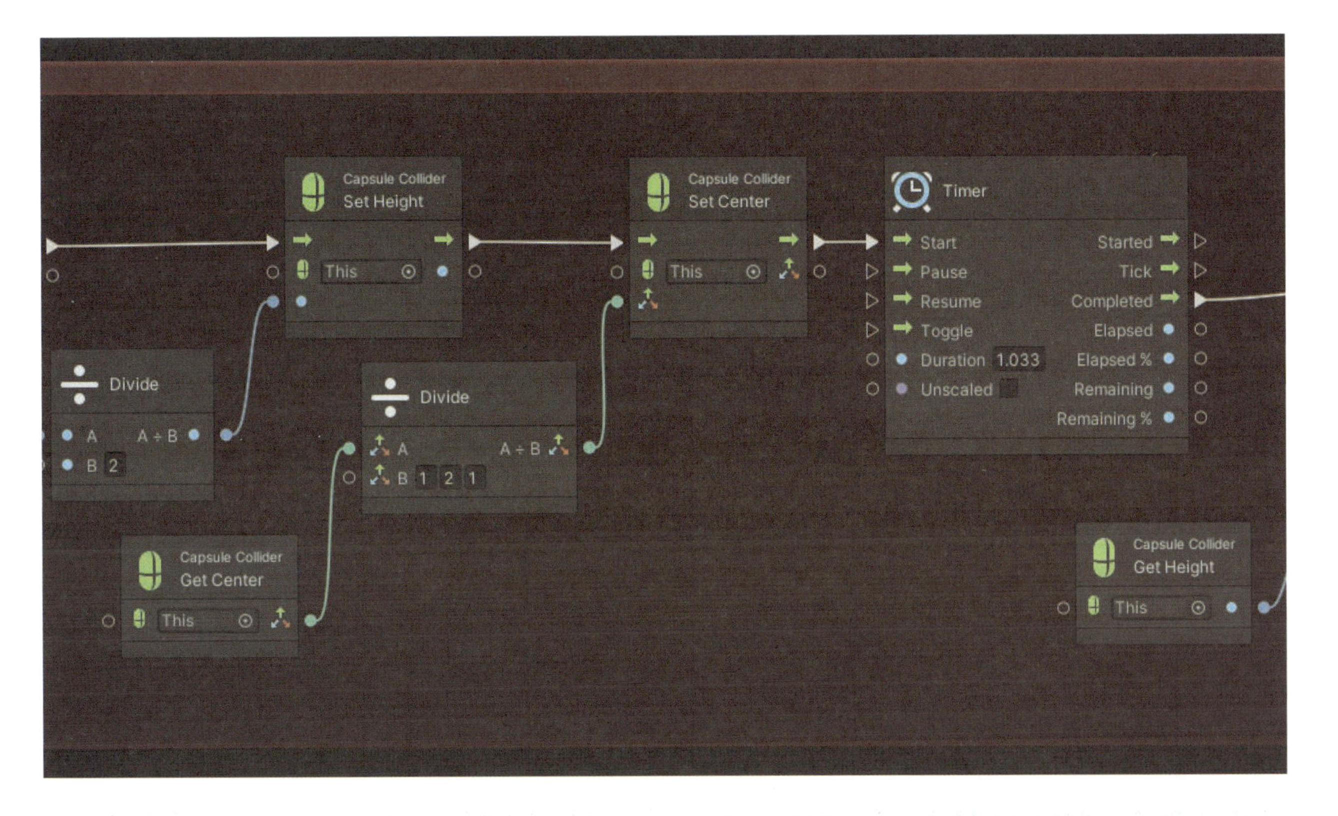

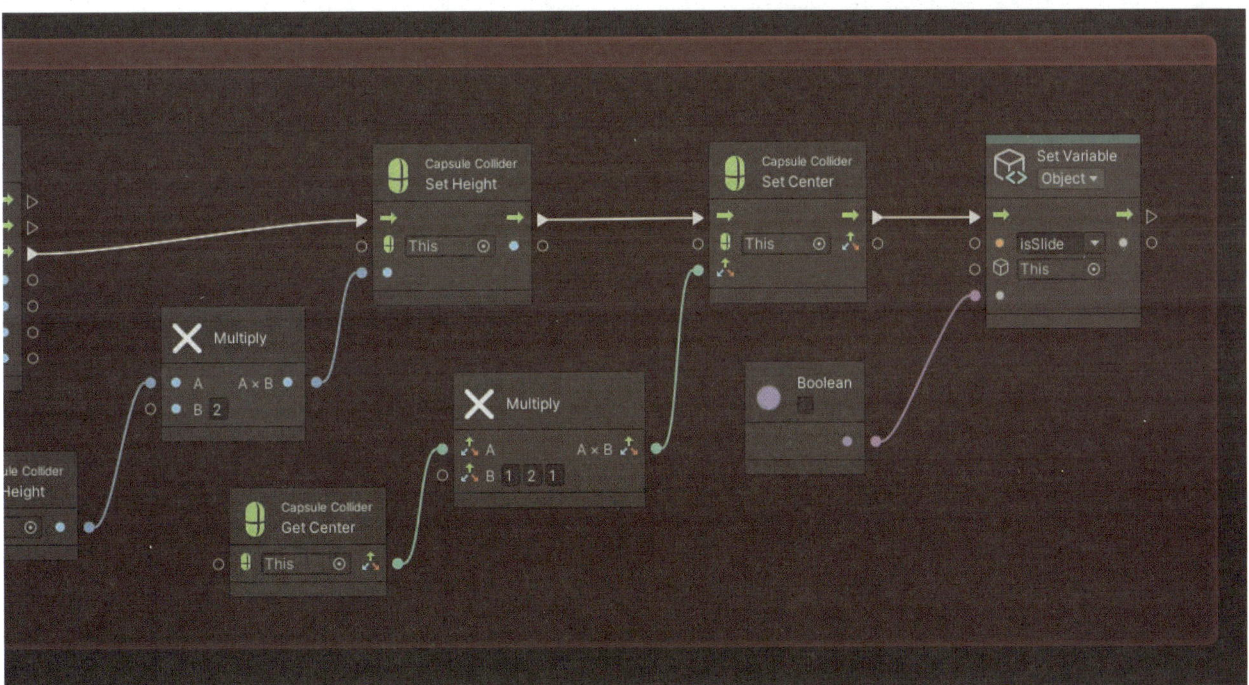

续图 4-55

小贴士

计时器的时长实际上是滑行动画的时长。

如果不判断主角是否处于滑行状态，一直按下对应按键，则可能出现“鬼畜”现象。

可以通过一个简单的正方体（Cube）来观察主角是否实现了“向下”滑行。

到这里，主角的所有移动功能都已经在“PlayerMovement”脚本图中实现。我们可以在游戏场景中布置自己的地图，让主角能够在地图上一直奔跑、跳跃或滑行，之后我们将继续为游戏增加趣味性和挑战性。

2. 障碍物的生成和主角的死亡

（1）导入并设置障碍物。

将“学习任务四－障碍”的资源包拖入Project窗口中。该资源包含有不同的障碍物模型，如图4-56所示。可在场景中先添加适当数量的障碍物供测试用。

接下来，我们需要为每一个障碍物添加碰撞体（Box Collider），然后将其做成预制体（注意：这里我们尽可能根据物体本身的形状手动进行修正），如图4-57所示。

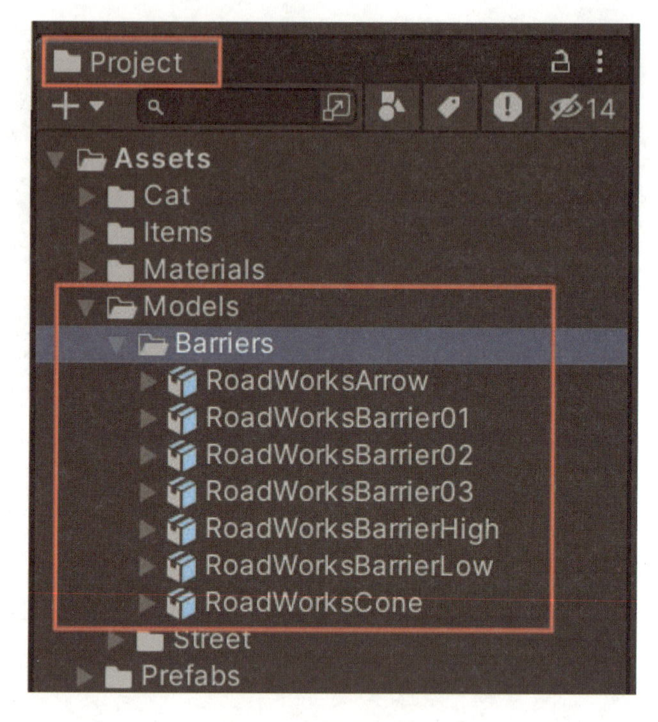

图4-56 障碍物模型

图4-57 为障碍物添加碰撞体

小贴士

某些障碍物需要玩家下蹲滑行躲避，某些障碍物需要玩家向上跳跃躲避，还有的障碍物需要玩家切换到其他跑道才能躲避。实际制作过程中，需要为障碍物添加合适大小的碰撞体，并通过运行测试调整碰撞体的大小，碰撞体的大小以只有玩家采取正确操作时才能不与障碍物发生碰撞为准。

新建一个命名为“Block”的脚本图，并添加到每一个障碍物预制体上。在这个脚本图中，我们需要利用比较标签（Compare Tag）节点来检测障碍物是否与主角发生碰撞，如果发生碰撞，则利用“Custom Event Trigger”节点，添加关键名称“Fail”来触发主角死亡事件，如图 4-58 所示。

重要知识点

请注意为主角添加 Player 标签，并为每一个障碍物预制体添加同一个 Block 脚本图，如果仅为场景中的障碍物添加脚本图，后期可能会出现新添加障碍物碰撞检测失败的问题。

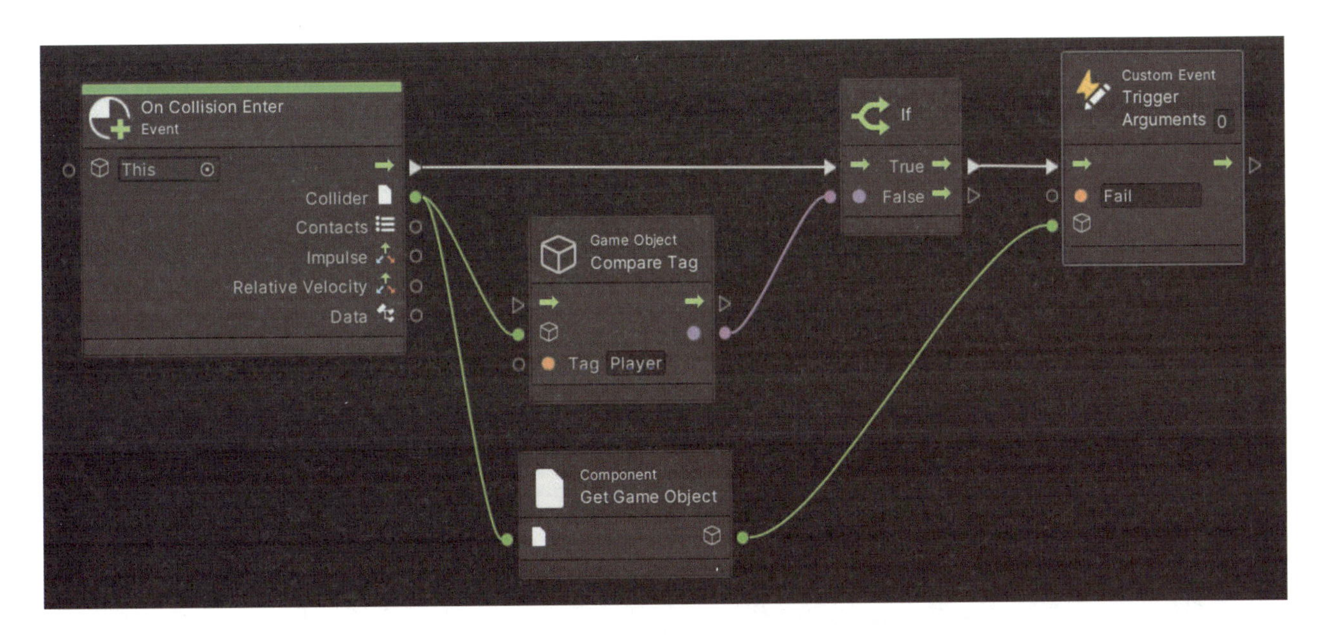

图 4-58　障碍物的脚本逻辑图

（2）主角的死亡。

选中主角“Cat”，为其添加“State Machine”组件，新建一个命名为“PlayerState”的状态机，如图 4-59 所示。State Machine 和 Script Machine 类似，但它表示物体的状态，比如主角的移动、死亡和准备都是主角的不同状态。相对于 Script Machine 而言，State Machine 能处理更复杂的状态切换逻辑，也能将我们之前构建的各种脚本图放进去。

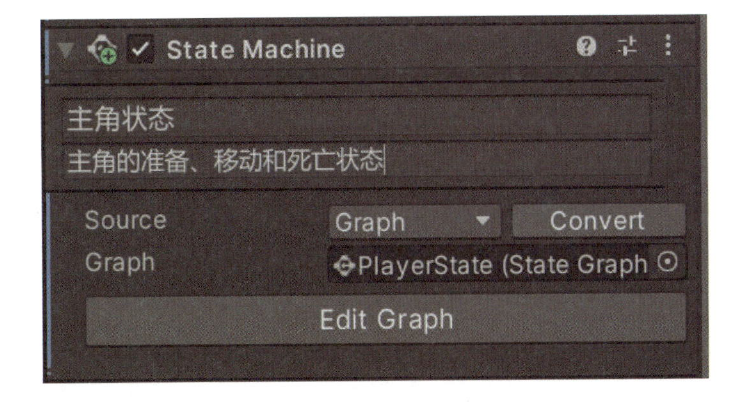

图 4-59　创建主角的状态机“PlayerState”

在“PlayerState”状态机中添加PlayerMovement脚本图，选中后点击鼠标右键选择“Toggle Start”，将脚本图设为开启状态，如图4-60所示。同时删除主角身上原有的“PlayerMovement”脚本图。

重要知识点

如果忘记删除主角身上原有的“PlayerMovement”脚本图，则所有与物体移动有关的逻辑都会被执行两次，导致出现程序问题。

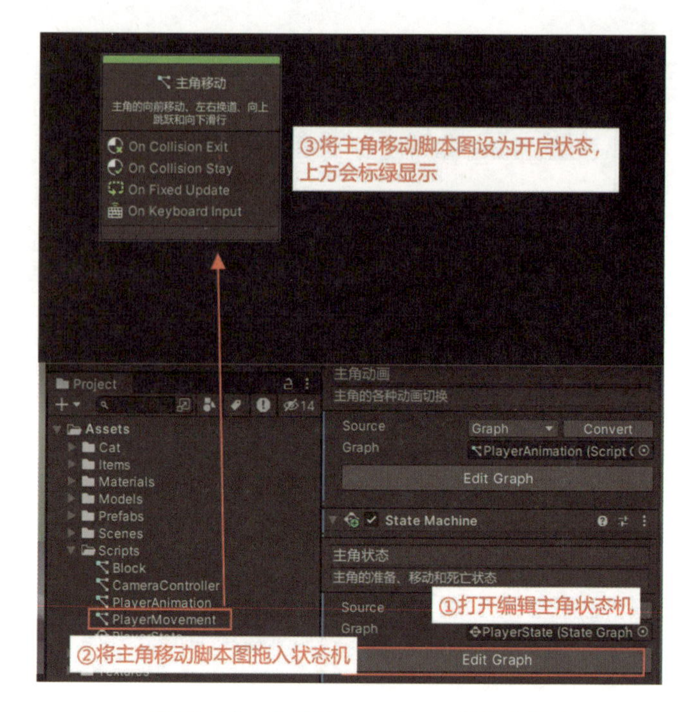

图4-60 在“PlayerState”状态机中添加“PlayerMovement”脚本图

随后在“PlayerState”状态机中点击鼠标右键选择“Create Script State”，创建一个新的脚本图，用来表述主角死亡时的状态，为其添加概述和说明，并点击鼠标右键选择“Toggle Start”，将脚本图设为开启状态，如图4-61所示。

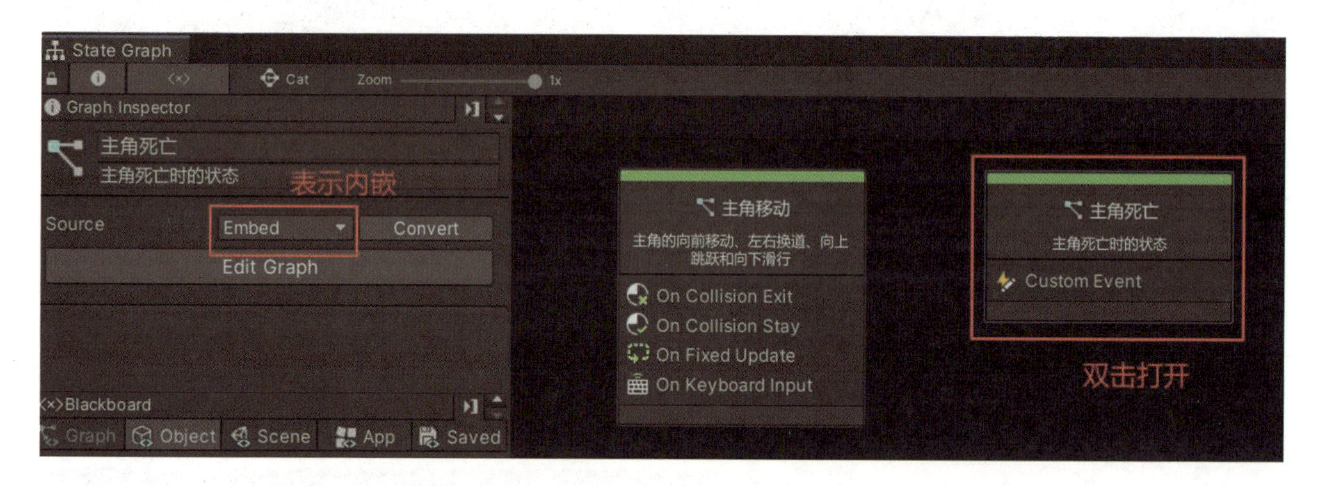

图4-61 在“PlayerState”状态机中创建“主角死亡”的内嵌脚本图

打开并编辑主角死亡的脚本图。在主角身上创建一个Bool类型的物体变量“isDead”，用以切换主角的死亡状态。添加“Custom Event”节点，用于根据物体身上的关键名称触发事件，它和之前“Block”脚本图中的“Custom Event Trigger”节点互相关联。为了方便测试，我们希望主角死亡后3秒，场景能够重置，因此我们通过添加计时器和场景管理相关节点实现该功能。最后，主角死亡的脚本图如图4-62所示。

此时点击运行测试发现，当主角碰到障碍物时，场景能够自动重置，但是主角还保持跑步的动画效果，同时，如果按下方向键，主角仍然能够移动。这涉及动画状态的切换和运动状态的逻辑。

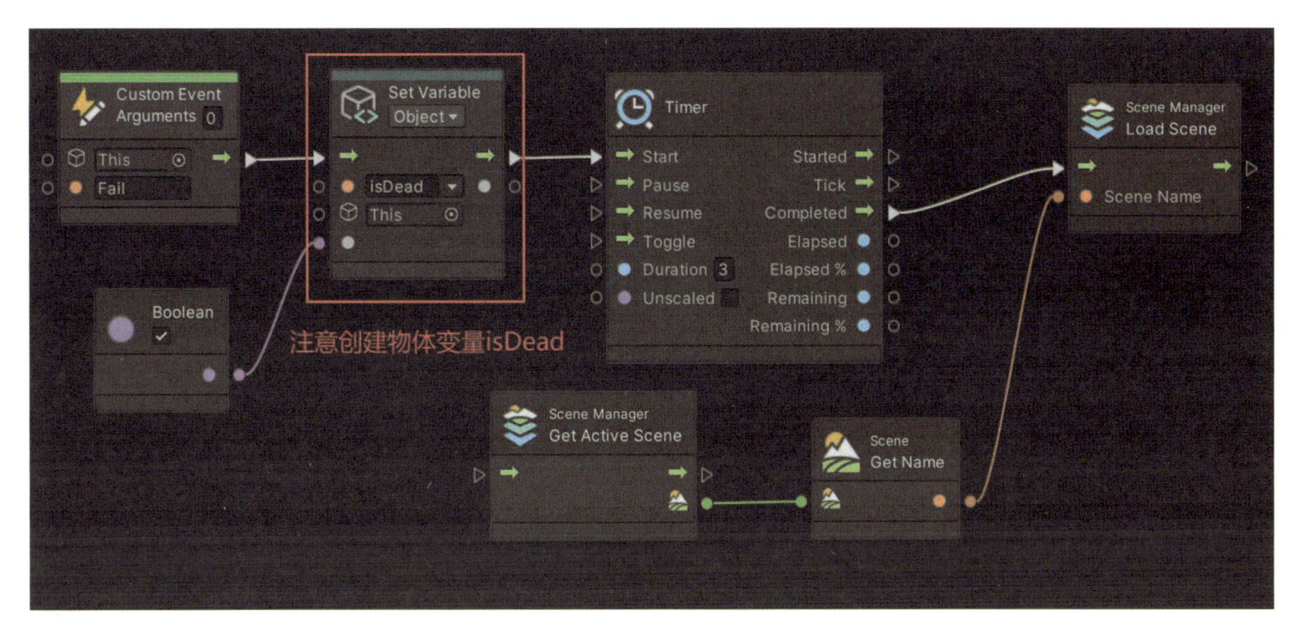

图 4-62　主角死亡的脚本逻辑图

打开“PlayerAnimation”脚本图，我们利用主角身上的“isDead”变量来实现主角死亡状态的动画切换，如图 4-63 所示。

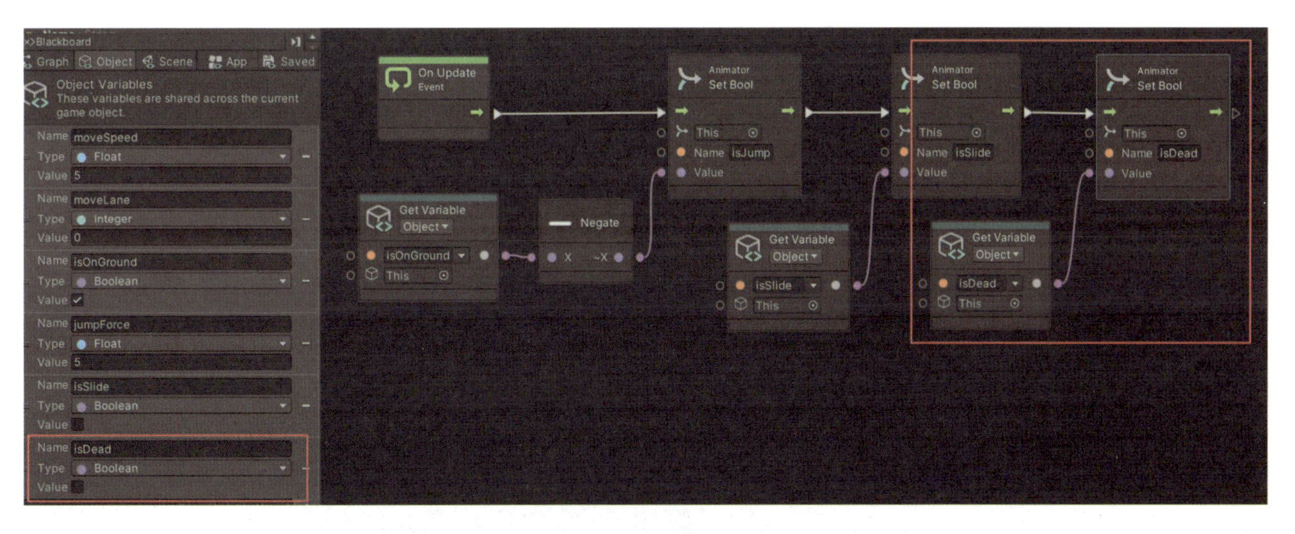

图 4-63　主角死亡状态的动画切换

随后，在“PlayerState”状态机中双击打开“PlayerMovement”脚本图，为主角向前移动、左右换道、向上跳跃和向下滑行都添加一个“If”节点作为判断条件，只有当主角处于非死亡状态时，才能继续进行该流程。主角向上跳跃的节点设置如图 4-64 所示。

小贴士

在不断地调试中能够发现很多问题，所以作为一个游戏开发者，请从现在开始培养自己运行测试的习惯。

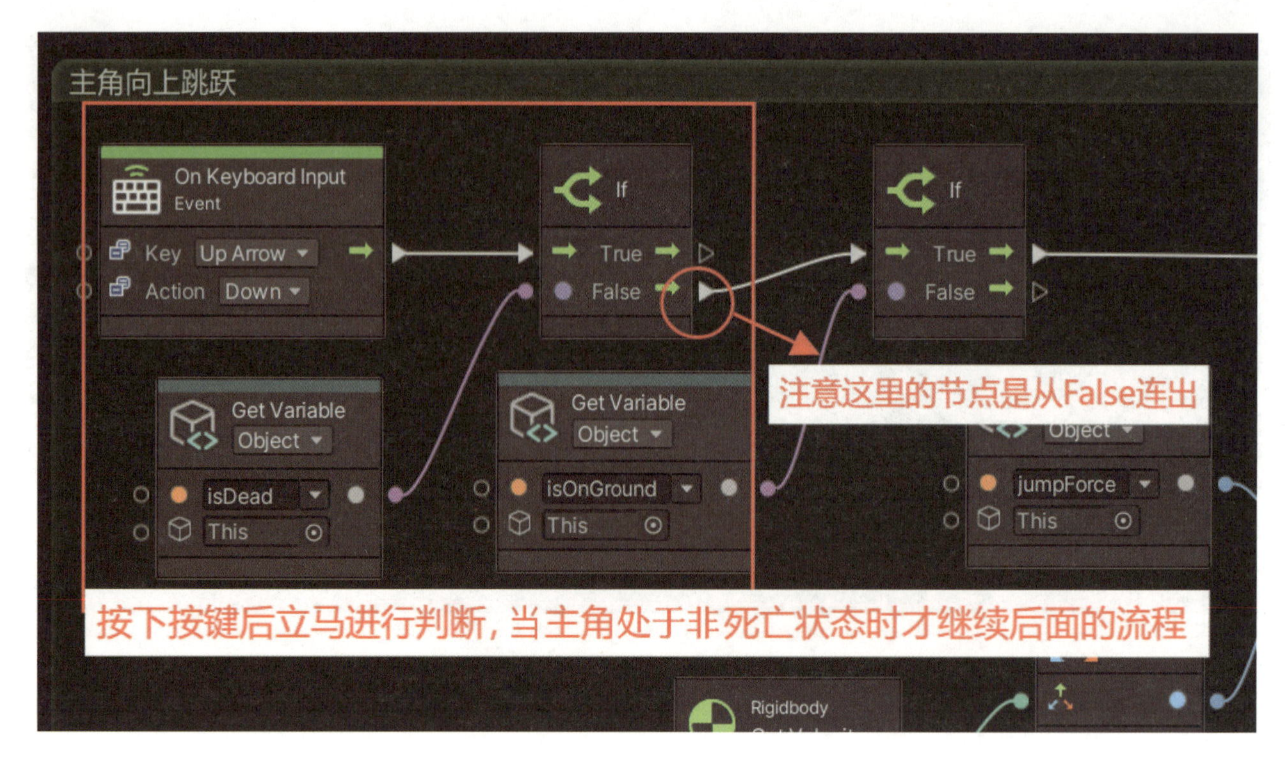

图 4-64 优化主角的移动逻辑

（3）障碍物的生成。

最后，充分发挥自己的创意，在场景里放置多个障碍物，让游戏变得好玩起来；同时，我们可以将障碍物添加到街区单元（StreetUnit）预制体中。

3. 主角的开始准备

（1）主角准备的动画实现。

在主角身上创建一个 Bool 类型的物体变量“isStart”，用以控制主角准备状态的切换。打开“PlayerAnimation”脚本图，添加切换准备状态的逻辑，如图 4-65 所示。

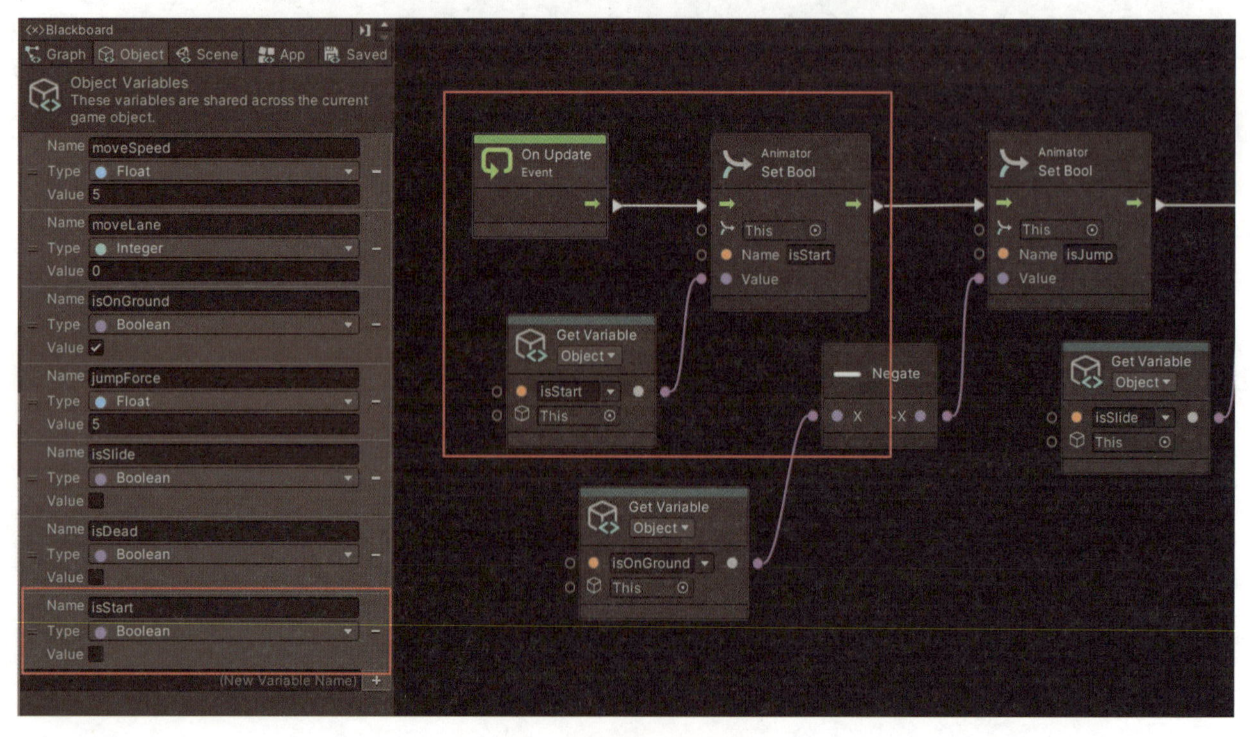

图 4-65 主角准备的动画切换

（2）主角准备的脚本逻辑。

如何实现主角准备的脚本逻辑呢？实际上，我们希望游戏开始运行后，主角首先处于准备状态，3 秒以后正式进入移动状态。因此，我们需要在“PlayerState”中新建一个主角准备的脚本图，在游戏开始时将“isStart”变量设置为假，如图 4-66 所示。

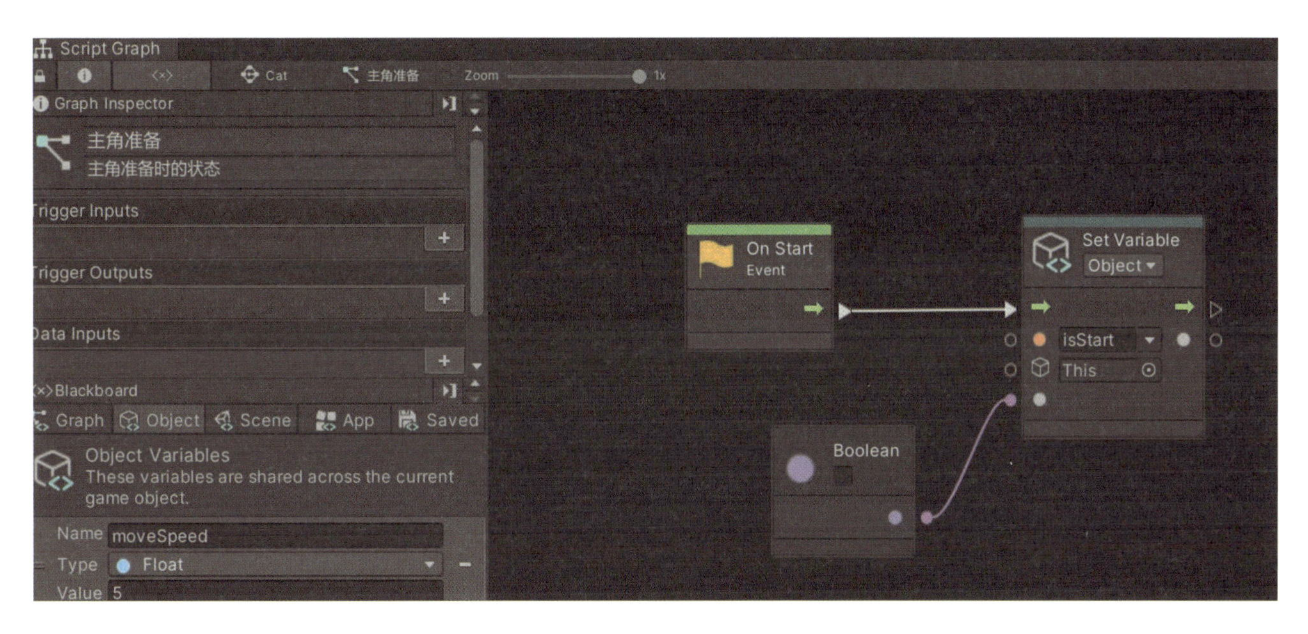

图 4-66　主角准备脚本图的创建和设置

（3）主角准备的切换条件。

回到“PlayerState”状态机，我们将为主角准备和主角移动设置切换条件。右键点击主角准备模块，选择“Toggle Start”并将其设置为初始启动，同时关闭主角移动模块的初始启动，如图 4-67 所示，模块上方绿色点亮表示初始启动，灰色表示初始不启动。再次右键点击主角准备模块，选择“Make Transition”并指向主角移动模块，表示主角准备和主角移动的切换条件。

小贴士

在逻辑相对复杂的情况下，相比简单的脚本图，状态机能够更好地处理逻辑关系和问题。

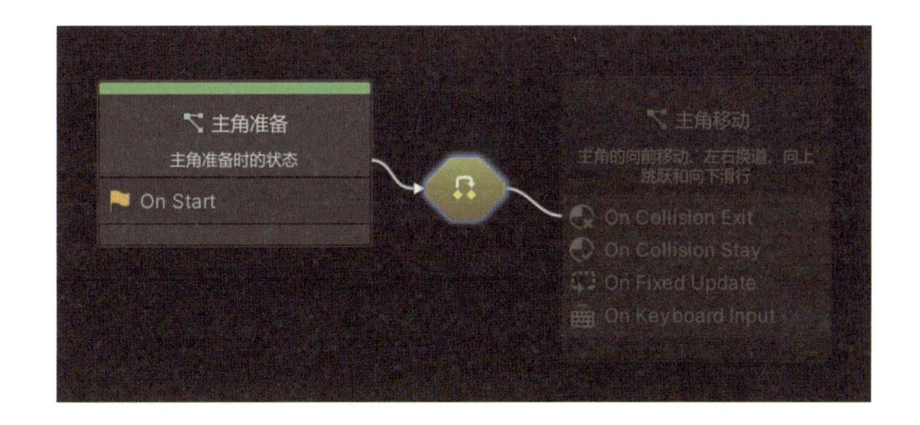

图 4-67　“PlayerState”状态机中的准备状态和移动状态切换条件

双击打开图 4-67 中线条中部的黄色区域，编辑切换条件。在图中创建一个计时器节点，用于设置 3 秒后“isStart”变量由真变为假，即取消准备状态，如图 4-68 所示。

现在运行场景，会发现主角先向摄像机摆手，3 秒之后再正式进入城市跑酷。到这里，主角的开始准备功能也实现了。

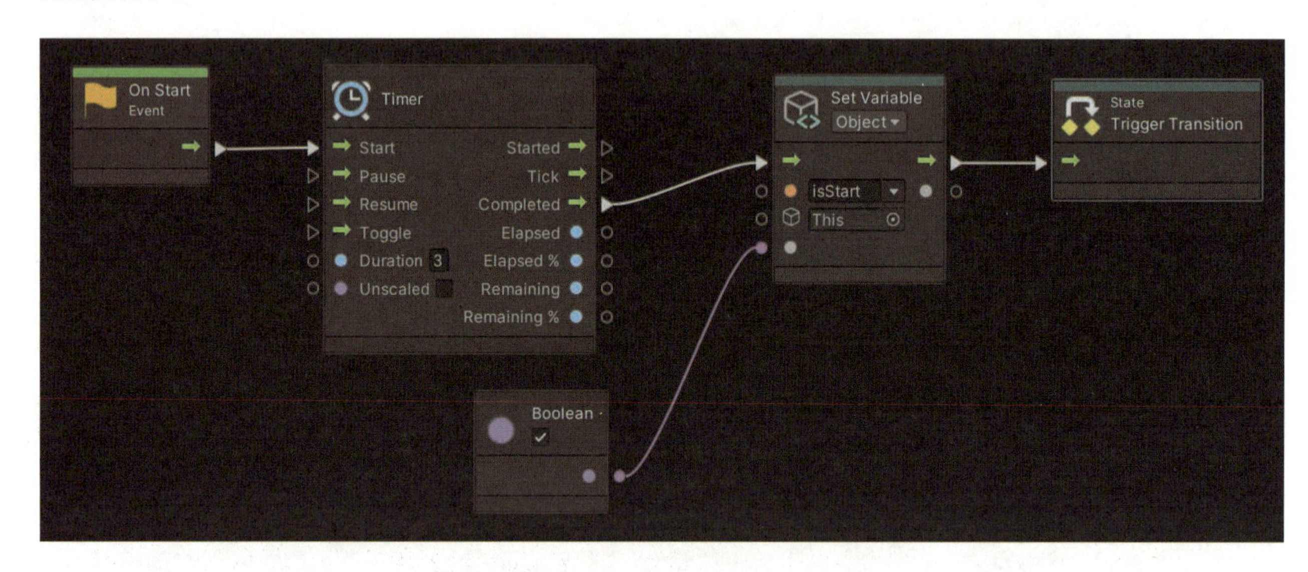

图 4-68　主角准备状态和移动状态的切换条件设置

4. 金币（鱼骨）的生成和积分实现

（1）导入并设置金币素材。

将“学习任务三 - 金币”资源包拖入 Project 窗口中。该资源包含有鱼骨模型，同时在运行状态下会自动旋转。在场景中合适的位置先添加适当数量的鱼骨，供测试用。

重要知识点

为了便于管理场景物体，将这些鱼骨模型都放置在一个归零空物体“Coins”下。

导入模型时，可以将原有的模型预制体解包。右键选中“Prefab”—“Unpack Completely”，便于后续在此基础上制作新的预制体。

为鱼骨预制体添加“Sphere Collider”组件，用于检测与主角之间的碰撞。由于它并不与主角产生实际碰撞的物理效果，因此需要勾选“Is Trigger”，如图 4-69 所示。

小贴士

碰撞体的形状有很多，如球形、长方体形、胶囊形、轮胎形等，或者根据模型的面建立碰撞体。除了考虑物体自身的形状以外，也需要考虑性能计算的问题。

（2）设置游戏得分逻辑。

在鱼骨预制体上添加一个命名为“Coin”的“Script Machine”脚本图。打开并编辑脚本图，创建一个 Int 类型的物体变量“coinScore”来表示金币得分，默认为 1，即拾取 1 个鱼骨增加 1 分，如图 4-70 所示。同时，创建一个 Int 类型的场景（Scene）变量“totalScore”来表示累计得分，默认初始值为 0，如图 4-71 所示。

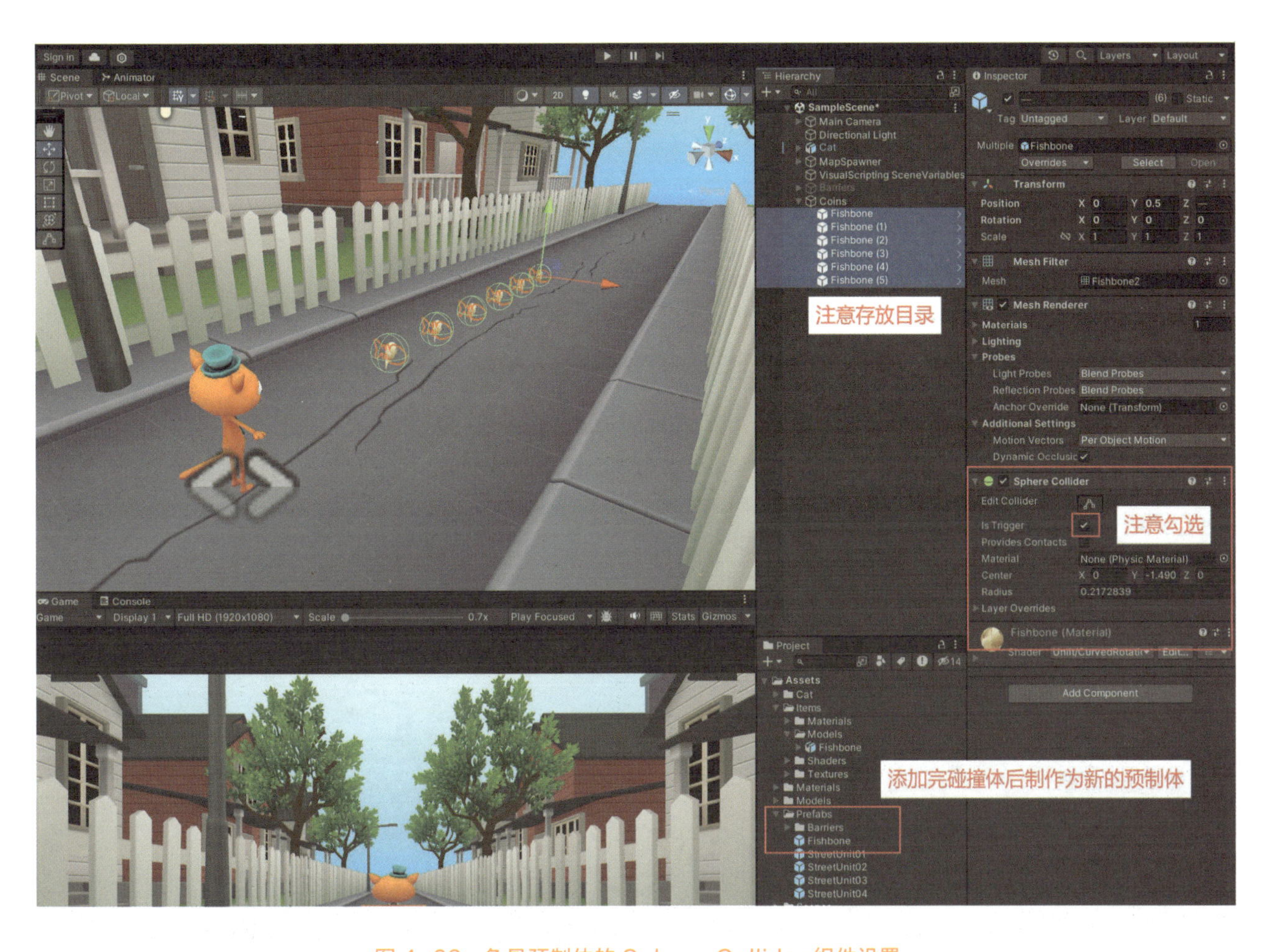

图 4-69　鱼骨预制体的 Sphere Collider 组件设置

图 4-70　创建物体变量“coinScore”

图 4-71　创建场景变量“totalScore”

思考

为什么有时候创建物体变量，有时候创建场景变量？

实现游戏得分的逻辑为，当检测到1个鱼骨与主角发生碰撞时，累计得分增加1个金币得分，随后鱼骨消失。实现该逻辑的脚本图如图4-72所示。

点击运行场景后，我们可以在Hierarchy窗口中的“VisualScripting SceneVariables”物体上观察“totalScore”的变化，来判断游戏得分的功能是否实现。我们将在本项目学习任务五中将得分结果显示在游戏画面中。

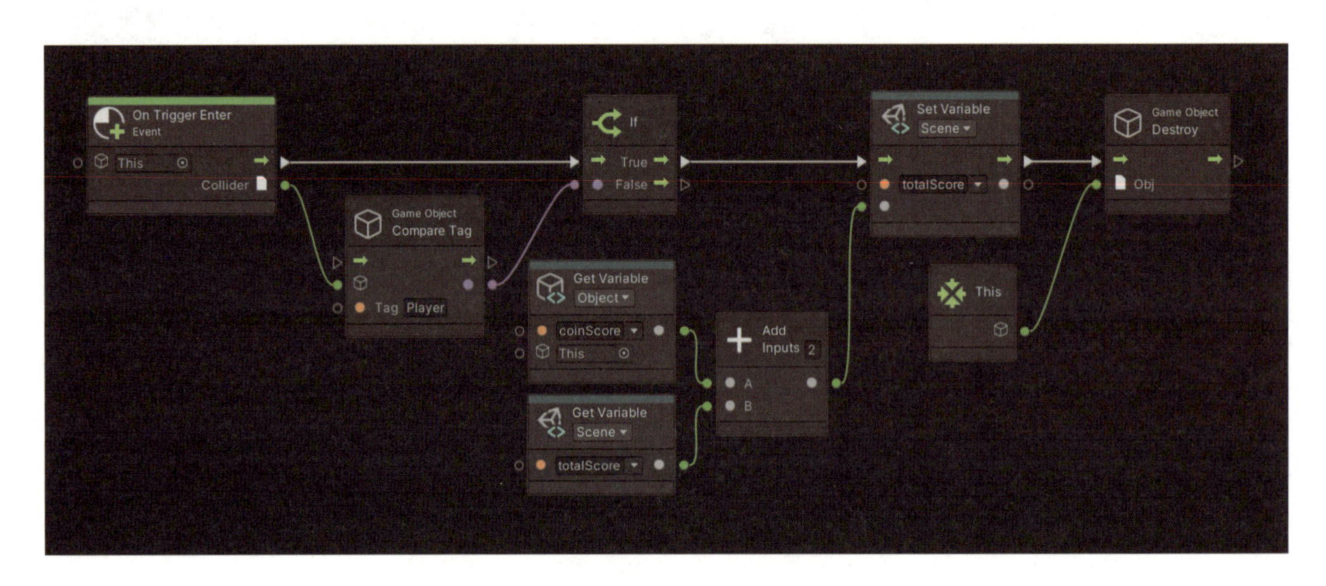

图4-72　实现游戏得分的脚本逻辑图

三、学习任务小结

通过本次学习任务，我们已经掌握了游戏逻辑控制的基本技能。通过实际操作，我们学会了如何实现角色的移动和动画切换、障碍物的生成和碰撞检测，以及游戏得分的逻辑。这些技能对于提升游戏的可玩性和玩家体验至关重要。

四、课后作业

根据课堂上学到的知识，独立完成角色移动控制和动画状态切换的逻辑实现；实现障碍物与主角的碰撞检测功能以及游戏得分的逻辑，并进行测试，根据测试结果，对游戏逻辑进行优化和调整，提升游戏的可玩性和玩家体验。

UI 布局和交互设计

教学目标

（1）专业能力：使学生能够掌握游戏界面设计的基本原则和方法，包括 UI 布局、交互逻辑的实现，以及 UI 元素与游戏逻辑的整合。

（2）社会能力：培养学生的用户体验意识，通过设计直观、易用的 UI 界面，提高对用户需求的理解和满足能力。

（3）方法能力：提高学生的创意设计能力和技术实施能力，使学生能够独立完成游戏 UI 的设计与实现。

学习目标

（1）知识目标：理解 UI 在游戏中的重要性，掌握 Unity 中 UI 组件的创建和配置方法。

（2）技能目标：能够使用 Unity 创建和操作 UI 元素，如文本、按钮等，并能够通过脚本控制 UI 元素的动态交互。

（3）素质目标：培养耐心和细心，提高解决设计问题的能力，能够从用户的角度思考问题。

教学建议

1. 教师活动

（1）向学生展示优秀的游戏 UI 设计案例，让学生理解 UI 设计是如何增强游戏的可玩性和用户体验的。

（2）指导学生在 Unity 中创建 UI 元素，并通过脚本实现 UI 的动态交互效果。在教学过程中适时提问，及时检查学生学习情况。

（3）结合 UI 设计，引导学生进行换位思考，增强岗位意识以及责任意识，提升学生的职业素养。

2. 学生活动

（1）学习课程内容，并在实际操作中加深对 UI 设计的理解，完成教师布置的设计任务。

（2）积极参与课堂讨论，分享自己的设计理念和学习心得，课后对自己的设计过程进行反思和总结。

一、学习问题导入

跑酷游戏的界面主要分为两部分，一是游戏主菜单 UI，主要包括游戏标题、开始按钮、退出按钮等；二是游戏主场景 UI，主要包括实时积分和状态面板，其中状态面板包括游戏暂停面板和游戏结束面板。

二、学习任务讲解

1. 游戏主场景 UI

（1）累计得分显示。

在本项目学习任务四中，我们为金币积分设置了一个“totalScore”变量，用于表示玩家在跑酷游戏中拾取的鱼骨数量，下面我们将让它在游戏画面中显示出来。

小贴士

当Hierarchy窗口中的场景物体变多时，我们可以创建一个空物体来管理不同的场景物体，如图 4-73 所示。

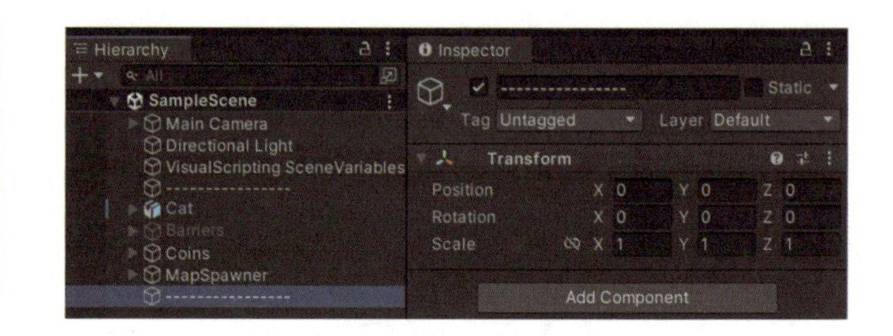

图 4-73　Hierarchy 窗口的物体管理

在 Hierarchy 窗口中，点击鼠标右键选择“UI”—“Legacy”—“Text”，创建一个文本组件，并命名为“ScoreText”，用于显示累计得分，即拾取的鱼骨数量。将其位置调整至画面右上角，并修改其 Text 组件，如图 4-74 所示。

重要知识点

所有的 UI 组件一般都会被创建在画布下，画布是专门用于处理 UI 内容的游戏物体。

由于文本的画面显示不够清晰，我们为文本添加 Outline 组件，并调整其粗细，如图 4-75 所示。

接下来，我们为“ScoreText”物体添加“Script Machine”脚本图，选择 Embed 内嵌模式，并填入概述和说明内容，如图 4-76 所示。

打开并编辑脚本图。加入“Set Text”（设置文本）节点，显示内容为 String 类型的“当前得分：”和“totalScore”场景变量，并定时刷新，如图 4-77 所示。点击运行测试，当主角拾取鱼骨时，文本内容便会相应更新。

（2）跑酷距离显示。

将“ScoreText”物体复制一份，并重命名为“DistanceText”，用于表示当前玩家已经跑过的距离，调整其“Rect Transform”组件和“Text”组件，如图 4-78 所示。

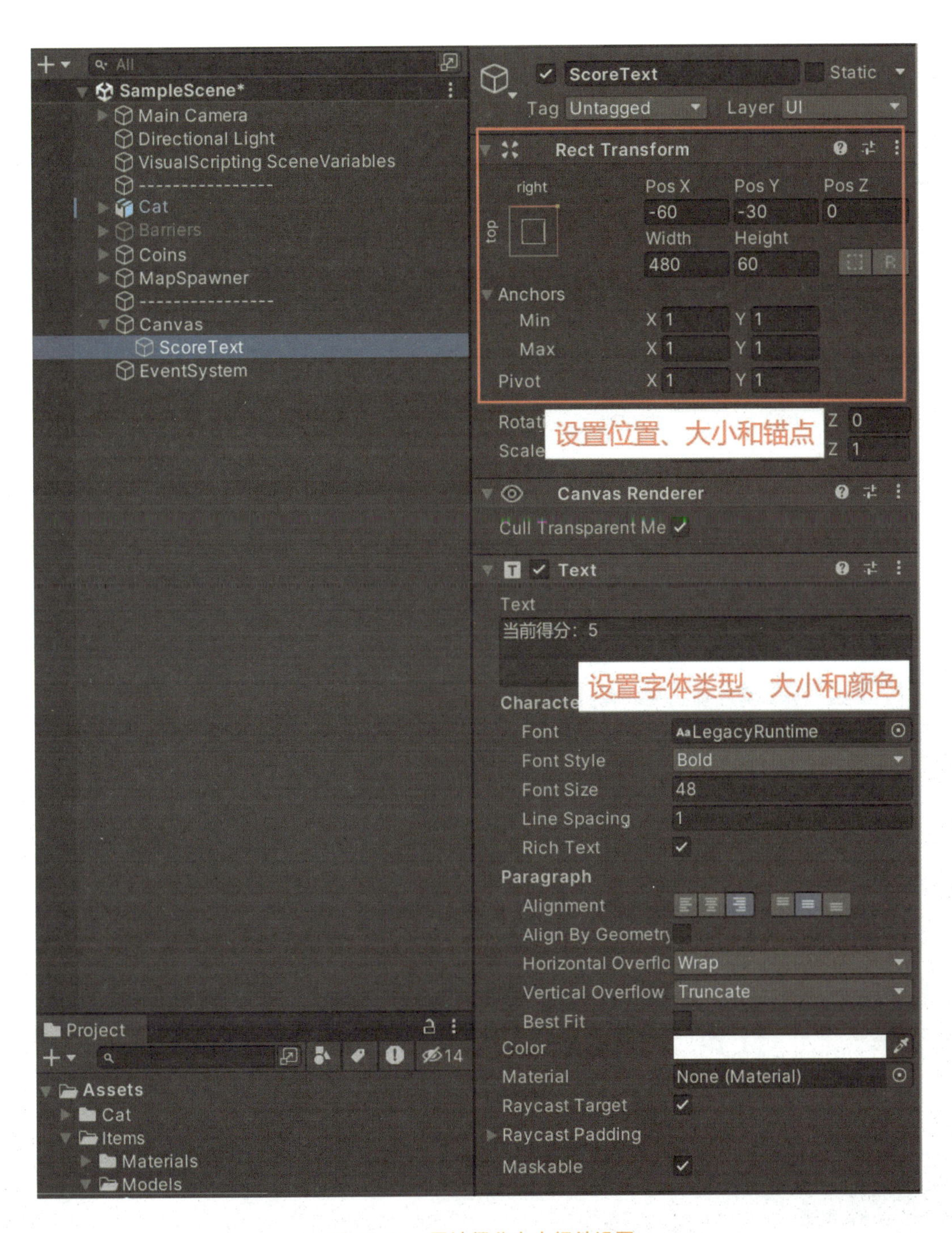

图 4-74　累计得分文本组件设置

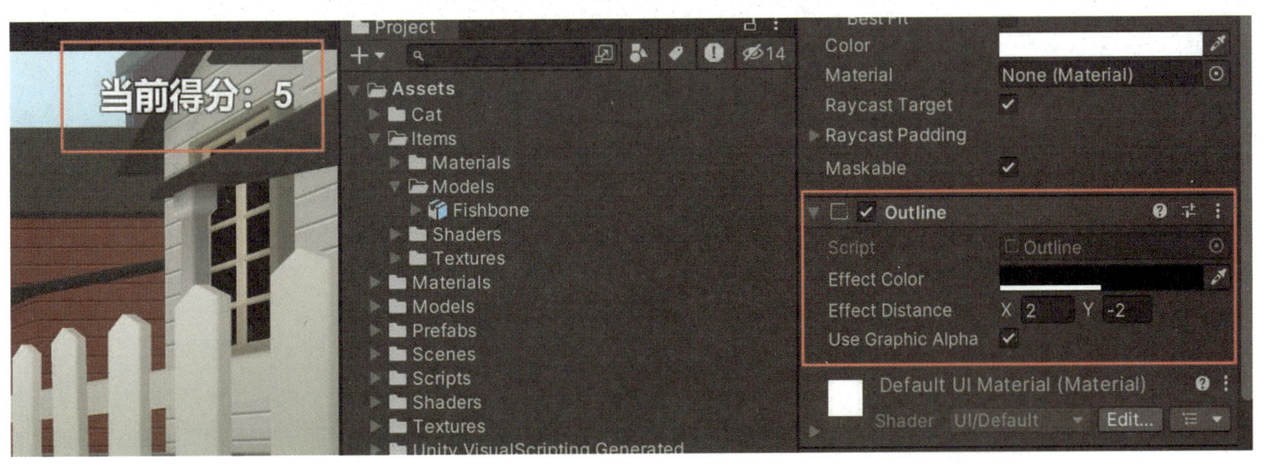

图 4-75　添加 Outline 组件的文本显示

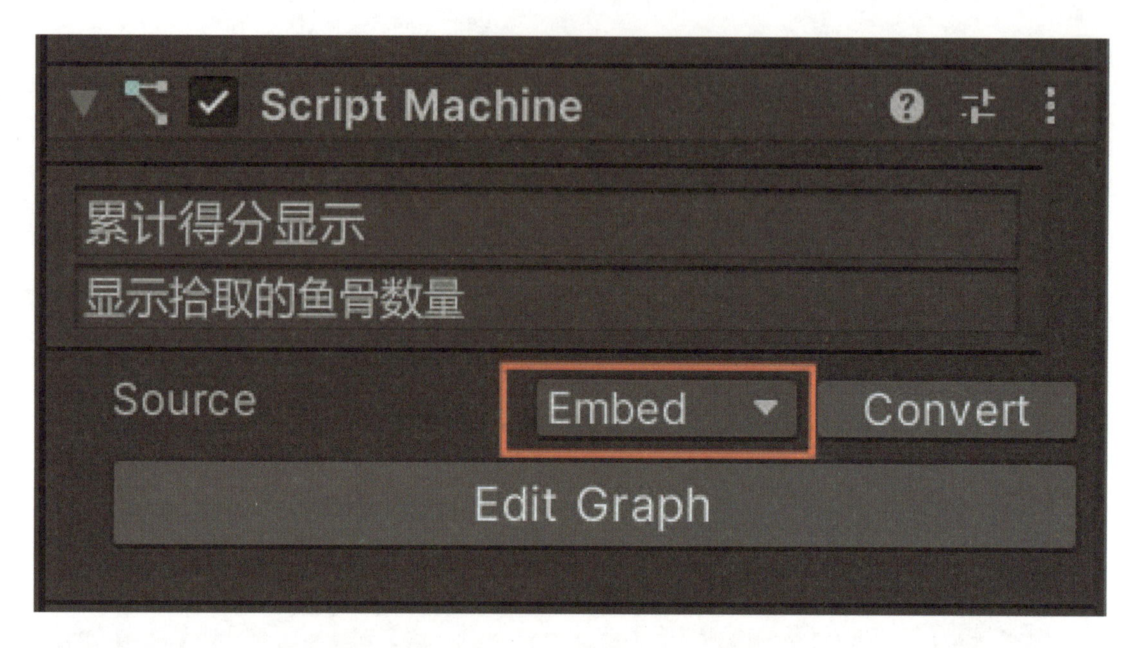

图 4-76　为“ScoreText”添加内嵌脚本图

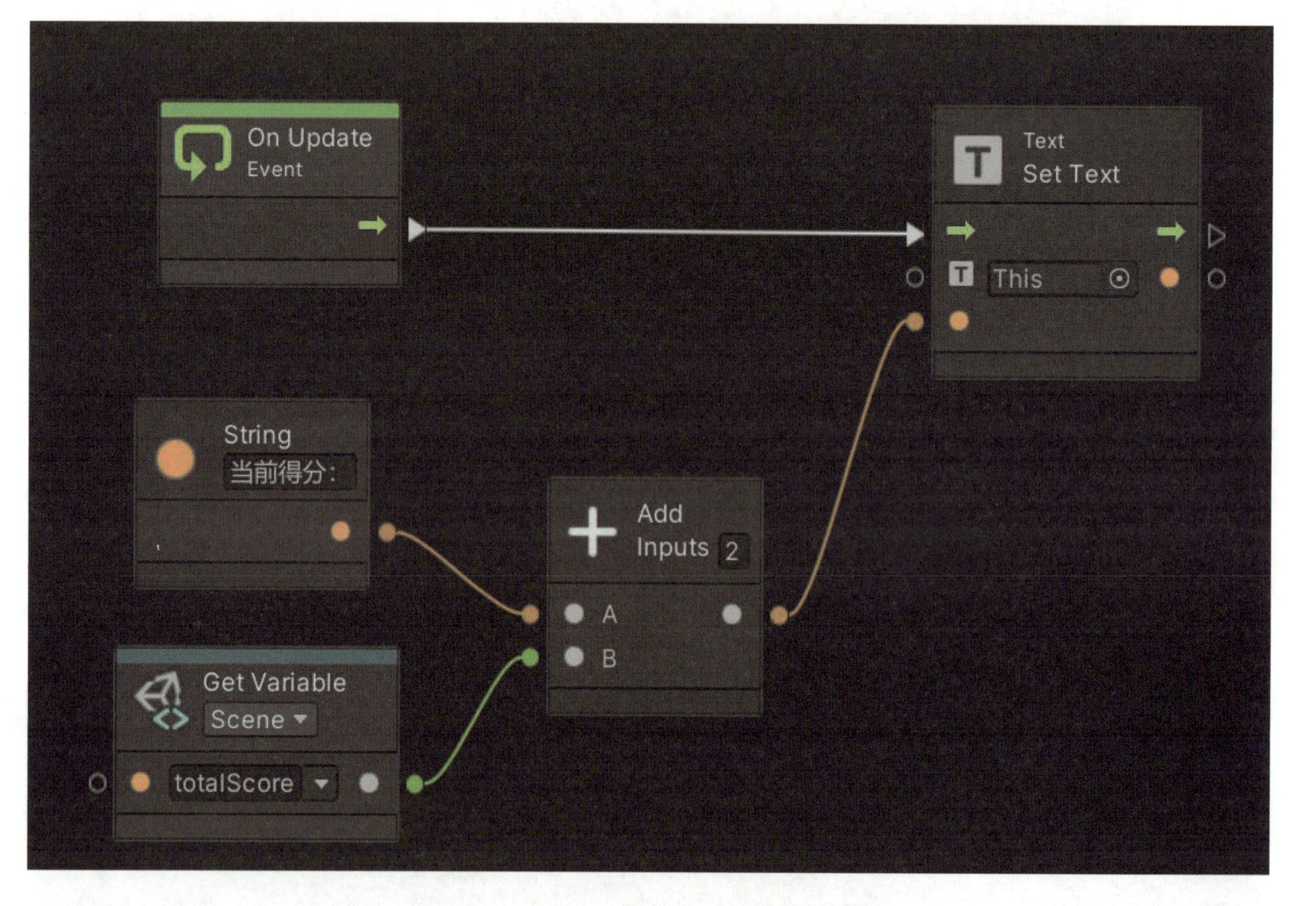

图 4-77　“ScoreText”实时更新脚本逻辑

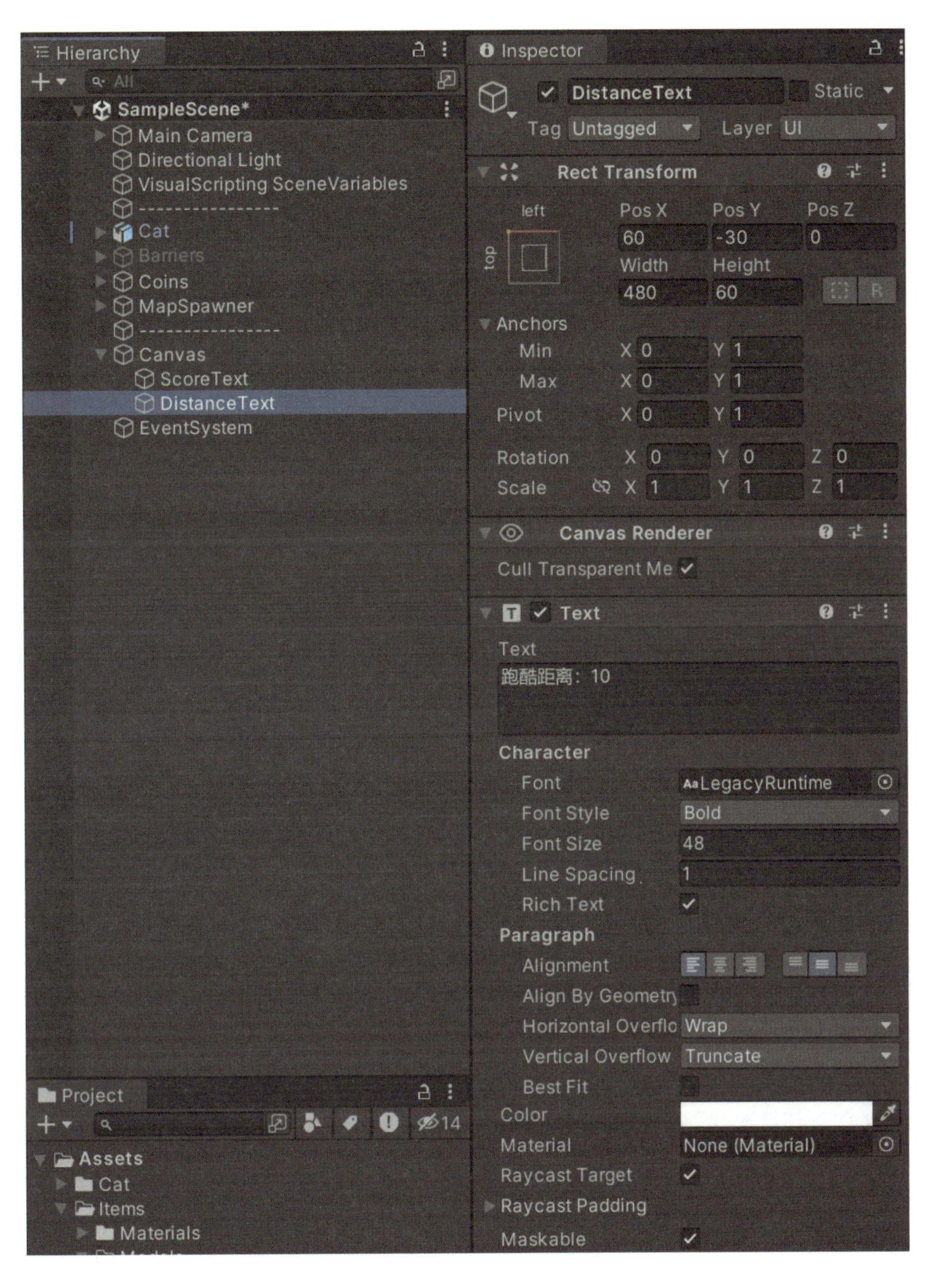

图 4-78　跑酷距离文本组件设置

打开并编辑脚本图，修改其概述和说明内容。这里我们需要实时获取“Player”的位置信息，并将其显示为文本内容，具体脚本逻辑如图 4-79 所示。此时，点击运行测试，即可在左上角显示玩家实时跑过的距离。

（3）游戏暂停面板。

在游戏进行过程中，玩家可能需要临时暂停游戏。当玩家按下键盘上的 Esc 键时，会弹出一个游戏暂停面板，包含继续游戏、重新开始和返回菜单三个按钮，此时游戏暂停。当玩家点击继续游戏按钮时，会回到当前游戏位置，继续进行游戏；点击重新开始时，则会重新开始一轮游戏，跑酷距离和累计得分也会相应清零；点击返回菜单时，则会跳转到游戏主菜单页面。

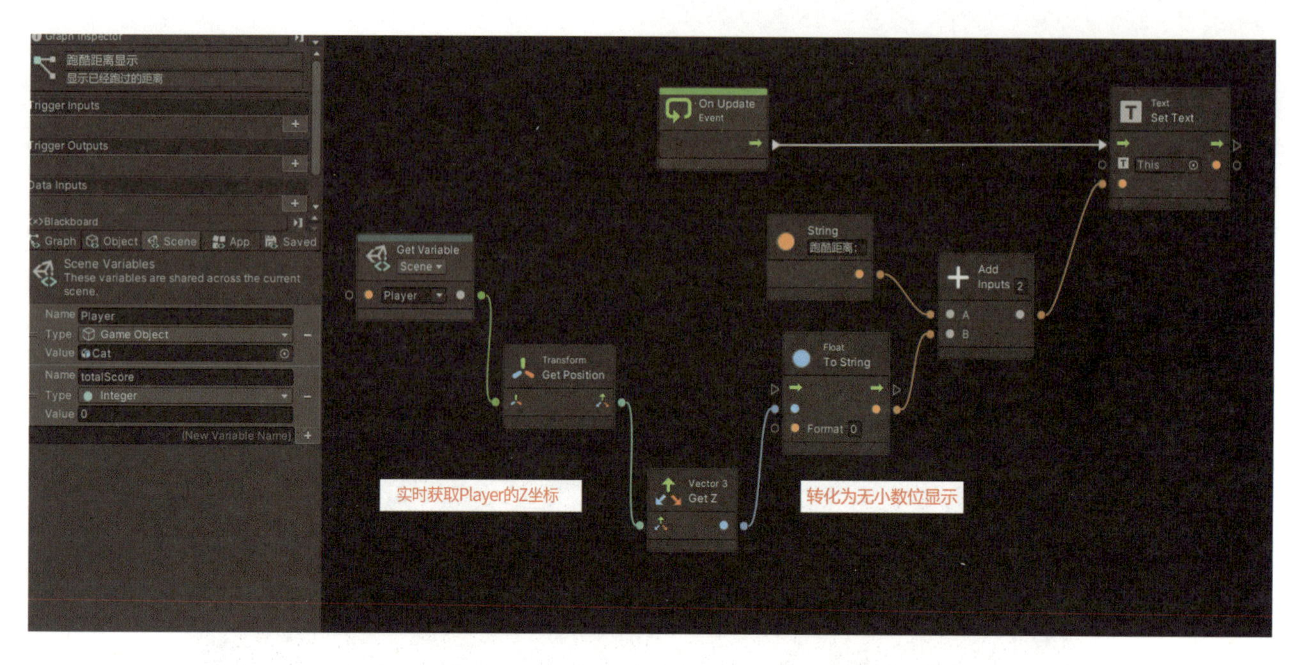

图 4-79 “DistanceText”实时更新脚本逻辑

首先，我们创建游戏暂停面板，并为其添加三个按钮。在 Hierarchy 窗口中，鼠标右键选择“UI”—“Panel”，并命名为“GamePausePanel”。在它下面添加一个物体，命名为“PauseImage”，并为其设置“Rect Transform”和“Image”组件，如图 4-80 所示。

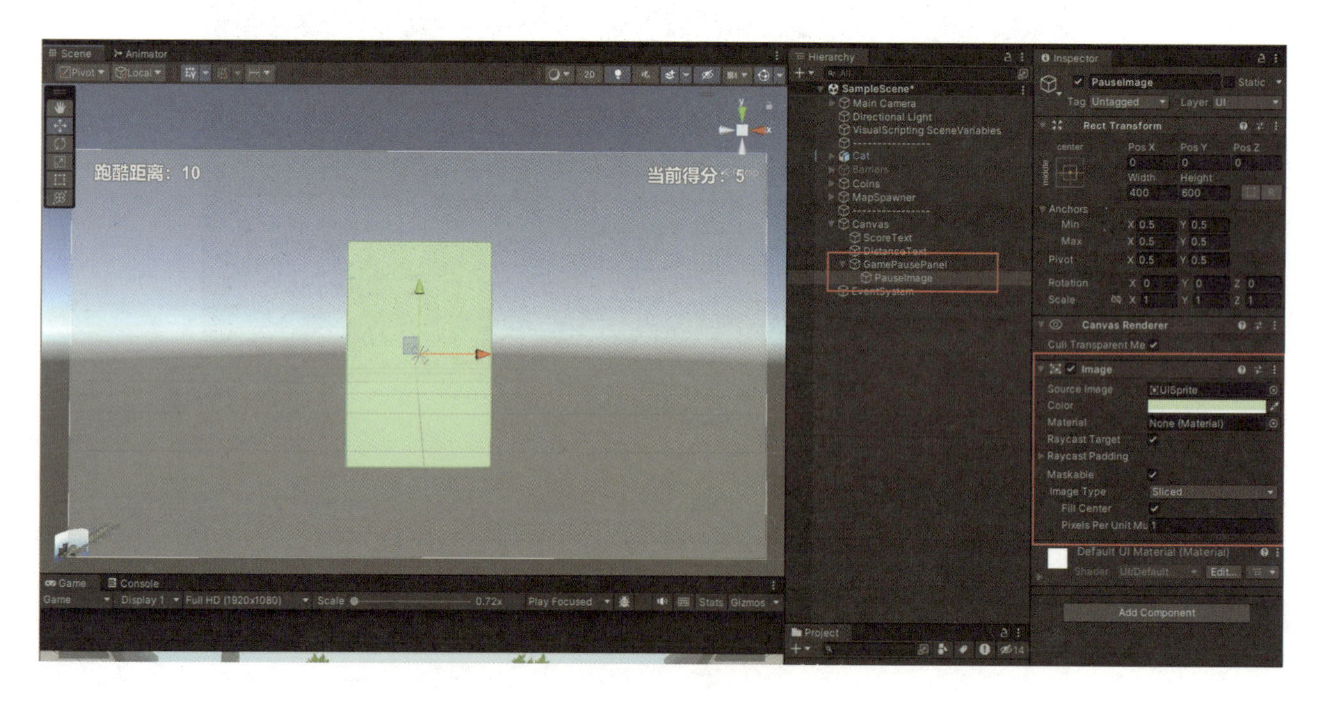

图 4-80 创建并设置游戏暂停面板

在“PauseImage”下，选择“UI”—“Legacy”—“Button”创建三个 Button 物体，分别命名为“ContinueButton”、“RestartButton”和“BackButton”，调整其大小、位置并设置子物体的文本内容，如图 4-81 所示。

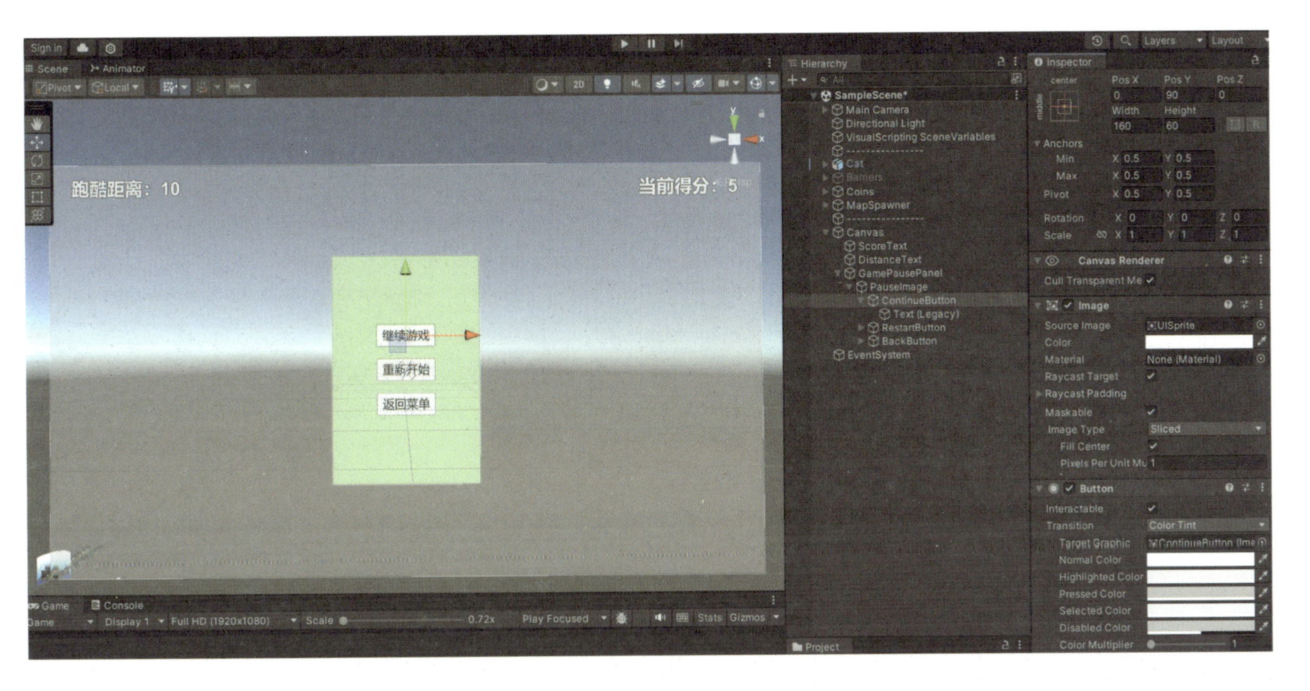

图 4-81　添加游戏暂停面板的三个按钮

小贴士

可以根据自己的设计需求，在项目中添加好看的图片和字体。

选中“Canvas”物体，添加内嵌脚本图，用于管理游戏面板的显示，如图 4-82 所示。

打开并编辑脚本图，添加 Game Object 类型的场景变量“GamePausePanel”，并将 Hierarchy 窗口中的 GamePausePanel 赋值给它。当按下键盘上的 Esc 键时，游戏暂停，且显示游戏暂停面板，其脚本逻辑如图 4-83 所示。返回游戏场景，将“GamePausePanel”物体关闭，即可点击运行测试，观察游戏暂停面板显示功能是否正常实现。

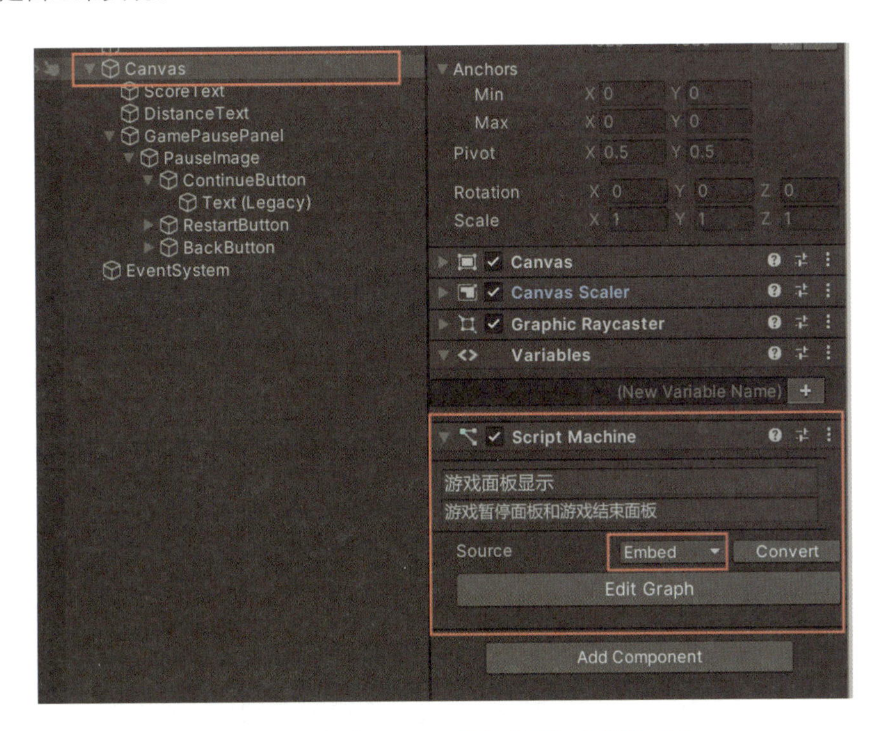

图 4-82　为“Canvas”物体添加内嵌脚本图

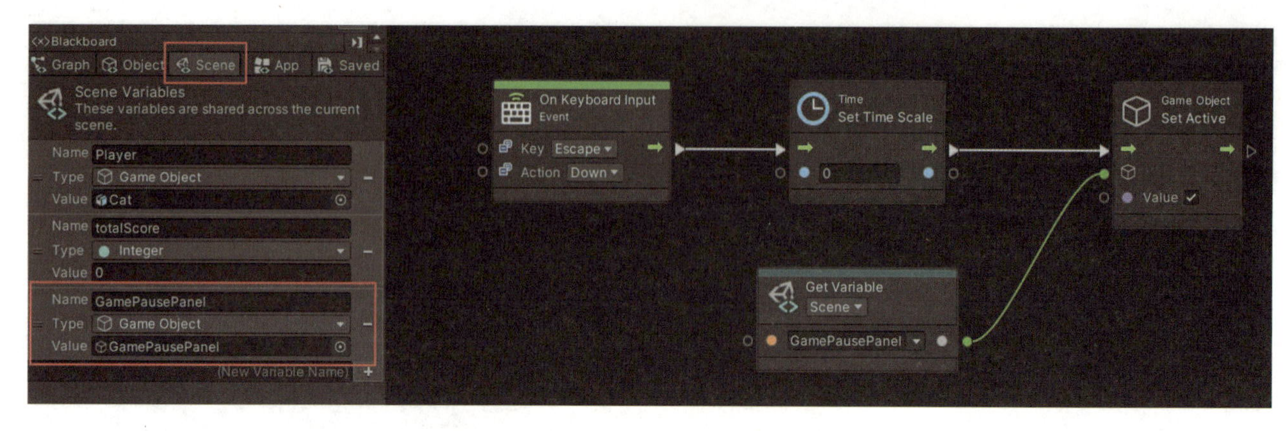

图 4-83　游戏暂停面板显示脚本逻辑

接下来要为三个按钮设置相应的逻辑。选中继续游戏按钮（ContinueButton），为其添加内嵌脚本图，当点击该按钮时，游戏暂停面板关闭，游戏恢复正常，其脚本逻辑如图 4-84 所示。

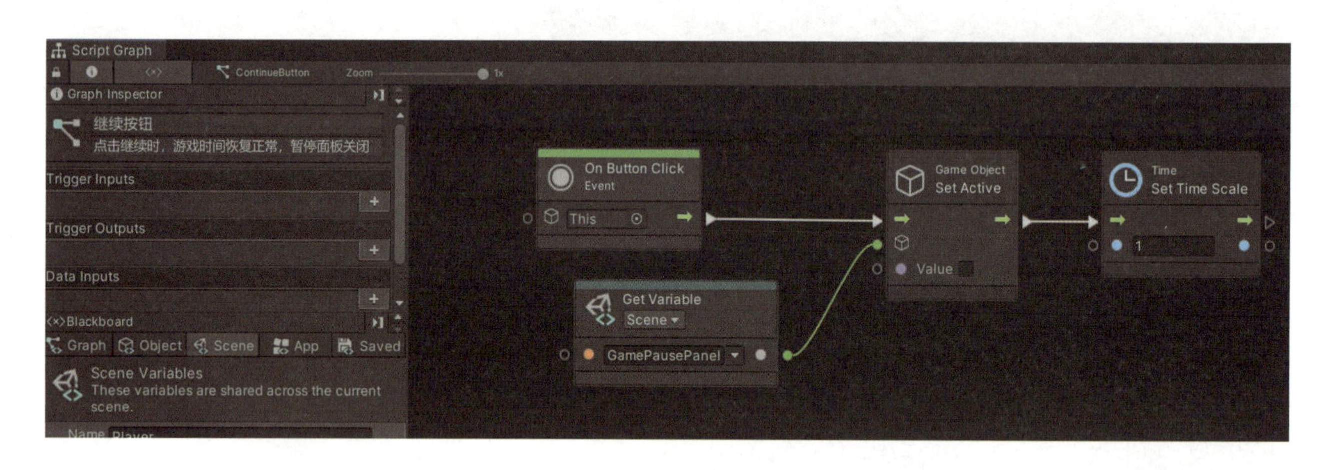

图 4-84　继续游戏按钮的脚本逻辑

思考

你发现了图 4-83 和图 4-84 之间的联系了吗？

选中重新开始按钮（RestartButton），为其添加内嵌脚本图，当点击该按钮时，当前游戏场景重置，其脚本逻辑如图 4-85 所示。

选中返回菜单按钮（BackButton），为其添加内嵌脚本图，当点击该按钮时，将返回游戏主菜单界面，其脚本逻辑如图 4-86 所示。

到这里，游戏暂停时的所有功能都已经实现。玩家可以在游戏过程中随时进入暂停状态，之后可继续游戏或者选择重新开始。

（4）游戏结束面板。

在先前的游戏开发中，我们为了便于测试，将游戏逻辑设为当玩家碰到障碍物死亡时，经过 3 秒后场景重置。现在我们要调整一下这部分逻辑，即当玩家碰到障碍物死亡时，将出现游戏结束面板，游戏结束面板会显示本轮跑酷游戏的最终得分文本，以及重新开始按钮和返回菜单按钮。另外，如果本轮得分是新的最高分，还会显示“新纪录”的字样。

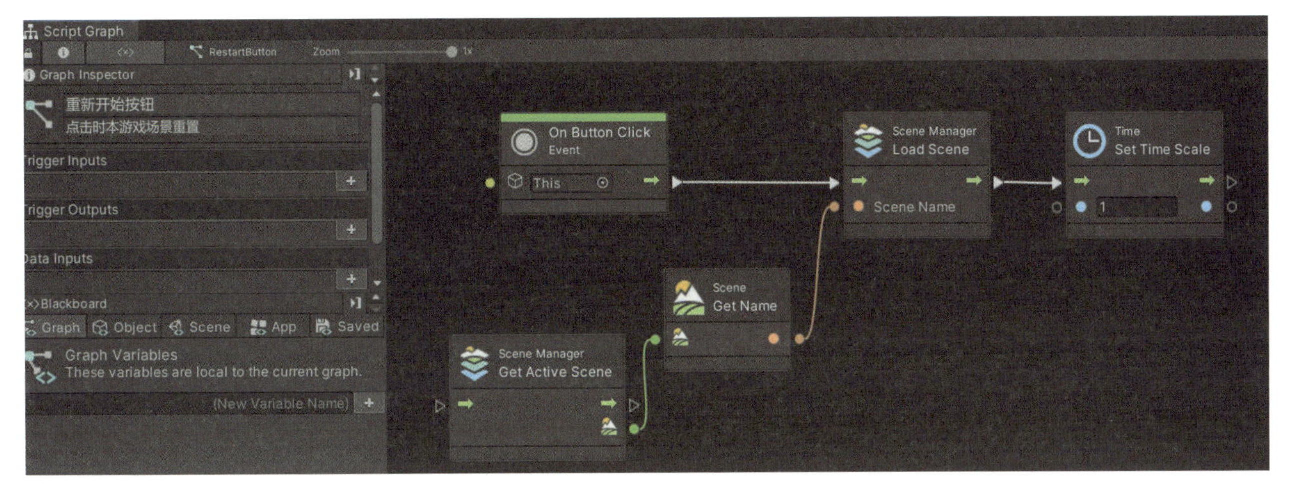

图 4-85　重新开始按钮的脚本逻辑

图 4-86　返回菜单按钮的脚本逻辑

重要知识点

如果忘记在脚本图中将“Set Time Scale”设为 1，点击继续游戏按钮，场景将一直保持静止状态。

首先，我们创建游戏结束面板。将“GamePausePanel”复制一份，重命名为“GameOverPanel”，调整“Image”中的显示颜色，并删除继续游戏按钮，如图 4-87 所示。

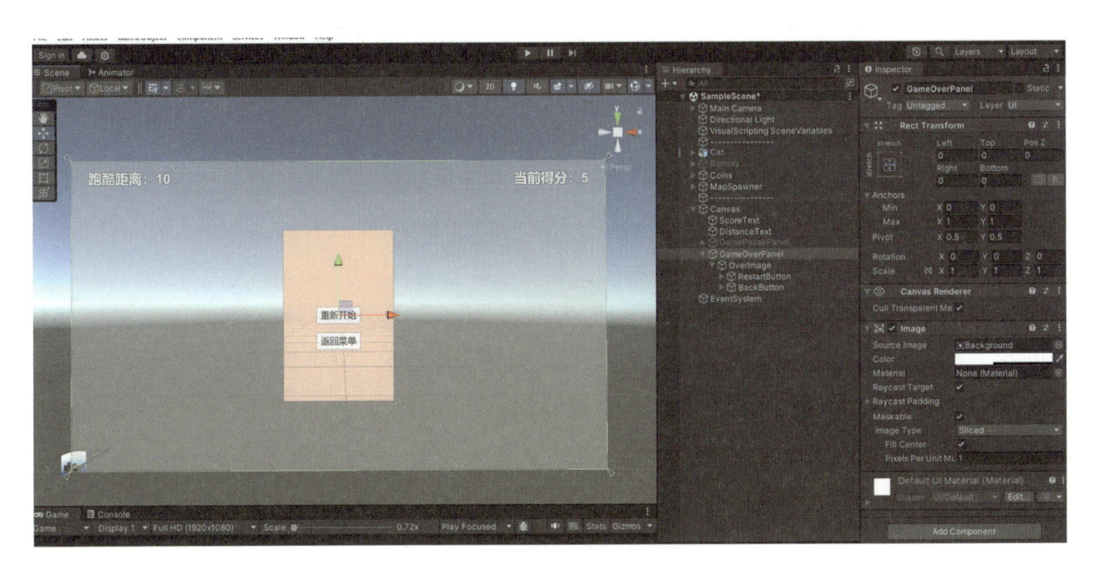

图 4-87　创建游戏结束面板

添加一个文本，命名为“FinalScoreText”，设置其相关组件的值，如图 4-88 所示。再添加一个文本，命名为“NewRecordText”，设置其相关组件的值，如图 4-89 所示。

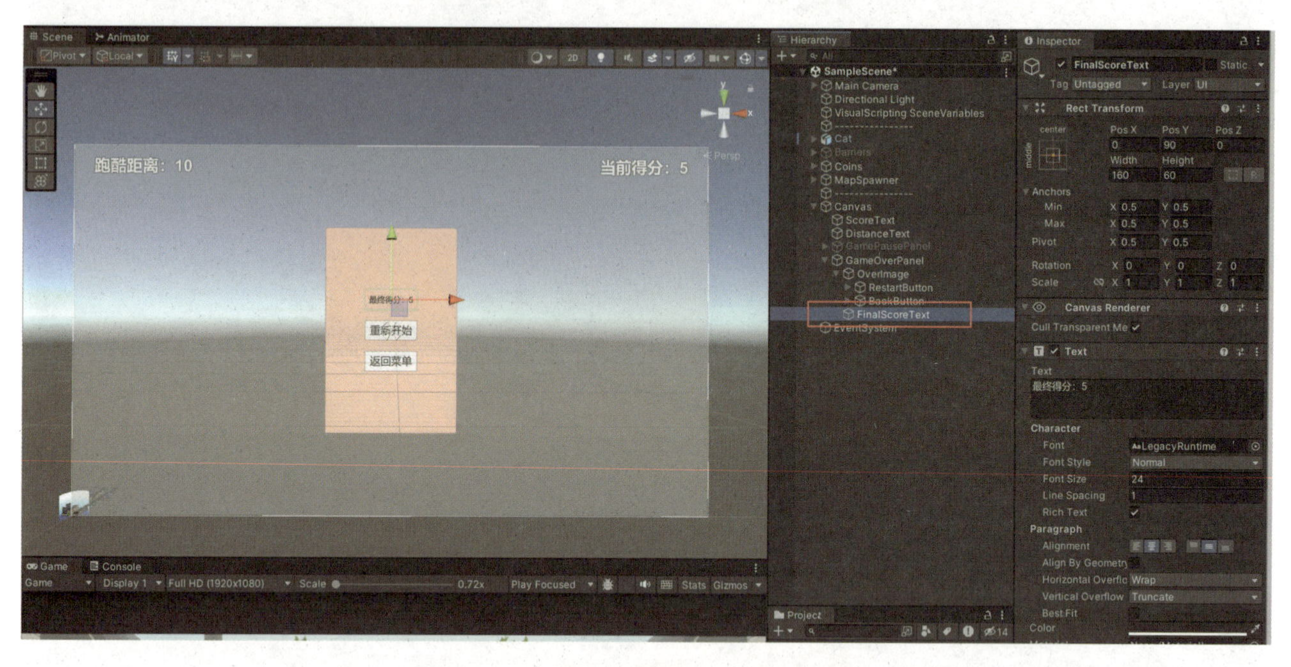

图 4-88　添加并设置最终得分显示文本

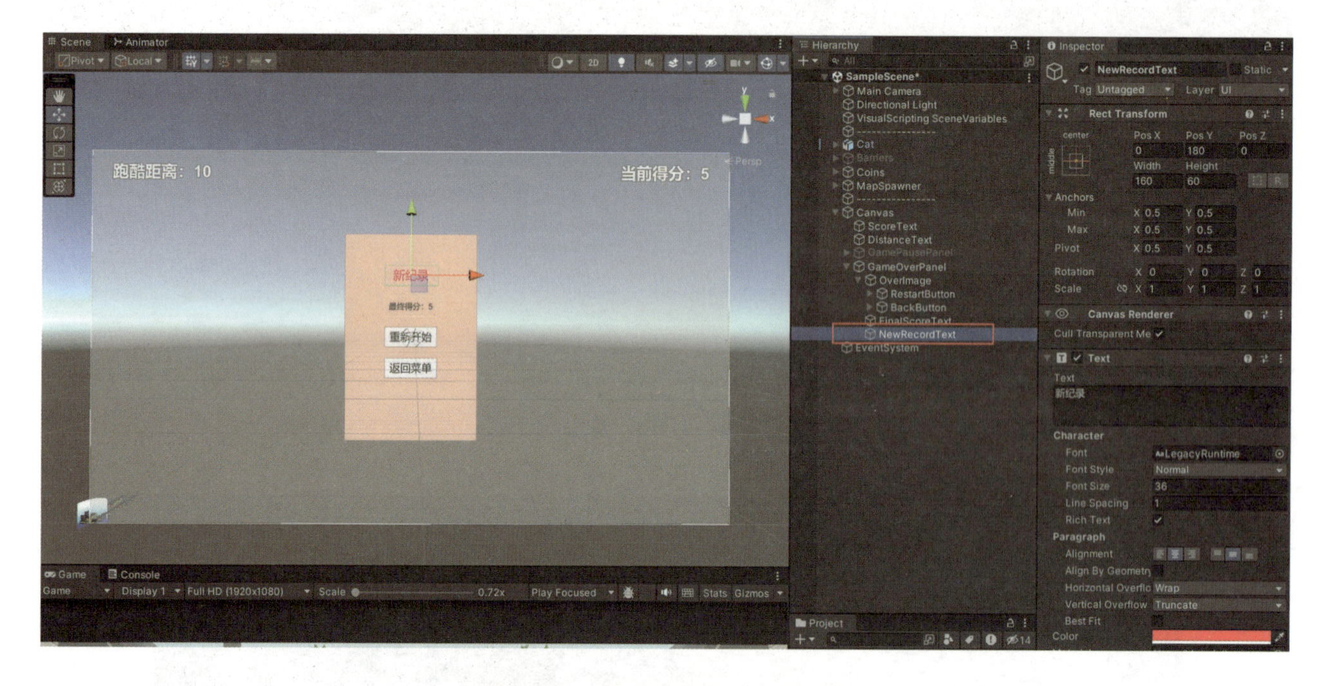

图 4-89　添加并设置新纪录显示文本

接下来，我们添加游戏结束面板的脚本逻辑。选中“Canvas”物体，打开它的内嵌脚本图，添加新的场景变量“GameOverPanel”(Game Object 类型)、“FinalScoreText”（Text 类型）、“NewRecordText”（Text 类型），如图 4-90 所示。另外，添加一个新的 Int 类型应用变量“highestScore”，用于记录整个游戏的最高分，如图 4-91 所示。

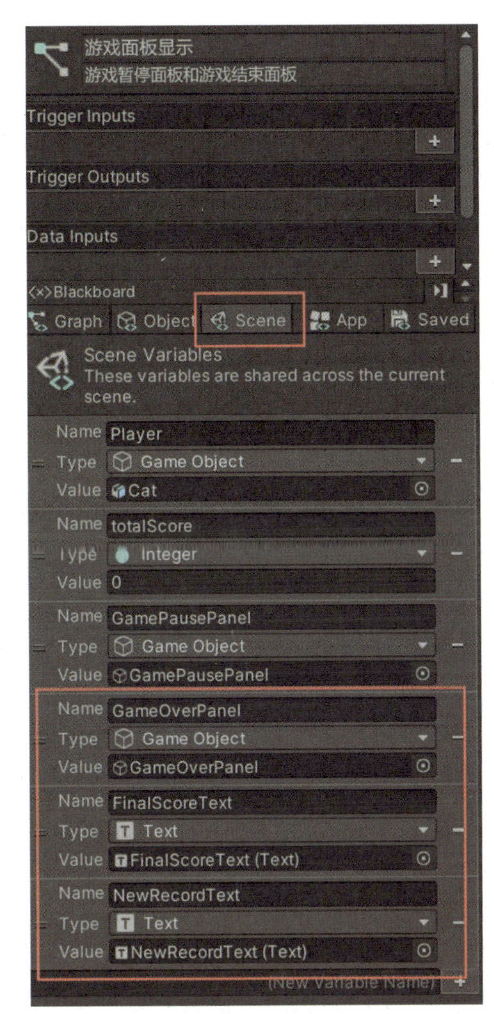

图 4-90　添加“GameOverPanel”“FinalScoreText”“NewRecord-Text”场景变量

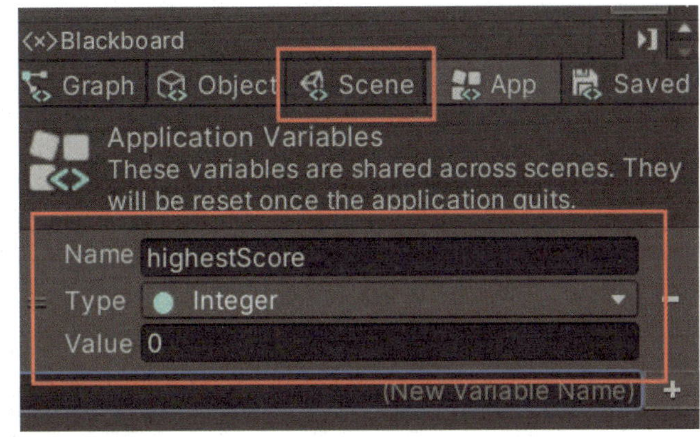

图 4-91　添加“highestScore”应用变量

游戏结束时，我们需要弹出游戏结束面板，显示最终得分，并判断该得分是否为最高得分，如果是的话则显示“新纪录”字样，并更新最高分纪录，其脚本逻辑如图 4-92 所示。

最后，不要忘记打开“Cat”身上的状态机，将之前主角死亡时的脚本逻辑更新，如图 4-93 所示，删除框选部分。

重要知识点

应用变量具有跨场景的属性，也就是说，只要游戏没有退出，当主角在不同场景之间切换时，该变量所记录的更新值都会得到保留。

2. 游戏主菜单 UI

（1）更新游戏主场景名称。

在 Project 窗口中，找到“Scenes”文件夹，将当前的默认场景重命名为“Game”，作为游戏主场景，如图 4-94 所示。

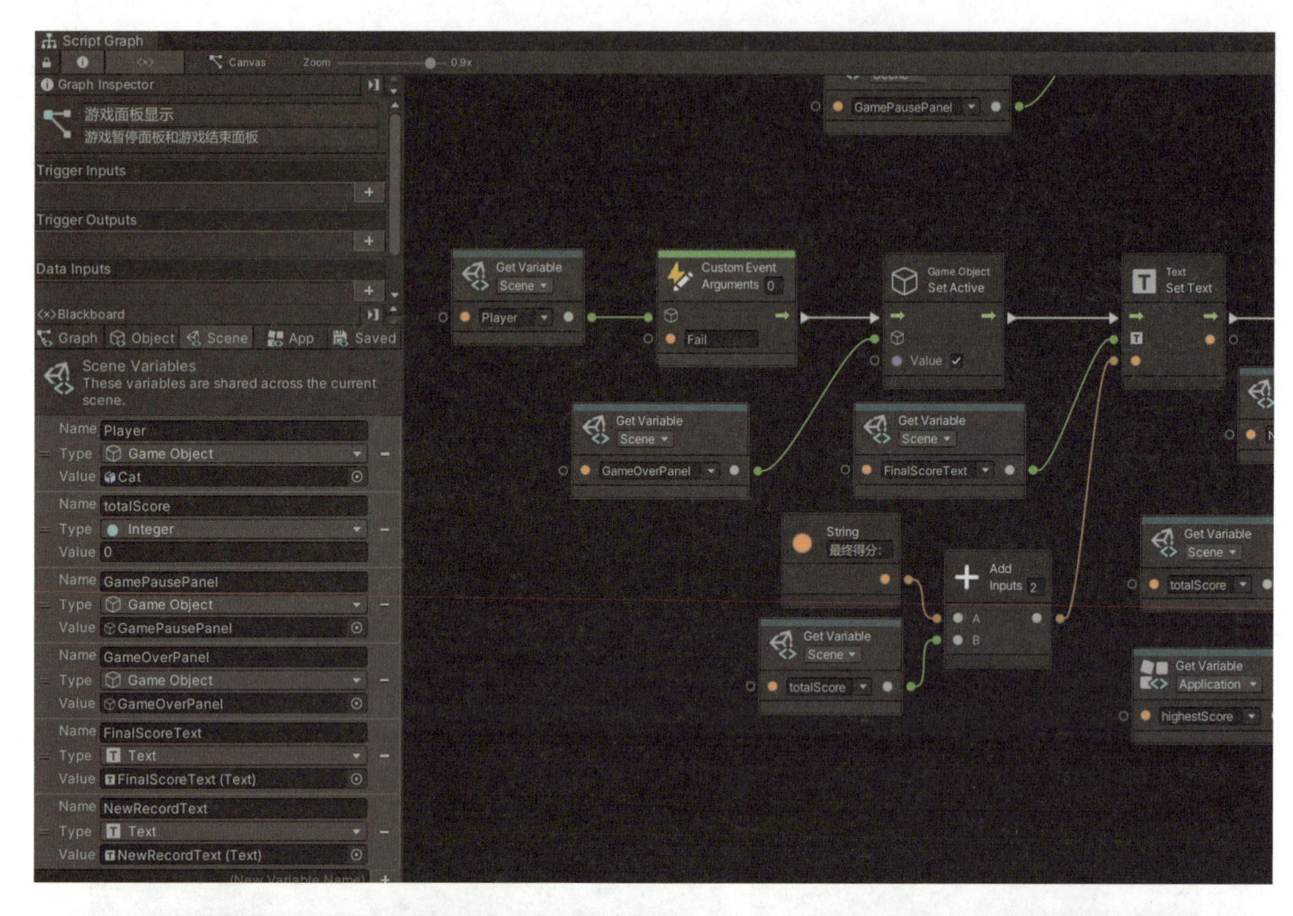

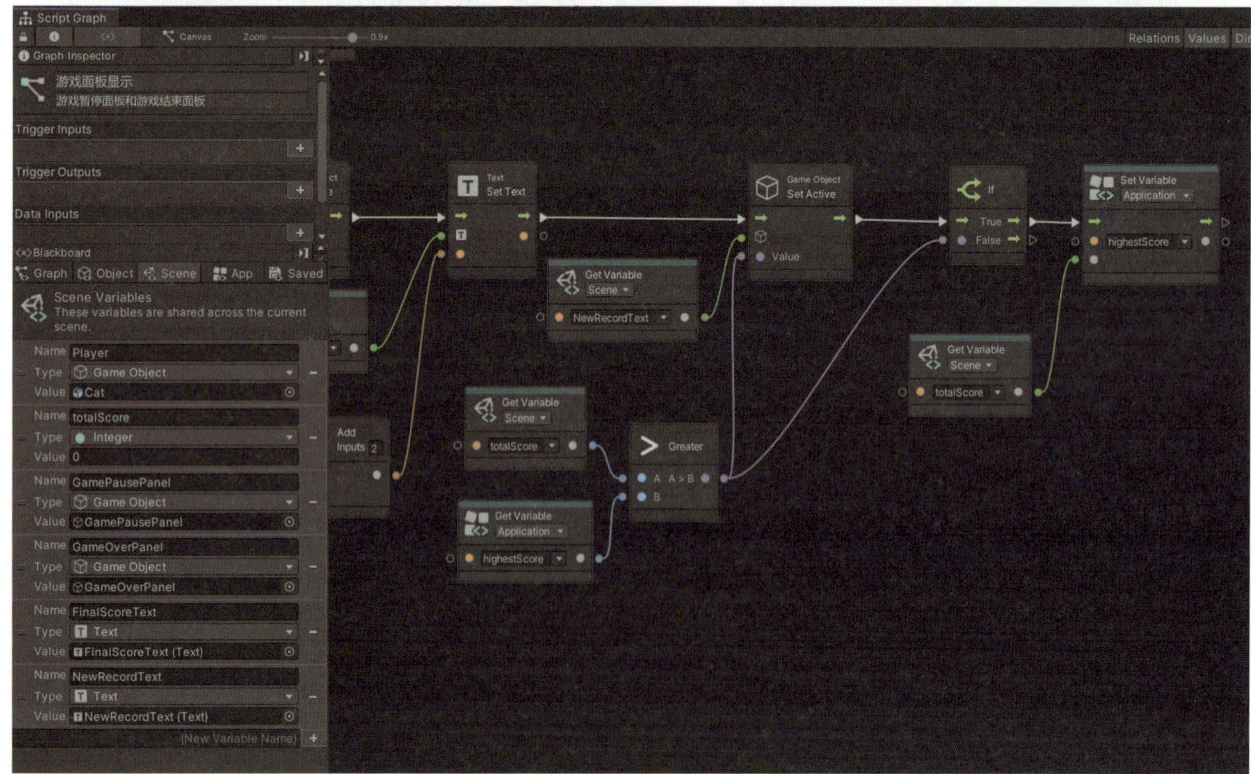

图 4-92　游戏结束脚本逻辑

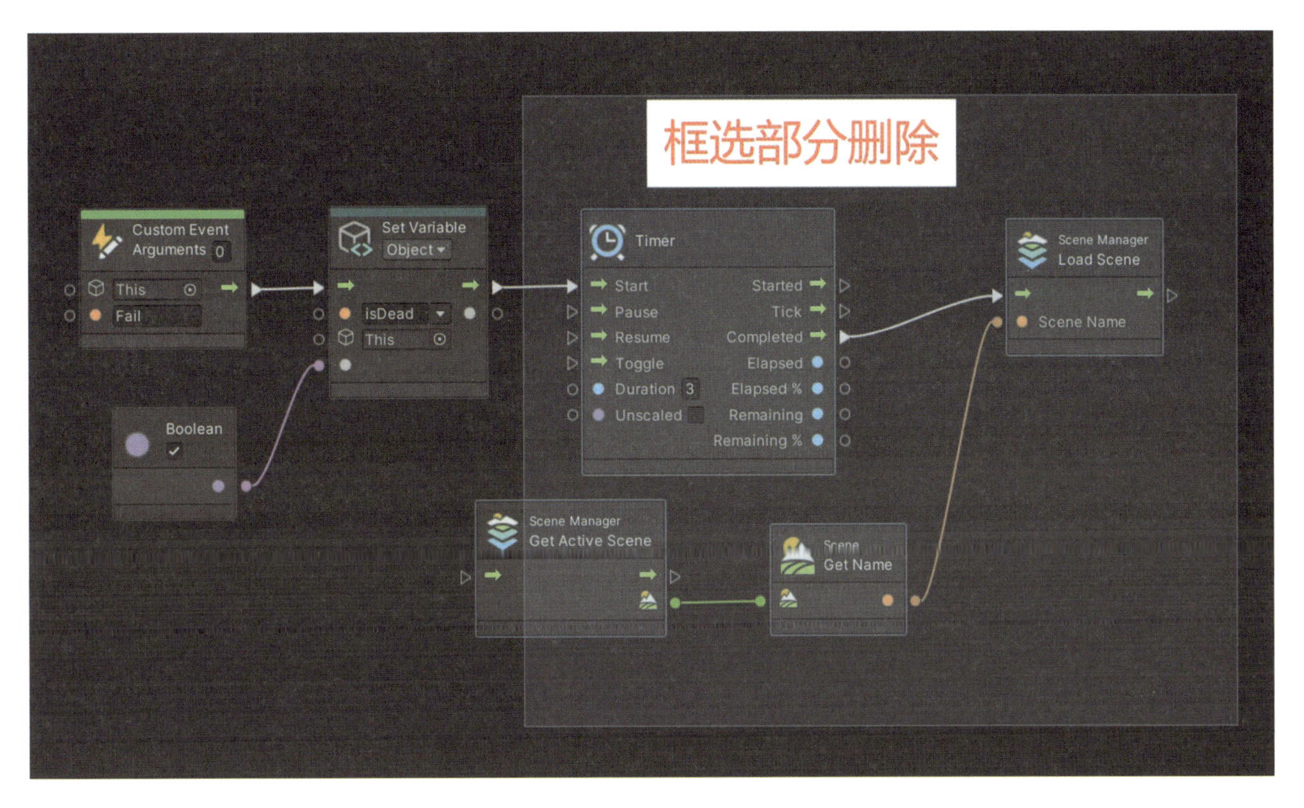

图 4-93　更新主角死亡脚本图

（2）添加游戏主菜单场景。

在“Scenes”文件夹中新建一个场景，命名为“Menu”，如图 4-95 所示。双击打开“Menu”场景，我们将在该场景中制作游戏主菜单界面。不过在此之前，需要在 Unity 编辑器中选择“File”—“Build Settings”，将“Menu”“Game”这两个场景都添加进去，如图 4-96 所示。

（3）制作游戏主菜单界面。

在“Menu”场景中创建一个面板，并命名为“MenuPanel”，将其材质设置为不透明，并选择自己喜欢的一种颜色，如图 4-97 所示。

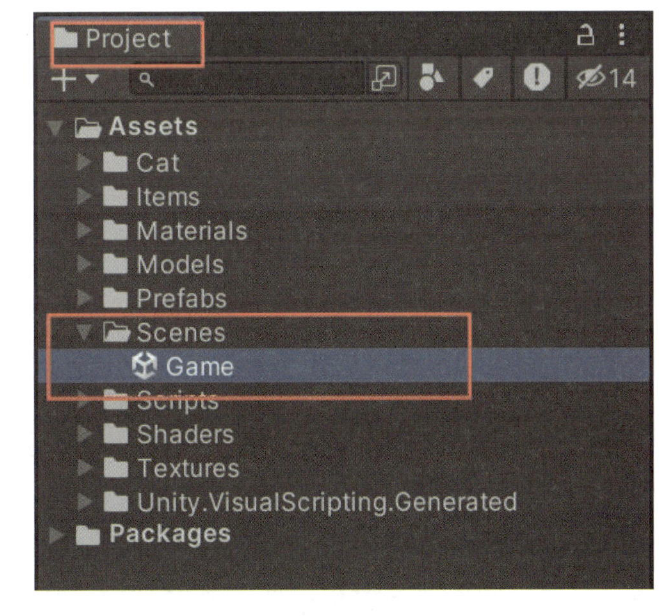

图 4-94　更新游戏主场景名称

小贴士

注意场景的添加顺序和名称。

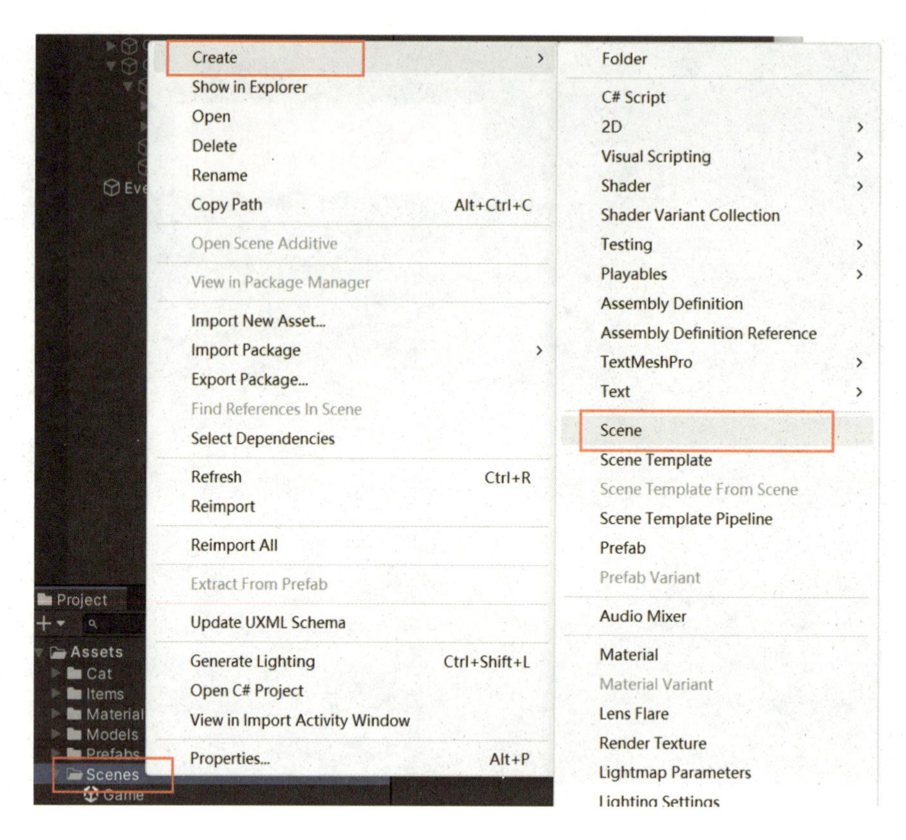

图 4-95　新建场景“Menu”

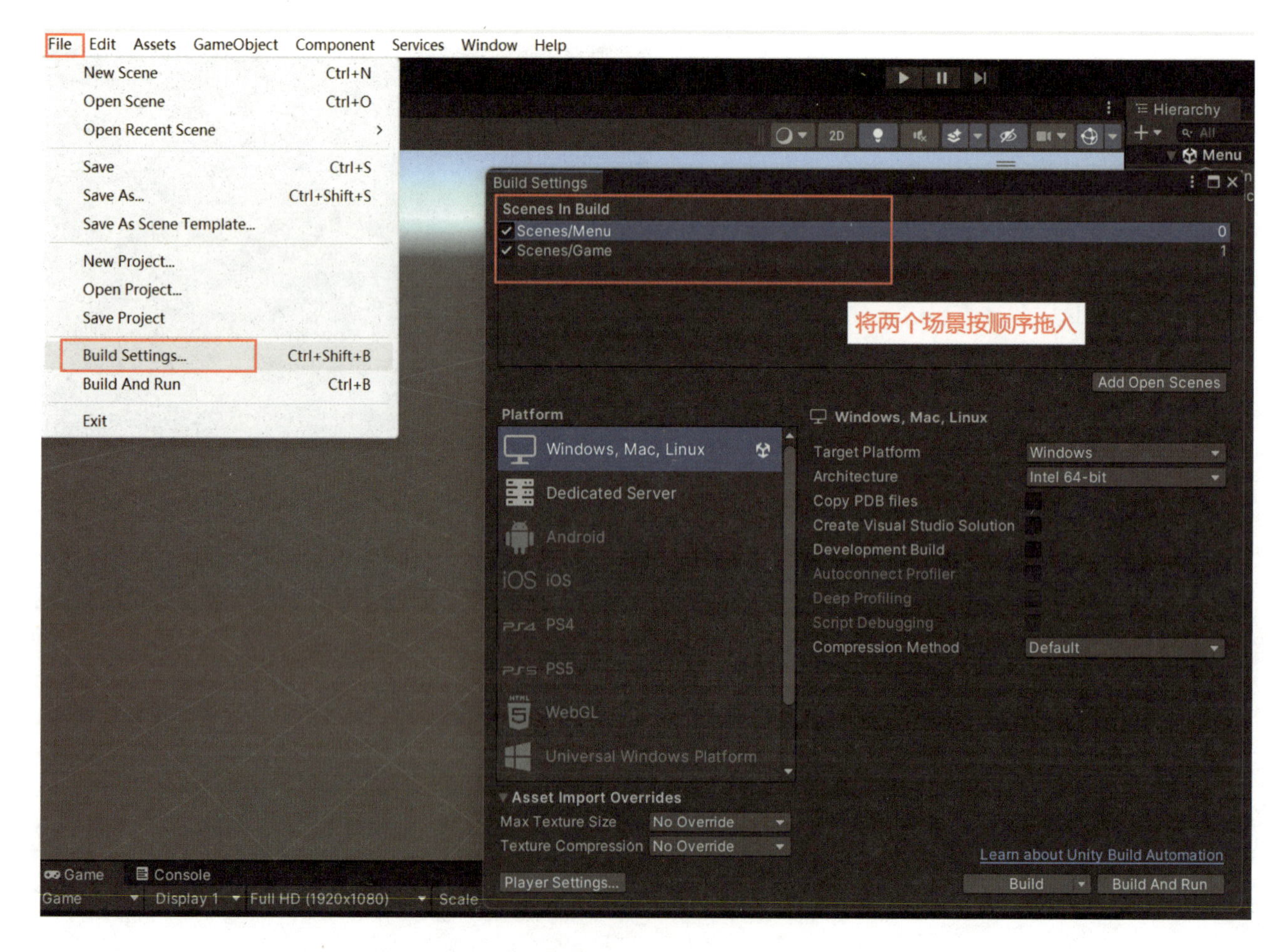

图 4-96　添加游戏运行场景“Menu”和“Game”

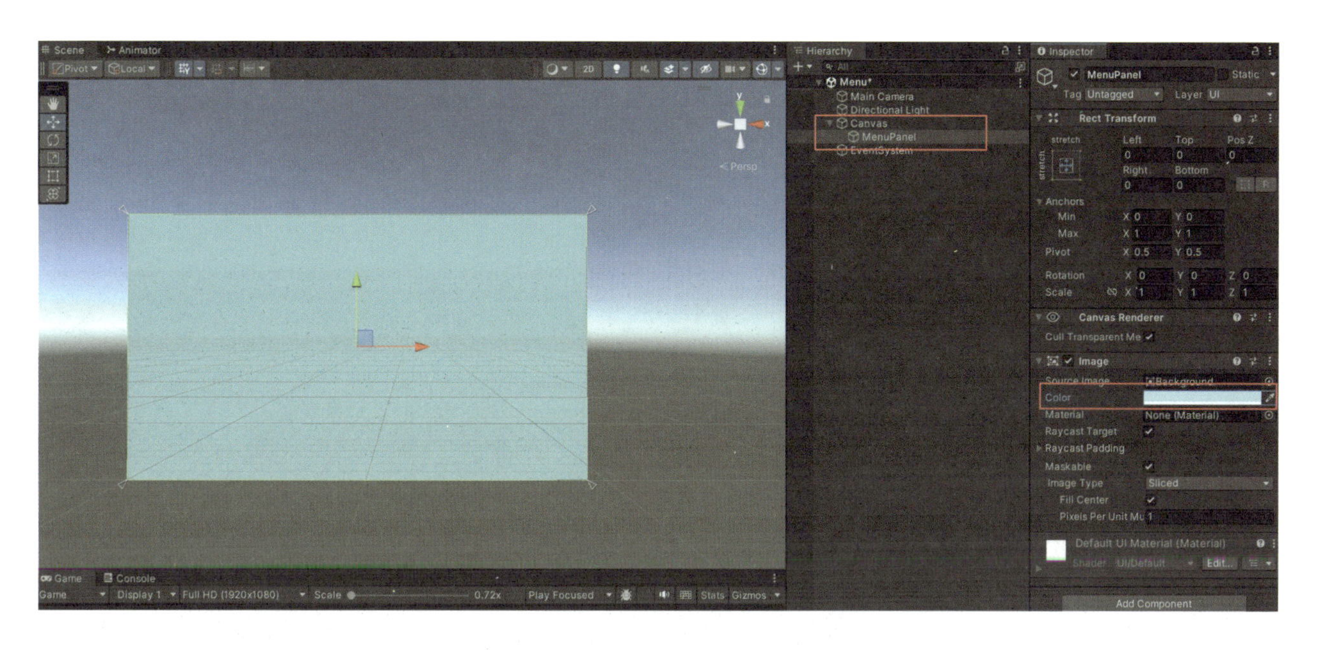

图 4-97　创建“MenuPanel”

在“MenuPanel”下创建两个 Text 物体，分别命名为“Title”和“HighestScore”，表示游戏名称和最高分纪录；创建两个 Button 物体，分别命名为“StartButton”和“QuitButton”，表示开始游戏按钮和退出游戏按钮，如图 4-98 所示。可根据自己的喜好调整 UI 布局。

小贴士

除了通过 Outline（轮廓）组件加深字体以外，还可以通过 Shadow（阴影）组件让文字变得更加立体，可以在 Unity 社群中了解更多功能。

图 4-98　创建游戏主菜单界面

小贴士

如果觉得画面单调，不妨试试截个游戏场景的画面，导入后修改为 Sprite 格式，并将其添加到 Image 图片中。

（4）实现游戏主菜单逻辑。

在游戏主菜单界面中，我们需要为最高分纪录、开始游戏按钮和退出游戏按钮设置相应的逻辑，所有的逻辑都以内嵌脚本图的形式完成。

选中“HighestScore”，为其实现最高分纪录的显示逻辑，如图 4-99 所示。

图 4-99　显示最高分纪录的脚本逻辑

选中“StartButton”（开始游戏按钮），实现点击该按钮时跳转到游戏场景，如图 4-100 所示。

图 4-100　点击开始游戏按钮的脚本逻辑

选中“QuitButton”（退出游戏按钮），实现点击该按钮时退出游戏，如图 4-101 所示。

到这里，除了地图生成以外，跑酷游戏的所有功能已全部实现。扫描本学习任务末的二维码，可继续学习游戏的美术优化、测试和打包。

图 4-101　点击退出游戏按钮的脚本逻辑

三、学习任务小结

通过本次学习任务，我们已经掌握了游戏 UI 布局和交互设计的基本技能。通过实际操作，我们学会了如何设计直观的 UI 界面，实现 UI 元素与游戏逻辑的交互，以及如何通过 UI 提升玩家的游戏体验。这些技能对于我们成为一名优秀的游戏开发者至关重要。

四、课后作业

根据课堂上学到的知识，设计一个个性化的游戏 UI，包括但不限于得分板、生命值指示器等，并实现其基本交互功能，还要为设计的 UI 元素编写脚本，实现 UI 与游戏逻辑的交互，如得分更新、生命值变化等。此外，在 Unity 中测试 UI 的显示和交互效果，根据测试结果进行优化，确保 UI 的可用性和美观性。

拓展资源

参考文献

[1] 赖佑吉，姚智原 .Unity 3D 游戏开发实战：人气游戏这样做 [M]. 北京：清华大学出版社，2015.

[2] 广铁夫 .Unity 神技达人炼成记 [M]. 王娜，李利，译 . 北京：中国青年出版社，2019.

[3] 宣雨松 .Unity 3D 游戏开发 [M]. 北京：人民邮电出版社，2023.

[4] 张尧 .Unity 3D 从入门到实战 [M]. 北京：中国水利水电出版社，2022.

[5] 房毅成 . 从零开始学 Unity 游戏开发 [M]. 北京：北京大学出版社，2023.

[6] 曹晓明 .Unity 3D 游戏设计与开发 [M]. 北京：清华大学出版社，2019.